AF389060

L'HOMME QUI COURAIT
APRÈS SON ÉTOILE

JACQUES PAUL

L'HOMME QUI COURAIT APRÈS SON ÉTOILE

CHAPITRE PREMIER

Les rayons de la violence

S'il te plaît, monsieur, dessine-moi un trou noir !

Bien sûr, je rêve. Je ne suis pas Saint-Ex, je suis astronome. Je ne suis pas à mille miles de toute terre habitée, mais dans mon bureau, à l'Orme-des-Merisiers, à côté du Centre de Saclay. Je ne suis pas face à un enfant tombé du ciel, mais confronté à une demi-douzaine de jeunes banlieusards, élèves de quatrième dans un collège « à problèmes » de Colombes. Mes petits princes sont en jeans et en baskets, ils s'interpellent bruyamment en néo-verlan des banlieues, tout en restant sur leurs gardes vis-à-vis de cet étrange astronome, qui leur parle de fusées et de rayons gamma.

Que faire pour retenir leur attention ? Je n'ai que trois quarts d'heure ! Je me risque à leur parler de mon métier, de cet étrange télescope gamma propulsé dans l'espace par une fusée russe, de mon exploration du cœur de la Voie lactée, des étoiles qui explosent et dont j'ai exhumé les cadavres brûlants et noirs. Comment vont-ils réagir ? Magnifique ! Ils accrochent. Les voilà littéralement « téléportés » près d'un trou noir. Les questions fusent.

Il y a sûrement nichée quelque part, au plus profond de nous, l'exigence génétique de renouer avec nos lointaines ori-gines extraterrestres, quand nos atomes n'étaient encore que poussières d'étoiles. Qui, mieux qu'un astronome, dont c'est la raison d'être, peut tendre ce lien entre les hommes et le ciel ? La plupart de mes chers collègues, trop timides ou trop frileux, laissent le champ libre à des charlatans de tout poil qui prétendent parler au nom du ciel. Et qui, plus que ces jeunes déracinés des cités, peut éprouver cet impérieux besoin d'en savoir plus sur ses origines, même s'il faut en passer par une visite guidée du ciel rugueux qui est le mien ?

Je leur dépeins un cosmos aux accents de cruelle violence. Aucune nébuleuse en tutu pour mieux les séduire, aucune galaxie enturbannée pour les dérider. Je ne fréquente pas ces vaporeuses odalisques qui s'affichent en couleur à toutes les pages des plus belles encyclopédies d'astronomie. Je leur préfère la compagnie des soleils noirs, des étoiles de mort, et de leurs flots destructeurs de rayons gamma.

Quelle sorte d'astronome suis-je donc ? Pourquoi avoir dédaigné le charme exquis des univers de carte postale, certes un peu kitsch, mais tellement chatoyants ? L'attrait de la nouveauté, bien sûr ! C'est en vérité très grisant pour un explorateur du ciel d'entrevoir des mondes encore inconnus. C'est même pour cette seule et unique raison que je suis devenu astronome.

Indiana Jones ou Galilée ?

À l'époque bénie des rêves enfantins, j'avais eu la chance de visiter le monde à travers les pages d'un très vieil atlas. De-ci, de-là, plantées au beau milieu de l'Afrique ou de l'Amazonie, perduraient encore ces grandes taches blanches qui symbolisaient les contrées inconnues. Avec pour livre de chevet les voyages extraordinaires que racontait le bon Jules Verne, je me voyais déjà, véritable Indiana Jones avant la lettre, pagayant sur le superbe Orénoque ou remontant vers les sources du Nil Bleu. L'aventure, la vraie.

Très vite, il m'a fallu déchanter. Le globe était devenu si petit ! Il n'y avait plus de terres vierges pour nourrir mes chimères d'explorateur en herbe. Le tour du monde avait été bouclé depuis longtemps. Qu'importe ! Il me restait le tour du ciel. À treize ans, avec la même soif de découverte, je passais des nuits entières à fouiller le firmament avec une vieille lunette astronomique en cuivre. Tant pis si je confondais Jupiter et la planète Mars. Mes émotions étaient sincères. Je parcourais enfin mes nouveaux mondes. Bien sûr, Galilée avait déjà fait le voyage trois siècles et demi plus tôt. Mais avec ma petite lunette de musée, il me restait le plaisir d'entrevoir toutes sortes de merveilles que la plupart de mes contemporains ne fréquentaient qu'en photos dans les livres.

Je suis né trois siècles et demi trop tard pour survoler les montagnes de la Lune à l'oculaire de la première lunette astronomique. Mais j'ai eu la chance d'avoir vingt ans quand les années 1960 battaient leur plein. Alors même que certains préparaient fiévreusement ces dix jours qui ébranlèrent le monde – ou du moins le Quartier latin –, les astronomes vivaient déjà, presque à leur corps défendant, la révolution la plus profonde ayant jamais agité leur petit monde : la conquête de l'espace.

Cyrano de Bergerac en avait rêvé, mais c'est la guerre froide qui en a fixé le calendrier. En 1957, avec leurs spoutniks, les Russes avaient trouvé drôle de chatouiller l'orgueil américain. Trop heureuse de relever un tel défi, l'Amérique engagea ses immenses ressources dans un combat sans compromis. Au vainqueur, l'assurance d'une incontestable suprématie mondiale. Ne voulant pas rester sur le quai, les grandes nations technologiques, la France en tête, s'embarquèrent à leur tour dans cette course folle à l'espace. Le monde scientifique, toujours avide de subsides, ne resta pas longtemps insensible à cette manne qui dégringolait sur les plus fervents zélateurs de la course à l'espace, quitte à en cautionner parfois les pires excès.

Profitant de l'aubaine, les astronomes furent trop heureux d'installer enfin leurs télescopes au-delà de l'atmosphère, cet épais rideau qui confisque la plupart des messages que le ciel nous envoie. Pour la première fois, après des millénaires de quasi-cécité, les astronomes percevaient le vrai visage du cosmos sur toute la gamme des rayonnements.

Avec les perspectives inouïes qui s'ouvraient, comment rester à l'écart de cette colossale révolution astronomique, quand on garde au cœur cet attrait indicible pour les nouvelles frontières ? Mon avenir était tout tracé. Je serai astronome. Pas si simple ! À l'âge des choix, renseignements pris au bureau universitaire de statistique, qui logeait alors à Paris, quelque part en bas du boulevard Saint-Michel – du bon côté, à droite en descendant –, je compris bien vite qu'il me fallait d'abord deve-nir matheux. Moi qui n'aimais que l'histoire et la géographie !

Je me suis essayé à poursuivre la voie royale des grandes écoles. Mais c'était beaucoup trop difficile pour moi, et bien trop astreignant. Renoncer à soutenir le grand Reims en coupe d'Europe des clubs champions, perdre le bénéfice chèrement acquis d'une bonne place bien située dans un virage du vieux Parc des Princes, où Kopa et son équipe disputaient tous leurs matches européens ! Tout ça pour passer une « colle » de maths [1] avec un vieux « prof » ravi de vous voir patauger. Non merci !

Mais vivre plus libre, pouvoir se retrouver au petit matin, un jour de février 1961, en haut d'une tour de Saint-Sulpice, pour observer avec quelques amis une éclipse de Soleil, voilà l'existence qu'il me fallait. Finies donc les classes préparatoires, et vive la « fac » ! Atmosphère moins pesante, quelques cours merveilleux, comme celui que donnait Wladimir Kourganoff à la toute nouvelle faculté d'Orsay. Toute une bande de jeunes Parisiens s'y rendait comme à un déjeuner sur l'herbe, à bord de ces rames désuètes circulant sur ce qui n'était alors que la ligne de Sceaux – appellation quand même beaucoup plus cham-pêtre que RER B. Clopin-clopant, je me suis finalement retrouvé à Paris, boulevard Arago, à préparer un diplôme d'études appro-fondies à l'IAP [2].

Ce ne fut pas sans mal : des cours, encore des cours, rien que des cours. Des grands professeurs, bien sûr : Evry Schatz-man, James Lequeux, c'était magnifique. Mais je me demandais vraiment où tout cela me conduirait. Qu'ils étaient loin, mes rêves de découvertes ! Et puis, quelle idée me prit de choisir, comme thème de mémoire bibliographique, une série d'articles écrits par Viktor Amazaspovitch Ambartsoumian ? Cet Armé-nien soviétique, astronome très célèbre dans son pays, était considéré avec méfiance à l'IAP. Rendez-vous compte ! Suggérer la présence d'astres ultramassifs au cœur des galaxies ! Cela fai-sait vraiment trop science-fiction.

Ma première chance fut ce stage que tout étudiant doit

---

1. Je signale à ceux qui ne sont pas passés par le moule des classes prépara-toires qu'une « colle » n'est pas une punition, mais un contrôle oral régulier des connaissances acquises.
2. Institut d'astrophysique de Paris.

effectuer dans un laboratoire de recherche. En feuilletant la liste des sujets de stage, je tombai sur une proposition émanant du Centre d'études nucléaires de Saclay. Quoi ! De l'astronomie au CEA [3] ? On aura tout vu. Eh oui ! Sous l'impulsion de Jacques Labeyrie – authentique aventurier des sciences –, un laboratoire d'astrophysique était en train de naître à Saclay. Ses axes de recherche : les rayons cosmiques, l'astronomie gamma... C'était follement mystérieux ! Et puis, en prime, ce choix délibéré d'observer à l'aide de moyens spatiaux. Comment résister à de telles sirènes ?

Avec des manières de nouveau riche, ce laboratoire se battait pour briser le cercle très fermé des observatoires français, pauvres mais nobles, car remontant au règne du Roi-Soleil. Et comme Saclay traînait en plus un parfum de bombe atomique et de centrale nucléaire, très mal vues de l'intelligentsia parisienne, mon futur laboratoire d'accueil n'avait pas la cote à l'IAP. Tant pis, je me précipitai quand même vers ce que certains de mes maîtres qualifiaient alors de « désert intellectuel ».

Mon deuxième atout fut un mois de mai magnifique, avec ses nuits si douces et ses lendemains qui chantent. Paris fut alors pris d'un de ces prurits révolutionnaires qui en font le charme. Non à la sélection ! Il est interdit d'interdire ! Tous les étudiants furent reçus à leurs examens, et moi avec. Et puis tout s'enchaîna très vite. À l'époque, un diplômé en astrophysique était rare à Saclay. On m'embaucha pour m'occuper d'un télescope à rayon gamma porté par un satellite. Quelle chance ! Moi qui rêvais de découverte, je fus servi. C'était encore plus excitant que les taches blanches de mes vieux atlas. Le ciel gamma était alors un continent totalement inconnu, son exploration commençait à peine, les cartes elles-mêmes n'étaient pas encore dressées !

Le dernier cercle de l'anthropocentrisme

Pratiquer ainsi l'astronomie, profiter de toutes ces gammes de rayonnements imperceptibles à l'œil, c'est bien plus qu'un exploit technique. C'est briser encore un peu plus cette gangue de prétendu bon sens et d'apparences factices sans laquelle

---

3. Commissariat à l'énergie atomique.

l'imagination sans borne de l'esprit humain aurait depuis long-temps vagabondé vers les cieux invisibles. En vérité, depuis qu'ils écarquillent les yeux pour percer les secrets de l'univers, les hommes ont trop longtemps scruté les cieux par le petit bout de la lorgnette. Plusieurs millénaires ne furent pas de trop pour les convaincre, en dépit des apparences, que la Terre n'est pas au centre de tout. Pas plus que le Soleil, d'ailleurs. Son règne, en tant que roi de la création, fut d'assez courte durée, juste le temps de réaliser que l'astre du jour n'est qu'une banale étoile, nichée dans les faubourgs d'une galaxie assez commune.

Comme il nous est difficile d'oublier notre humanité ! Nous ne sommes plus le centre du monde, soit. Mais nous gardions rivée au cœur la certitude pascalienne d'être ce miracle d'har-monie à égale distance des deux infinis, le grand et le petit. Et voilà qu'il nous faut avaler de nouvelles couleuvres, d'un tout autre calibre. Le hasard et la nécessité nous ont bâtis tels que nous sommes, là où nous sommes, avec une gamme très limitée de sensations.

Tout juste capables de percevoir ce qui nous touche de près, nous éprouvons les pires difficultés à concevoir des mondes trop différents du nôtre. Le regard que nous portons sur l'univers est aussi étroit que le domaine de sensibilité de nos organes visuels. Étape d'une évolution entamée sur une planète éclairée par un Soleil, il ne nous est pas donné de voir de nos propres yeux les étoiles qui brillent d'une autre lumière, alors que le ciel en est rempli.

Jusqu'à ces dernières décennies, les astronomes ne saisis-saient que les messages transmis par le truchement de cette lumière que l'on dit visible, la seule intelligible à nos sens, car seule capable d'impressionner la rétine de nos yeux. Rien n'oblige pourtant les astres du cosmos à briller d'une lumière perceptible aux habitants de la troisième planète d'une anodine étoile, à la périphérie d'une lointaine galaxie. Je vous demande cependant d'accorder les plus larges circonstances atténuantes aux astronomes coupables d'avoir restreint l'univers à celui qui touche notre entendement. Il ne suffit pas d'un simple effort intellectuel pour percevoir des astres invisibles à nos sens. Il faut surtout une technologie à toute épreuve, celle qui prospère à la fin de notre XXe siècle.

En quelques décennies, tout fut réglé. Voyez plutôt : dès la fin des années 1940, les progrès foudroyants des techniques radar pendant la Seconde Guerre mondiale poussaient les astronomes à ouvrir partout de nouvelles fenêtres sur l'univers. Profitant de la transparence de l'atmosphère à certaines ondes radio, ils hérissèrent la planète d'antennes de plus en plus gigantesques, faisant surgir tout un bestiaire d'astres nouveaux aux noms étranges.

Mais c'est à coup de fusées et de satellites que les pionniers des années 1960 brisèrent pour de bon le troisième cercle de l'anthropocentrisme. Avec tous les télescopes qu'ils ont mis en orbite, ces nouveaux astronomes spatiaux – ils sont désormais presque aussi nombreux, mais beaucoup mieux lotis, que leurs frères terriens – scrutent aujourd'hui le ciel sur toute la gamme de ces rayonnements à jamais bloqués par l'atmosphère terrestre, des ondes radioélectriques ultracourtes jusqu'aux rayons gamma les plus « durs », en passant par l'infrarouge, l'ultraviolet et les rayons X.

Véritables agences de voyage pour astronomes à la recherche d'horizons nouveaux, les organisations spatiales proposent aujourd'hui un catalogue très fourni d'explorations célestes. Il y en a pour tous les goûts. Comment choisir ? Si vous aimez les astres froids, les planètes, les comètes, si vous voulez surprendre la naissance des étoiles ou fouiller le passé de l'univers, c'est l'astronomie infrarouge qu'il vous faut. Amateurs d'étoiles chaudes, n'hésitez pas à vous tourner vers l'ultraviolet, vous ne serez pas déçus. Vous qui recherchez des sensations plus fortes, essayez donc l'astronomie X, ça vaut le voyage ! Enfin, si vous voulez goûter à l'astronomie de l'extrême, une seule solution, les rayons gamma.

Faites toutefois attention, l'astronomie gamma, c'est tout nouveau. Les chemins d'accès sont mal balisés, les résultats encore aléatoires. Si vous voulez des sensations sans risque, n'hésitez pas à redescendre vers l'astronomie « classique ». Elle se pratique avec un bonheur renouvelé dans ces observatoires juchés aux sommets des montagnes. Mais si vous êtes décidés à poursuivre jusqu'au bout, et si la chance vous sourit, vous ne tarderez pas à briser les portes de la perception, et tout deviendra presque infini, avec au loin, nimbé d'un halo virulent, le Saint-Graal des astronomes, le trou noir.

Doublement invisibles, tapis derrière l'horizon de l'espace et du temps, les trous noirs laissent parfois dans l'univers une empreinte fulgurante mais fugace, et qui se réfugie loin de tout regard, dans le domaine des rayons gamma, le moins accessible à nos sens. Vous comprenez pourquoi le trou noir, c'est mon espoir, c'est mon Amérique à moi. Inaccessible étoile, mais voyage imaginaire à la portée de tous, puisque tout, ou presque, se passe dans la tête.

L'aventure vous tente ? Alors, tournez les pages. Soyez sans crainte, je connais le chemin, j'en reviens. Je vous ferai découvrir un véritable archipel de trous noirs, reconnus l'un après l'autre avec Sigma [4], ce télescope gamma bricolé par toute une bande de copains. Et puis, toujours un relent d'exotisme : Sigma ne fut-il pas projeté dans l'espace en 1989 avec le concours du puissant complexe militaro-spatial soviétique, juste avant la désagrégation de l'Union ?

Bien sûr, un tel voyage, même imaginaire, ça se prépare ! Il faudra bien rassembler quelques bagages, on ne part pas à la rencontre des trous noirs avec en poche une simple règle de trois. Mais soyez sans inquiétude ! Si j'ai réussi, paresseux comme je suis, vous n'aurez aucune peine à me suivre. En outre, il y a les petits à-côtés, qui parfois ne manquent ni de pittoresque, ni d'émotions. Tiens, justement, reportons-nous au jour où Sigma me transmit sa première « photo » du ciel gamma. Vous allez très vite comprendre que la chasse au trou noir est bien autre chose qu'un simple passe-temps pour astrophysiciens sédentarisés.

Le 22 février 1990

Hiver 1990. Le matin du 22 février, sur la plaine côtière des steppes de Crimée...

Un Rafik, minibus de la *Riga Auto Fabrik*, bringuebale entre les champs et les vignobles du kolkhoze *Beregovoï* [5]. Bien calé sur la banquette arrière, je refais pour la énième fois ce trajet qui conduit à la station numéro 3. Le voyage est assez bref, à peine une demi-heure. Pourtant, jour après jour, cette petite

---

4. Acronyme pour Système d'imagerie gamma à masque aléatoire.
5. Il s'étend au bord de la mer, d'où ce nom de *Beregovoï*, littéralement : « du rivage ».

excursion s'avère de plus en plus fastidieuse. Et dire que vingt ans plus tôt, lors de mes débuts à Saclay, je jalousais cette existence errante des astronomes spatiaux ! À l'usage ce perpétuel nomadisme perd peu à peu son charme.

Par exemple, en cet hiver 1990, je passe le plus clair de mon temps à Evpatoria, au bord de la mer Noire. Assurément, c'est la plus belle plage de Crimée. Au début du siècle, le Tout- Saint-Pétersbourg s'y donnait rendez-vous, du moins quand les palaces de la Côte d'Azur affichaient complet. Mais depuis la belle époque la révolution bolchevique a changé les hôtels de luxe en colonies de vacances pour prolétaires méritants. À la belle saison, c'est tout à fait charmant : on se croirait à Berck-Plage ou à Malo-les-Bains, lors des premiers congés payés, sous le Soleil trompeur du bel été 1936.

L'hiver, c'est moins drôle. Surtout quand on oublie de fermer la porte de la Sibérie, et qu'un vent glacé balaye les steppes de Crimée. Cela dit, ne croyez surtout pas que je cherche à vous émouvoir avec mes séjours – tous frais payés – dans une station balnéaire hors saison. Difficile de trouver là matière à se plaindre. Qui plus est, sachez bien que personne ne m'y forçait. Au contraire, j'en redemandais !

À propos, Evpatoria, c'est justement là où l'armée française débarqua, en 1854, pour donner une bonne leçon à ce tsar qui voulait faire de la mer Noire une nouvelle mer intérieure russe. Et parmi tous ces fiers soldats, un brave Franc-Comtois du nom d'Auguste Zèle. Clin d'œil du destin, j'en suis le lointain descendant. Pas si lointain d'ailleurs, quatre générations seulement nous séparent. Quelle épopée, cette campagne de Crimée ! Le boulevard de Sébastopol s'y est fait un nom, comme tant d'autres rues de Paris.

Et vous connaissez tous le plus célèbre vétéran de cette unique guerre gagnée contre les Russes. Pas un Parisien qui ne l'ait adopté pour estimer la gravité des crues de la Seine. Il s'agit bien sûr du fameux zouave fièrement dressé sur l'unique pile du pont de l'Alma. Quant à mon trisaïeul, il y reçut je ne sais quelle médaille anglaise, qu'il vendit à Sébastopol pour payer un canon – un verre de vin – à son jeune frère. Engagé lui aussi pour répondre par les armes à l'inutile question d'Orient, il avait rencontré son aîné, par le plus pur des hasards, sur les pentes boueuses de Malakoff, une redoute qu'assiégeaient les troupes françaises.

De toute évidence, ma campagne de Crimée ne connaîtra pas le même retentissement. Il est sûrement plus facile de se faire un nom avec un fusil qu'avec un télescope, même lancé par une fusée. Et pourtant, moi aussi, j'y gagnerai une médaille ! Mais n'anticipons pas.

Au moment où le chauffeur jette son véhicule sur la gauche de la chaussée pour contourner une belle enfilade de nids-de-poule, nous découvrons les premiers bouquets d'antennes qui annoncent le grand polygone d'écoutes spatiales de la bientôt défunte Union soviétique. Derrière le gros village de Molotchnoïe, l'énorme entonnoir parabolique de la station numéro 3 se découpe déjà sur l'horizon. Grand ouvert sur le ciel de Crimée, ce récepteur démesuré s'apprête à accrocher l'émetteur du vaisseau spatial russe *Granat* [6], qui croise pourtant à près de deux cent mille kilomètres de nous.

Voici plus de deux mois que Pierre Mandrou et moi attendons ce jour, depuis qu'une fusée Proton catapulta *Granat* vers les étoiles, avec à son bord notre cher télescope Sigma. Vite remis des brutales secousses infligées par les sauvages trépidations des moteurs fusées, le télescope semble en parfait état. En témoignent les dizaines de liaisons radio que nous avons établies presque quotidiennement avec le vaisseau spatial. Jour après jour, nous avons peaufiné tous les réglages de notre bel appareil. Résultat : notre bijou tourne maintenant comme une vraie montre suisse.

Solidement arrimé sur le pont du vaisseau spatial, Sigma – un grand cylindre, haut de plus de trois mètres – n'est pas un télescope comme les autres. Totalement dépourvu d'ouverture, l'instrument est soigneusement empaqueté d'une couverture doublée d'or fin, destinée à le protéger du froid intense qui règne dans les espaces interplanétaires.

C'est bien joli, mais comment fait-il donc pour observer le ciel ? Pas de problème, car c'est bel et bien un véritable « télescope gamma ». Il a été conçu pour observer des étoiles qui brillent de mille rayons tellement pénétrants que la mince feuille

---

6. Acronyme pour *Gamma Rentguenovskiï Astronomitcheskiï Naoutchniï Apparat*, littéralement : « Appareil scientifique d'astronomie X et gamma ».

d'or couvrant son objectif en devient totalement transparente. Curiosité de la nature pour les savants de la belle époque, il fallut attendre la double désintégration d'Hiroshima et de Nagasaki pour que le rayonnement gamma soit pris au sérieux. Ce n'est pourtant qu'une sorte de lumière, dont la mauvaise réputation, tenant à son extrême pouvoir de pénétration, est encore accentuée par le fait qu'il est totalement imperceptible à nos sens.

L'astronomie, science du regard, et donc de la lumière, doit prendre en compte tous les astres du ciel, même ceux qui irradient une belle lumière gamma. Mais catastrophe, malgré son redoutable mordant, le rayonnement gamma reste bloqué par l'atmosphère terrestre. Tant pis pour les astronomes et tant mieux pour nous tous, pauvres Terriens.

Heureusement, l'astronomie est maintenant entrée de plain-pied dans l'ère spatiale. Il est devenu aussi courant – mais quand même bien plus coûteux – d'installer un télescope en orbite, au-delà de l'atmosphère terrestre, que sur les pics désolés de la cordillère des Andes. Aujourd'hui, portés par une véritable armada de vaisseaux spatiaux, des instruments de tout poil scrutent au plus profond des cieux toutes les lumières invisibles que la nature soustrait au regard des Terriens. À Sigma de prendre sa place dans cet orchestre bigarré, si toutefois il se montre à la hauteur de nos ambitions.

Réponse dans quelques heures, car notre télescope vient juste de subir l'épreuve du feu. Avant-hier en effet, après deux mois de minutieux réglages, nous l'avons pointé en direction d'un champ céleste où brille une intarissable source cosmique de rayons gamma. Contrôlée automatiquement par l'ordinateur de bord, l'observation s'était prolongée longtemps après l'interruption des communications avec le vaisseau spatial.

Aucun souci pour les images, les données sont restées bien au chaud, à bord du satellite. Hier, pas de liaison : *Granat* achevait sa vingtième orbite, quelque part de l'autre côté de la Terre. Ce matin, le vaisseau spatial est à nouveau planté très haut dans le ciel, n'attendant plus qu'un ordre pour nous transmettre les résultats de cette observation décisive.

C'est le dernier banco pour nous qui avons tout misé sur Sigma. Va-t-il se montrer apte à fournir les premières images gamma du ciel jamais produites par un observatoire orbital ?

Fiasco sur toute la ligne ou grande première scientifique ? Les jeux sont faits...

Quitte ou double en Crimée

Remontant la rue principale de Molotchnoïe, le minibus déboule sans égards pour les populations entre les petits immeubles des kolkhoziens. Vaches, cochons, couvées s'égaillent sur les accotements boueux de la chaussée. Virage serré à gauche. Nous remontons une petite rue bordée de maisonnettes aux clôtures ornées de motifs colorés.

Le visage tendu, nous ne portons Pierre et moi qu'une attention distraite au décor qui défile derrière les vitres du Rafik. Comme tous les autobus du coin, le nôtre est agrémenté de ces petits rideaux très *cosy* que les Russes affectionnent tant, sans doute pour s'isoler du froid et de la poussière, mais aussi pour tenter d'égayer quelque peu la monotonie ambiante.

Les heures à venir sont décisives pour nous deux. L'un comme l'autre, depuis la fin des années 1960, nous avons contribué à faire éclore une nouvelle astronomie spatiale, où les rayons gamma tiennent lieu de lumière et les trous noirs d'étoiles. Les premières observations gamma nous avaient laissés entrevoir un fabuleux bestiaire cosmique. Il nous semblait à portée de main. Notre frustration n'en fut que plus vive quand nous fûmes contraints d'admettre que les instruments de l'époque, affligés d'une incorrigible myopie, ne parviendraient jamais à satisfaire notre quête de découvertes.

Dans leur hâte à observer des cieux inconnus, les astronomes gamma débutants s'en étaient remis aux grands prêtres de la physique des particules, les seuls à l'époque à fréquenter les rayons gamma. Ils en font d'ailleurs gicler des gerbes, quand ils atomisent la matière dans leurs nouveaux temples souterrains, comme l'anneau du Cern [7], creusé partie sous la Suisse, près de Genève, et partie sous la France, dans le pays de Gex. Pour eux, ce ne sont que les ultimes aveux des particules torturées dans leurs chambres de détection, qu'elles soient à bulles, à étincelles ou à fils tendus. Et peu leur chaut d'en mesurer avec

---

7. Acronyme pour Conseil européen pour la recherche nucléaire.

précision la direction d'origine, ils savent très bien où se trouvent les cibles d'où jaillissent les rayons gamma qu'ils détectent.

Mais aux premiers jours de l'astronomie spatiale, personne ne savait où se nichaient les sources gamma cosmiques. Armés de télescopes difformes et bigleux, modèles réduits d'appareils monstrueux enfermés dans les sombres casemates des accélérateurs de particules, les pionniers de l'astronomie gamma éprouvèrent donc les pires difficultés à repérer les sources gamma les plus brillantes. Les plus impatients, pressés de jouer les Galilée, se lassèrent d'arpenter le ciel en aveugle. L'imagination devait très vite reprendre le pouvoir.

Dans les premiers mois de 1981, Pierre Mandrou, l'Ariégeois du CESR[8] à Toulouse, et moi, le Jurassien banlieusard du Service d'astrophysique à Saclay, nous nous associâmes pour relever ce défi. Foin de toute allégeance aux physiciens du nucléaire, nous étions cette fois-ci bien décidés à agir en astronomes. À l'image d'une vraie lunette astronomique – un gros objectif monté au bout d'un grand tube – nous avons esquissé les premières ébauches d'un télescope capable de photographier le ciel gamma avec le meilleur « piqué » possible.

Notre projet était-il attrayant ? L'avons-nous bien défendu ?

En tout cas, il fut soutenu sans réserve par nos organismes de tutelle. Nous nous étions aussitôt lancés dans ce redoutable parcours du combattant : financer, réaliser et mettre en orbite un appareillage scientifique. Seuls les plus aptes à survivre dans l'impitoyable jungle spatiale ont une petite chance de parvenir à leurs fins ! Huit ans plus tard, c'est l'épreuve de vérité, alors que notre télescope flotte déjà fièrement dans l'espace.

Allons-nous enfin cueillir les premières images du ciel gamma ?

Le Rafik dépasse les ultimes maisons de Molotchnoïe, un petit groupe de villas nouvellement bâties par les Tatars qui retrouvent leurs terres de Crimée. En 1944, Staline les avait déportés par trains entiers vers l'Asie centrale pour les punir de leur attitude jugée trop complaisante avec l'occupant allemand. Aujourd'hui, jugés indésirables par les Ouzbeks et les Kazakhs

---

8. Centre d'étude spatiale des rayonnements.

qui furent jadis forcés de les accueillir, les Tatars de Crimée regagnent de plus en plus nombreux leur patrie d'origine, non sans susciter l'inquiétude des Russes installés là en masse depuis presque deux siècles.

Le doute s'installe de plus en plus dans nos esprits. Comment l'appareil va-t-il se comporter ? Aujourd'hui, Pierre et moi sommes tous deux en première ligne. Un échec serait le nôtre. Ces dernières années, talonnés par un emploi du temps impitoyable, il nous fut très difficile de mettre notre créature à l'épreuve. Tout juste quelques séances d'étalonnage, la dernière dans un hangar du Cosmodrome de Baïkonour, quelques semaines à peine avant la mise à feu de la fusée. C'est bien peu pour se rassurer. Va-t-il répondre à nos rêves ?

Dernière ligne droite avant la station numéro 3, le long d'un petit liman [9], séparé de la mer par une méchante digue de sable gris. Quelque erreur fatale se serait-elle glissée dans nos plans ? Trop tard... Rien ne va plus !

Mal réveillé par le coup de Klaxon du chauffeur, un très jeune soldat, engoncé dans un treillis maculé de graisse, se précipite hors du poste de garde. Pendant qu'il fourrage le solide cadenas qui ferme la grille de la station, nous sacrifions une nouvelle fois au spectacle toujours stupéfiant de la grande antenne, formidable enchevêtrement de poutrelles soutenant un énorme cratère de métal poli.

Là encore, les Russes ont fait très fort. Avec son miroir parabolique de soixante-treize mètres de diamètre, l'antenne de la station numéro 3 se classe au premier rang de ces grands récepteurs que Russes et Américains ont installés autour du globe, pour capter les fragiles messages des sondes lointaines. Aux plus belles heures de la course à l'espace, la rivalité spatiale s'était étendue à tout le système solaire. En 1974, un *Venera* russe nous faisait découvrir pour la première fois le sol surchauffé de Vénus. Deux ans plus tard, un *Viking* américain photographiait son premier coucher de Soleil sur Mars.

Privé de toute tâche interplanétaire par la perte corps et biens des deux vaisseaux de la mission *Phobos*, l'énorme cornet se trouve aujourd'hui au service exclusif du satellite *Granat*, dont

---

9. C'est ainsi que l'on désigne, sur les bords de la mer Noire, un étang côtier fermé par un cordon littoral.

il capte sans difficulté les signaux clairs et forts. Tant mieux pour nous, la transmission des données s'avère ainsi d'une qualité inégalable. Une excuse de moins à faire valoir en cas d'échec. On ne pourra pas dire que c'est la faute des Russes. C'est, hélas, une explication trop souvent avancée en France pour expliquer les maigres résultats scientifiques de certains programmes spatiaux conduits en coopération avec Moscou.

Le portail à peine entrouvert, le Rafik s'engouffre dans le périmètre de la station, puis s'immobilise brutalement au-delà d'un péristyle en béton, devant la porte du bâtiment principal. Plus que quelques minutes, et notre liaison radio avec *Granat* pourra enfin s'établir. Encore faut-il pointer l'antenne là où il faut ! Arrimée à plus de cinquante mètres du sol entre les mâchoires d'une monture grande comme l'Arc de triomphe, l'immense parabole, entraînée par une roue dentée cyclopéenne, se cale en direction du satellite. *Granat* évoluant fort loin de la Terre, l'écoute se prolongera des heures durant. À la fin de la liaison, l'antenne, littéralement vautrée sur le sol, sera alors contrainte d'abandonner le vaisseau spatial poursuivant sa course sans fin au-delà de l'horizon.

La première image du ciel gamma

Juste avant que démarre ce colossal manège, nous nous engouffrons dans le vestibule de la station. Série de fresques dans le plus pur style néo-réaliste prolétarien, exaltant les exploits spatiaux de l'*homo sovieticus*. Nous saluons au passage un buste monumental de Lénine. Quelques semaines après le putsch d'août 1991, cet imposant moulage en plâtre sera subrepticement escamoté.

Quelques volées de marches plus haut, nous atteignons le troisième étage de la station, où campent les nombreux servants des deux tonnes et demie de matériel scientifique embarqué à bord de *Granat*. Les Français de Sigma s'y sont aménagé une petite pièce douillette, orientée sud-ouest, avec vue sur la mer. Parfois, au large, un vieux bateau rouillé nous retrace le sillage creusé jadis par Jason et les Argonautes, embarqués – tout comme nous – à la recherche de leur toison d'or.

Moins bien lotis, Russes, Bulgares et autres Danois s'entassent dans une grande salle morne et froide, avec fenêtre sur cour. Les baies, mal ajustées, laissent suinter le vent aigre des steppes. Nous n'avons laissé dans cette glacière qu'un seul ordinateur, en prise directe avec l'antenne. Son unique tâche consiste à enregistrer les soixante-quatre millions d'informations élémentaires mémorisées par le télescope Sigma et que l'émetteur de *Granat* recrache quotidiennement.

Le groupe opérationnel règne en maître sur le deuxième étage de la station, juste en dessous de nos locaux. Il s'agit d'une escouade d'ingénieurs et techniciens chevronnés, détachés du NPO [10] Lavotchkine, l'usine où *Granat* fut construit, située à Khimki, dans la proche banlieue de Moscou. Chargés de piloter le vaisseau spatial, ce sont les seuls interlocuteurs de notre télescope.

Deux heures plus tard, une épaisse tension envahit le local des Français. Nos petits ordinateurs de bureau achèvent de mouliner les données que Sigma avait recueillies avant-hier et que le satellite a transmises dès que le groupe opérationnel lui en a donné l'ordre.

Il s'agit d'une pose d'environ cinq heures consacrée à l'astre qui nous est le plus cher, la fameuse *nébuleuse du Crabe*, résidu filandreux d'une supernova ayant claqué voici sept mille ans. En 1054, la formidable bouffée de lumière soufflée par l'explosion avait fini par atteindre la Terre. Les astronomes de l'époque en furent tout retournés, comme en témoignent les chroniques chinoises et arabes. Connu depuis la fin des années 1960 pour irradier une belle lumière gamma, cette curieuse nébuleuse, surnommée familièrement « le Crabe » par les astronomes gamma, est devenue l'étalon de leurs drôles de télescopes.

C'est bien la cible qu'il faut pour mettre notre télescope à l'épreuve. Masquant à peine mon angoisse, je pianote les dernières instructions pour qu'enfin apparaisse sur l'écran le résultat de cette première tentative visant à produire l'image d'un astre gamma avec Sigma.

Hier encore, profitant de la seule journée de loisir que le satellite nous accorde sur les quatre jours qu'il lui faut pour accomplir sa révolution autour du globe, j'avais modifié en der-

---

10. Sigle de *Naoutchno Proizvodstvenoïe Obiedinenïe*, littéralement : « Consortium scientifique et industriel. »

nière minute nos programmes de traitement. Pourquoi cette ultime retouche ? Vous allez tout de suite comprendre.

Granat n'est pas d'une conception très récente. Sa stabilisation laisse à désirer. Pour estimer le tangage et le roulis du vaisseau spatial, nous avons doté Sigma d'un petit viseur d'étoiles. Au début de chaque observation, il repère deux étoiles brillantes sur lesquelles il se cale pendant toute la pose. Grâce au cerveau électronique de Sigma – une merveille de petit ordinateur –, ce pointeur stellaire peut stabiliser en permanence l'image enregistrée par notre télescope. Or, depuis quelques jours, nous soupçonnons qu'une ridicule erreur de signe s'est glissée dans l'une des équations que ce petit bijou électronique doit résoudre, toutes les quatre secondes, pour accomplir correctement sa tâche.

Au niveau du résultat final, cette inversion aurait pour effet de brouiller l'image, plutôt que de la corriger, des mouvements du satellite ! Hier après-midi, il me fut très facile de modifier les logiciels de nos micro-ordinateurs pour corriger cette inversion de signe dans les données que nous venons de recevoir aujourd'hui. Encore faut-il que l'erreur soit bien là, que ce soit la seule, que d'autres bévues, aux conséquences plus redoutables encore, ne se dissimulent pas dans les circonvolutions du cerveau électronique de Sigma.

C'est gagné ! Avec le détachement d'un pilier de casino ramassant trente-six fois sa mise à la roulette, non sans jeter négligemment quelques jetons « pour le personnel », j'affiche sur l'écran noir de la machine un rectangle bleu indigo où brille une petite tache rouge et or. C'est l'image gamma du Crabe, ou du moins la transcription perceptible à nos sens de ce petit coin de ciel gamma « photographié » par l'objectif codé de Sigma.

Impossible de profiter seul d'un si rare instant. J'ameute le petit groupe qui m'entoure, Pierre, Jacques, Geneviève et les autres...

Avec le concours du puissant complexe militaro-spatial russe, les petits Français sont aux commandes du premier télescope orbital pouvant photographier le ciel gamma, au nez et à la barbe des astronomes américains. Ils s'étaient mis en route bien avant nous, nos chers collègues, mais le désastre de *Challenger* leur porta un coup très rude. Pendant des années, l'explosion de la navette n'en finit pas de paralyser la Nasa [11], suspendue à la reprise des vols habités. Quelle erreur d'avoir tout misé sur un unique moyen de transport spatial, avec en plus des gens à bord !

Ce beau jour de février 1990, l'observatoire à rayons gamma américain est encore cloué au sol. Il ne s'envolera finalement que quatorze mois plus tard, sous le nom de *Compton* [12], avec à son bord des instruments d'un gabarit fort respectable, mais, pour certains d'entre eux, d'une conception totalement dépassée. Tant pis pour nos condescendants concurrents d'outre-Atlantique avec leur grand vaisseau spatial resté à Terre. Ils doivent laisser le champ libre à notre télescope, embarqué sur une vieille sonde interplanétaire russe, reconvertie à la diable en plate-forme astronomique.

22 février 1990, le soir. La fête bat son plein dans la coquette maison d'hôtes de l'Iki [13], installée au bord de la mer Noire, à l'ombre de la grande antenne. La vodka russe et le « champagne » *(sic)* de Crimée coulent à flot. Fier de défendre une société sans classe, un général de l'armée rouge danse avec une cuisinière... Au moment où la soirée tourne à la bacchanale, le chauffeur du Rafik donne le signal du départ. Retour dans la nuit glacée vers Evpatoria. Ambiance de troisième mi-temps après un match de rugby gascon. Les angoisses du matin ne sont plus de mise.

Déclaré bon pour le service, Sigma bénéficiera de quelques jours de repos, le temps de procéder au dernier toilettage de l'ordinateur de bord avant d'attaquer le programme scientifique mis au point avec nos collègues de l'Iki à Moscou. Faute de moyens de communication fiables avec la France, il nous faudra alors transformer notre petit local de la station numéro 3 en véritable base avancée pour permettre à un petit groupe de Français d'y assurer sans relâche le bon déroulement des observations.

Mois après mois, des équipes françaises se succéderont à

---

11. Acronyme pour *National Aeronautics and Space Administration*, l'agence spatiale américaine.

12. Ainsi baptisé en l'honneur d'Arthur Compton, prix Nobel de physique 1927, dont on s'apprêtait à célébrer le centenaire.

13. Acronyme pour *Institout kosmitcheskikh issledovaniï*, littéralement : « Institut de recherches cosmiques ».

Evpatoria des années durant pour collecter les données transmises jour après jour par *Granat*, vérifiant pose après pose le fonctionnement du télescope, procédant sur place à un survol rapide des résultats. La routine, quoi... Les steppes de Crimée tiendront lieu de désert des Tartares à ces valeureuses escouades, postées en pleine débâcle de l'empire soviétique. Et c'est ainsi que Pierre et moi, deux vétérans des premières campagnes gamma, escortés par une poignée d'apprentis astronomes, nous ramassâmes à la pelle les images inédites du ciel gamma.

Toutes les couleurs de l'univers

Ciel gamma, cela sonne bien, mais ça veut dire quoi, au juste ? Y aurait-il plusieurs cieux au ciel ? Non, bien sûr. Pour mettre les choses au point, je vous suggère une petite pause, le temps de vous expliquer pourquoi les astronomes en sont venus à employer des expressions aussi surprenantes que télescope gamma, astronomie gamma, ciel gamma... La raison en est toute simple : à l'encontre des autres naturalistes, pouvant disséquer souris ou atomes, nous autres astronomes sommes avant tout des voyeurs, et nous n'avons que la lumière des astres à éplucher. Dans notre inventaire du ciel, nous avons donc pris l'habitude de classer les astres en nous fondant d'abord sur la nature des rayons qu'ils dispersent.

Bien sûr, on a marché sur la Lune, on a déposé sur Mars des robots pour gratter le sol de la planète rouge. On a fait flotter dans l'atmosphère de Vénus des ballons renifleurs pour analyser les gaz délétères de l'étoile du Berger. On a même lancé à travers la comète de Halley un essaim de vaisseaux spatiaux pour recueillir quelques pellicules de sa chevelure. En ce moment, l'Europe se prépare à grands frais à sonder le monde de Titan, la plus belle des lunes de Saturne. Peut-on d'ailleurs parler d'astronomie quand les hommes débarquent quelque part ? Même par robots interposés, l'exploration devient vite conquête. Géologues, météorologues, vulcanologues emboîtent le pas ; c'est une autre aventure qui commence.

Pour magnifiques et coûteuses qu'elles soient, toutes ces explorations ne sont pas près de s'étendre au-delà du système solaire. Résignons-nous donc petit à petit à abandonner les planètes et les comètes à cette nouvelle race de scientifiques : les planétologues, qui ne se contentent plus d'observer, mais veulent aussi sentir, toucher, goûter. Il nous reste quand même les étoiles, à commencer par le Soleil, où il fait bien trop chaud pour qu'un vaisseau spatial puisse s'y aventurer. Il nous reste aussi tout l'univers, et ce n'est pas rien.

Avec le regard pour tout scalpel, nous sommes vraiment les derniers scientifiques presque authentiquement « écolos ». Nos activités ne font pas trop courir de risque à l'environnement, mis à part les débris de nos satellites hors d'usage. Au contraire, nous exigeons un ciel pur et nous pourchassons les lumières parasites... Pas d'examen traumatisant ni d'expérience « pour voir », nous n'avons pas les moyens d'intervenir sur nos sujets d'études. Notre seul lien avec le ciel, notre unique source d'information, c'est d'abord et avant tout la lumière. Encore faut-il préciser de quel domaine de lumière il s'agit, car il faut savoir que la nature nous en propose pour le même prix une demi-douzaine tous mieux fournis les uns que les autres.

Il y a bien sûr la palette des lumières visibles : du violet jusqu'au rouge, toutes les couleurs de l'arc-en-ciel y passent. Mais il y a surtout les domaines des lumières invisibles, certains avec des noms encore familiers, radio, infrarouge, d'autres aux qualificatifs plus inquiétants, comme ultraviolet, X et gamma, le plus chargé d'angoisse. Et je n'oublie pas ce nouveau secteur, qui s'impose désormais entre radio et infrarouge, celui des micro-ondes, mieux connu depuis l'irruption fracassante dans les cuisines de ces fours mystérieux, capables de vous cuire à cœur une pièce de bœuf sans même la griller !

Toutes ces désignations recouvrent une réalité physique unique, identifiée par les savants de la fin du siècle dernier sous le nom un peu trop technique à mon goût de *rayonnement électromagnétique*. En ce qui me concerne, j'en resterai à « lumière », en précisant, le cas échéant, s'il s'agit d'une lumière radio, micro-onde, infrarouge, visible, ultraviolette, X ou gamma. J'aurais en effet du dépit à limiter l'usage d'un terme aussi gracieux pour des motifs purement anthropocentriques. Certes l'œil humain n'est sensible qu'à l'un de ces domaines, d'ailleurs le plus minuscule. Mais c'est là un argument bien subjectif pour restreindre la notion de lumière à la seule visible ! Ce serait ridicule venant de ma part, moi qui n'ai jamais risqué mes propres yeux à l'oculaire d'un télescope opérant dans le visible, du moins en tant qu'astronome professionnel.

S'il y a un moyen objectif pour s'y retrouver entre tous ces domaines, que l'on qualifie de spectraux, c'est sans aucun doute le fait que toute lumière est une onde, caractérisée par une grandeur unique, la *longueur d'onde.* À chaque domaine spectral, sa gamme de longueur d'onde. Les lumières à grandes longueurs d'onde, du centimètre au kilomètre et au-delà, constituent le domaine radio. À l'opposé, le domaine gamma est celui des lumières aux longueurs d'onde les plus courtes, moins d'un demi-ångström [14]. Quant aux lumières visibles, on ne les rencontre que dans un tout petit domaine spectral, entre quatre cents et sept cent cinquante nanomètres.

Comme il se doit, chaque domaine spectral offre toute une variété de teintes. Prenez, par exemple, le domaine radio. Ses principales nuances figurent en toutes lettres ou en abrégé sur la plupart des appareils récepteurs du commerce. Chacun connaît les grandes ondes, en abrégé GO ou LW, abréviation de l'anglais *Long Wave,* les ondes moyennes, OM ou MW, abréviation de *Medium Wave,* les ondes courtes, OC ou SW, abréviation de *Short Wave,* sans oublier la bande FM, abréviation de *Frequency Modulation,* « modulation de fréquence ». Chacune de ces teintes répond à une bande de longueur d'onde bien précise, un à deux kilomètres pour les grandes ondes.

L'œil est quand même un instrument merveilleux puisqu'il distingue dans le visible autant de nuances qu'il y a de couleurs dans un bel arc-en-ciel, violet, indigo, bleu, vert, jaune, orangé, rouge... Comme pour le domaine radio, à chacune de ces nuances – à chaque couleur – correspond un intervalle de longueur d'onde précis. Par exemple, si l'œil est baigné d'une lumière dont la longueur d'onde vaut de quatre cent cinquante à quatre cent quatre-vingt-dix nanomètres, on ne voit que du bleu. En revanche, s'il s'agit de longueurs d'onde comprises entre six cent vingt et sept cent cinquante nanomètres, alors, on voit rouge.

---

14. Unité de longueur, symbole Å, valant un dix-millionième de millimètre, ainsi nommée en l'honneur du physicien suédois Anders Jonas Ångström. Son usage est en principe déconseillé, au profit de nanomètre, sachant qu'un nanomètre vaut dix ångströms.

Chaud devant !

On dispose sur Terre de tout un arsenal d'appareils plus ou moins compliqués pour émettre les lumières propres à chaque domaine spectral. Pourtant, la manière la plus simple, sur la Terre comme au ciel, consiste à chauffer un objet. Pour s'en convaincre, il suffit d'une petite expérience, très facile à réaliser, même chez soi. Elle aura en plus le mérite de souligner l'arbitraire des frontières du domaine visible.

Attendez qu'il fasse nuit. Passez à la cuisine, allumez un des brûleurs de votre cuisinière à gaz. Saisissez avec une pince un petit morceau de métal, une épingle par exemple. Approchez-la de la flamme. Le bout de l'épingle devient rouge. Éteignez la lumière, fermez le gaz. Pendant quelques instants, même dans le noir le plus complet, vous voyez encore l'extrémité rougissante de votre épingle. Pourtant, plus rien ne l'éclaire ! Petit à petit, l'épingle se refroidit, et vous ne la voyez plus. A-t-elle disparu ? Non, bien sûr. Mais au lieu d'irradier une couleur bien visible, le rouge en l'occurrence, elle luit maintenant d'une lumière sans nom du domaine infrarouge, imperceptible à la vue.

Quand elle était encore rouge sombre, l'extrémité de l'épingle avait une température d'environ mille degrés. Avec une cuisinière à gaz, c'est difficile de chauffer plus. C'est d'ailleurs plus que suffisant pour faire attacher votre omelette au fond de la poêle. En revanche, si vous disposez d'un brûleur plus efficace, vous pouvez atteindre des températures plus élevées. Allez-y, chauffez. La couleur dominante vire du rouge au jaune. Chauffez encore. Attention, pas facile d'accroître trop la température sans volatiliser l'épingle, déjà chauffée à blanc. Mais admettons que ce soit possible. À vingt mille degrés, l'épingle serait bleue. Au-delà, elle serait moins aisément perceptible, resplendissant d'une nouvelle couleur sans nom, tout autant invisible, mais cette fois dans l'ultraviolet.

Les objets familiers, à l'instar de la petite épingle, rayonnent naturellement une lumière qui tombe dans l'un ou l'autre des différents domaines spectraux, en fonction de leur seule température. C'est pourquoi les physiciens, toujours à la recherche du mot juste, ont qualifié cette lumière de *rayonnement ther-*

mique. Les corps les plus froids, comme ceux des humains, se manifestent par des émissions thermiques à grande longueur d'onde, dans les domaines radio et infrarouge. Les plus chauds rayonnent des lumières à très courte longueur d'onde, dans l'ultraviolet, les X et les gamma. C'est le cas d'une bombe H à l'instant où elle explose.

Quant au visible, il ne concerne que les objets dont la température s'échelonne d'un millier à quelques dizaines de milliers de degrés, la flamme d'une bougie, le filament d'une lampe électrique, la surface du Soleil. Attention, entendons-nous bien. Il s'agit là de la lumière thermique, que les objets rayonnent par eux-mêmes, en fonction de leur seule température, sans être le moins du monde éclairés par une source lumineuse extérieure.

Si un coquelicot ou la planète Mars paraissent tous les deux rouges, cela n'a rien à voir avec leur température. L'un comme l'autre renvoient préférentiellement la composante rouge de la lumière qu'ils reçoivent du Soleil. Supprimez le Soleil, les deux disparaissent à vos yeux, le coquelicot comme la planète Mars. Cette précision étant faite, vous pouvez admettre sans restriction qu'il existe une dépendance directe entre la température d'un objet et la nuance de lumière qu'il rayonne. Quand il s'agit d'une lumière visible, cette dépendance prend le nom évocateur de relation *température-couleur*.

Les physiciens de la fin du XIXe siècle ont étudié cette dépendance entre température et longueur d'onde dans le cas idéal d'un objet qu'ils baptisèrent *corps noir* [15]. Il s'agit là d'un concept parfaitement hypothétique : un trou minuscule, percé dans un four parfaitement hermétique, en est la représentation la plus courante. Imaginez donc un four très bien isolé, dont vous pouvez régler à volonté la température. Une enceinte parfaitement « thermostatée », comme le préciseraient les physiciens. Pas besoin de porte, je n'ai pas l'intention d'y faire cuire un gigot, mais un simple orifice, le plus petit possible, pour ne pas trop perturber l'équilibre thermique du four.

La petite lueur qui s'en échappe mérite bien son nom de rayonnement thermique. En effet, il s'agit là d'une lumière émise sous l'effet de la seule température, en l'occurrence celle du four.

---

15. Rien à voir avec les trous noirs, dont il sera abondamment question par la suite.

Si vous élevez progressivement la température du four, cette lumière thermique saute de domaine spectral en domaine spectral. D'abord lumière radio quand le four est très froid, elle tourne infrarouge à la température ambiante, puis se fait visible quand la température du four atteint quelques milliers de degrés.

À y regarder de plus près, le rayonnement thermique d'un corps noir est un savant mélange d'une infinité de lumières, à toutes les longueurs d'onde possibles, des plus courtes jusqu'aux plus longues. Il est toutefois riche en lumière d'une longueur d'onde bien définie, d'autant plus courte que la température du four est élevée. La distribution du flot lumineux émis par un corps noir en fonction de la longueur d'onde, qualifiée par les physiciens de *spectre de corps noir*, culmine donc à une longueur d'onde qui ne dépend que de la température du dit corps noir.

En général, les physiciens ont l'habitude d'établir des lois applicables seulement dans des situations idéales, souvent très simplifiées. Pourtant, même dans le monde réel, hélas beaucoup plus complexe, où les humains sont contraints d'évoluer, ces lois fournissent parfois des indications assez précises. C'est particulièrement vrai dans le cas de l'émission thermique des corps. Beaucoup d'objets familiers, la petite épingle comme les étoiles, se comportent presque comme le corps noir hypothétique des physiciens.

Une étoile n'a donc pas le choix : sa température de surface l'oblige à briller d'une certaine lumière dont le spectre culmine de préférence dans l'un ou l'autre domaine spectral. À chaque domaine spectral, ses étoiles. À chaque domaine spectral, son ciel. Au domaine gamma, le ciel gamma peuplé des astres les plus chauds de l'univers.

L'astronomie de l'invisible

Même en se limitant au seul domaine visible, le ciel présente une incomparable richesse de couleurs. Mais pour des raisons tristement physiologiques, les yeux ont beaucoup de mal à distinguer les couleurs des étoiles qui apparaissent toutes plus ou moins blanchâtres. Si vous ne jetez sur le ciel qu'un regard distrait, la voûte céleste n'offre pas plus de nuances qu'un western en Technicolor diffusé sur un vieux poste de télévision en noir et blanc, avec les pitons rocheux du Nouveau-Mexique aussi grisâtres qu'un terril du Pas-de-Calais.

Pourtant, que de diversités ! Prenez par exemple la constellation d'Orion que vous découvrez plantée assez haut dans le ciel par une belle nuit d'hiver. Oui, c'est là, vous y êtes. Quatre magnifiques étoiles marquent les quatre coins d'une sorte de trapèze allongé. En haut Bételgeuse et Bellatrix, en bas Saïph et Rigel. Au centre, trois étoiles s'alignent pour former le « Baudrier » du chasseur, avec son épée matérialisée par une traînée d'étoiles qui s'alignent jusqu'à la fameuse nébuleuse d'Orion. Concentrez maintenant votre attention sur la couleur de Bételgeuse *(en haut à gauche)* et de Rigel *(en bas à droite)*. Pas de doute, ça se voit bien, Bételgeuse est rouge et Rigel est bleue.

Nous pouvons sans trop de peine discerner leur couleur à l'œil nu, car il s'agit de deux étoiles parmi les plus brillantes du ciel. Mais il en va de même pour toutes les autres étoiles. À chacune sa température, à chacune sa couleur. Si Bételgeuse semble rouge et Rigel si bleue, c'est que leurs températures de surface sont respectivement d'environ trois mille et vingt mille degrés. Rien que de très normal : le rayonnement d'une étoile s'apparente à celui d'un corps noir. Son éclat est au plus vif pour une certaine gamme de longueur d'onde – une certaine nuance de couleur – qui ne dépend que de sa température de surface.

Prenons l'exemple du Soleil. Pas de problème pour en décomposer la lumière. Quelques gouttes de pluie, et voici toutes les couleurs de l'arc-en-ciel. Pourtant, à en croire les astronomes, le Soleil est classé comme une étoile jaune, car c'est dans le jaune que son éclat est le plus vif. Cela ne l'empêche pas de rayonner également, mais avec une intensité moindre, dans le bleu et dans le rouge, et même en dehors du visible, dans l'infrarouge et l'ultraviolet.

De la même façon, avec une température de surface d'environ trois mille degrés, Bételgeuse, le prototype d'étoile « froide », brille beaucoup dans l'infrarouge, pas mal dans le rouge, un peu dans le jaune, et presque plus dans le bleu et l'ultraviolet. Bonne raison pour la qualifier d'étoile rouge. En revanche, avec vingt mille degrés en surface, Rigel, la chaude, rayonne extrêmement peu dans l'infrarouge, guère plus dans le rouge, un peu dans le jaune, beaucoup dans le bleu et dans l'ultraviolet. C'est bien une authentique étoile bleue.

Et les étoiles des autres domaines spectraux ? Les étoiles les plus chaudes, par exemple ? Rassurez-vous, elles existent ! Mais il reste encore un bon bout de chemin avant de les examiner de plus près. Ce que je peux vous dire maintenant, c'est qu'elles n'ont plus grand-chose en commun avec Bételgeuse ou Rigel, si ce n'est un certain air de parenté. Leur maximum d'éclat se situe loin, très loin, dans les X et les gamma. Résultat, leur éclat dans le visible est tellement faible que les astronomes éprouvent les plus grandes difficultés à les détecter avec leurs télescopes « classiques », même les plus puissants.

On en revient toujours au même point : dans le visible, on voit toutes sortes d'étoiles, plus ou moins chaudes, plus ou moins rouges, plus ou moins bleues... Mais c'est toujours un peu la même chose. Rien d'étonnant ! Le regard des humains est façonné par ce Soleil qui les chauffe et les fait vivre. Pour contempler de nouveaux cieux, pour y découvrir des astres radicalement différents, il faut forcer le regard à sortir du visible. Alors à nous les petites étoiles à neutrons, les pulsars, les trous noirs, le grand jeu, quoi...

Heureuse époque que cette fin de deuxième millénaire, du moins pour nous, les astronomes. L'astronomie de l'invisible devient une réalité. Au-delà de ce nom quelque peu racoleur, il s'agit bien d'une véritable remise en cause de notre petite communauté de voyeurs célestes. Briser le carcan du visible, contempler enfin l'univers sous toutes les longueurs d'onde, ce n'est pas un progrès, sire, c'est une révolution, bien plus considérable que ne le fut en son temps l'invention de la première lunette astronomique.

Bien sûr, avec sa petite longue-vue, Galilée voyait plus en détail les astres les plus proches. Il percevait aussi des étoiles d'éclat beaucoup plus faible, non détectables à l'œil nu. Aux quelques milliers d'étoiles visibles sans l'aide d'aucun instrument, l'observation du ciel avec une simple paire de jumelles en ajoute des centaines de milliers, souvent beaucoup plus lointaines. Siècle après siècle, la taille et la qualité des télescopes aidant, les astronomes repoussèrent peu à peu les limites de l'univers. Mais ils avaient beau regarder de plus en plus loin, c'était toujours et partout les mêmes étoiles.

Au XIXe siècle, quand les astronomes devinrent physiciens, ils commencèrent aussi à décomposer la lumière des étoiles, celle du Soleil en premier lieu. C'est alors qu'ils reconnurent la présence de lumières invisibles au-delà du violet et en deçà du rouge. Toutefois, ces excursions en dehors du visible étaient encore trop timides pour découvrir des astres nouveaux. Elles étaient plutôt destinées à mieux ausculter, par émulsions photographiques interposées [16], des types d'astres déjà bien connus des astronomes.

Puis ce fut la Seconde Guerre mondiale. Les belligérants des deux camps prirent vite conscience de l'intérêt extrême des techniques radar pour repérer les avions. On installa donc un peu partout de grandes antennes pour mieux capter les ondes radio réfléchies par les appareils ennemis. Dès la guerre finie, les astronomes disposaient ainsi d'une panoplie complète d'instruments propres à observer le ciel dans le domaine radio. Il s'ensuivit une pluie de découvertes, forçant les astronomes à se passionner pour toute une série d'astres nouveaux : les quasars, les pulsars...

Quelques-uns de ces astres avaient pourtant déjà été repérés par des télescopes classiques. Mais leur apparence dans le visible est tellement anodine qu'ils seraient restés encore longtemps noyés dans la masse des étoiles anonymes, incapables d'attirer l'attention d'astronomes oubliant que le ciel qu'ils sont censés scruter n'est ni un miroir d'eux-mêmes, ni un reflet du regard qu'ils portent sur l'univers.

Avec les observations dans le domaine des ondes radio, l'astronomie de l'invisible était bel et bien née, même si elle se limitait alors aux rares rayonnements capables de se propager sans trop d'encombre dans l'atmosphère. Puis ce furent les années 1960 : la course à l'espace, les télescopes en orbite. Trente ans plus tard, à peine une génération, la majorité des découvertes astronomiques est le fruit d'observations dans l'invisible. Il fallut à cette portée d'astronomes des années 1960 une sacrée dose de culot pour en arriver là. Je suis bien placé pour le savoir, je suis membre du club.

---

16. Moins sensibles que l'œil, les émulsions photographiques furent cependant plus d'un siècle durant l'indispensable accessoire des astronomes car elles autorisent des poses beaucoup plus longues, tout en couvrant un domaine un peu plus vaste, surtout dans le proche infrarouge.

Voir l'invisible

Comment fait-on pour voir les étoiles invisibles ? Si l'on excepte le cas de la lumière gamma, toutes les autres lumières, visibles ou non, peuvent être réfléchies par des miroirs. Tous les télescopes – sauf les télescopes gamma, j'y reviendrai – sont donc bâtis sur le même modèle : un miroir parabolique, le plus gros possible, concentre la lumière pour former une petite image. L'œil ou la plaque photo font très bien l'affaire pour enregistrer cette image quand il s'agit d'un télescope terrestre, opérant dans le visible ou le très proche infrarouge. Mais que font les astronomes quand une soudaine audace les pousse à quitter ce domaine spectral si rassurant ?

Heureusement, bien d'autres corporations sont tout autant désireuses de détecter les lumières invisibles. En premier lieu, bien sûr, les militaires. J'ai déjà évoqué leur rôle dans la naissance de la radioastronomie. Rien ne ressemble plus à un télescope opérant dans le domaine radio qu'un bon gros radar. Toutefois, le soutien des militaires à l'astronomie de l'invisible ne se limite pas au domaine radio. Soucieux de faire la guerre jour et nuit, ils ont mis au point d'excellents capteurs infrarouges pour détecter les rayonnements thermiques émis par tous ces corps plus ou moins noirs qui peuplent la surface du globe. Un brave soldat émet assez de lumière dans l'infrarouge pour être vu la nuit comme en plein jour par un adversaire équipé d'une paire de jumelles munies d'un récepteur infrarouge.

Autre corps de métier familier de l'invisible : celui des médecins. Ils sont demandeurs de moyens aptes à ausculter l'intérieur d'un corps humain sans l'ouvrir. Pionniers des rayons X, ils s'intéressent de plus en plus aux gamma. J'aurai l'occasion de vous en dire un mot quand je vous raconterai comment construire un télescope gamma. Cependant, les médecins ne sont pas les seuls à vouloir éclairer l'intérieur des objets opaques à l'œil. Bien d'autres personnages s'y sont mis à leur tour. Je vous cite pêle-mêle le policier, qui ausculte votre valise à la recherche d'une arme ; le douanier de l'aéroport de Moscou, qui repère à coup sûr la boîte de caviar que vous avez achetée au marché noir ; le fabricant de tuyauterie pour centrales nucléaires qui vérifie la qualité d'une soudure...

Avec l'œil électronique des caméras de télévision, le domaine visible lui-même profite des progrès fulgurants que suscite le formidable engouement pour les images qui marque cette fin de siècle. Rendez-vous compte : grâce à une merveille de petit récepteur, le camescope, avec lequel vous immortalisez les progrès de votre progéniture, rivalise désormais avec ces énormes engins qui encombraient les plateaux de télévision dans les années 1960 ; et en plus, c'est en couleur !

Insatiables amateurs d'images, les astronomes sont parmi les premiers à profiter de cette batterie de capteurs de lumières, visibles ou invisibles. Cependant, leurs maigres budgets les incitent plutôt à suivre le mouvement : pour les besoins de leurs propres recherches, ils sont souvent conduits à profiter des développements entrepris par des corporations plus fortunées. Qu'importe, seul le résultat compte. Les militaires lèvent le secret sur un détecteur infrarouge : les astronomes en profitent aussitôt pour le placer au foyer d'un télescope. L'industrie médicale sort un nouveau modèle de caméra à rayons gamma : quelques années plus tard, vous la retrouvez au cœur d'une expérience d'astronomie gamma. Et c'est très bien comme ça.

Reste à reproduire les contours des astres invisibles, à dessiner les cartes des nouveaux continents du ciel. Là, pas de problème. Les astronomes disposent de l'arsenal mis au point par les géographes pour représenter les continents terrestres. Ils y parvenaient d'ailleurs bien avant de les voir enfin d'en haut, depuis l'espace. Souvenez-vous de vos cours de géographie : les cartes de géographie physique sont souvent agrémentées de toute une série de courbes de niveau permettant d'estimer l'altitude de chaque parcelle de terrain. De la même manière, les astronomes utilisent des courbes de niveau pour visualiser la quantité de lumière que leurs détecteurs reçoivent de chaque parcelle de ciel. Avec une telle méthode, peu importe que la lumière recueillie par les télescopes soit visible ou invisible, les yeux des astronomes peuvent toujours regarder les cartes que confectionnent leurs ordinateurs.

Comme les géographes, les astronomes se plaisent aussi à souligner l'échelonnement des courbes de niveau avec de la couleur. Quand les géographes représentent des régions de plaine, ils ont pris l'habitude de ganser les courbes de niveau d'un joli dégradé de vert. Dans le cas des collines, ils adoptent le jaune, le marron pour les montagnes, et bien sûr, le blanc pour les sommets. Pour leurs cartes de ciel, les astronomes ont adopté un échelonnement de couleur quelque peu différent. Le fond du ciel apparaît bleu nuit, cela va de soi. Les parcelles les moins brillantes s'y détachent en bleu clair. Les zones d'éclat croissant sont coloriées en vert, en rouge, en orange, en jaune et enfin en blanc, pour les plus lumineuses. D'où ces images dites en « fausses couleurs », car les couleurs ne sont là que pour mieux faire apparaître les dégradés d'éclat.

L'âge d'or de l'astronomie

À force de vous rabâcher que l'invisible s'installe bel et bien dans la vie de tous les jours, je crains de dévaluer à vos yeux les efforts accomplis par les nouvelles générations d'astronomes pour venir à bout des obstacles que la nature oppose aux lumières invisibles venues du cosmos, à commencer par l'opacité de l'atmosphère terrestre. À courte longueur d'onde, dans les domaines ultraviolet, X et gamma, presque toutes les lumières sont bloquées sans rémission par la haute atmosphère. Seules celles du proche ultraviolet atteignent la surface du globe.

À plus grande longueur d'onde, l'atmosphère est moins opaque aux lumières invisibles. Dans l'infrarouge, par exemple, un peu de rayonnement parvient à se faufiler jusqu'au sol, profitant de quelques *fenêtres atmosphériques*. C'est ainsi que les astronomes dénomment ces intervalles de longueurs d'onde où l'atmosphère reste assez transparente. Mais c'est surtout dans le domaine des ondes radio que ces fenêtres sont le plus largement ouvertes : voilà pourquoi les radio-astronomes furent les premiers à explorer un ciel si loin du visible.

Le plus souvent, les astronomes de l'invisible sont donc condamnés à mettre en œuvre leurs télescopes au-delà de l'atmosphère. Le moyen le plus simple d'y parvenir consiste à placer l'appareil dans une nacelle portée par un ballon stratosphérique. Le peu d'atmosphère qui subsiste au-dessus de la nacelle constitue encore une gêne, mais les observations ainsi menées sont quand même fructueuses, bien que d'une durée souvent beaucoup trop brève. Et puis se pose le problème du retour au sol, toujours hasardeux. Attention à la casse !

La voie royale, c'est bien sûr l'espace. Mis à part les adeptes du domaine radio, les contemplateurs de l'invisible durent donc apprivoiser un jour ou l'autre les techniques spatiales. Mais là encore, les astronomes furent contraints de suivre le mouvement. Pour installer leurs télescopes à bord de satellites artificiels, ils durent attendre que l'Union soviétique et les États-Unis, engagés dans une impitoyable rivalité idéologique, choisissent l'espace comme nouveau champ de bataille.

Évidemment, les stratèges des deux camps ne se soucièrent pas le moins du monde du formidable bouleversement qui en résulterait pour les astronomes. Ces derniers profitèrent sans états d'âme de la situation. Ils en vinrent même à oublier qu'ils servaient ainsi d'alibi à des complexes militaro-industriels trop contents de justifier les sommes énormes englouties dans la course à l'espace en avançant des motivations scientifiques dont ils se souciaient comme d'une guigne.

Dès la fin des années 1960, une première génération de satellites astronomiques virent ainsi le jour, propulsés par une série de missiles balistiques intercontinentaux, reconvertis pour la circonstance en lanceurs spatiaux à usage pacifique. Aujourd'hui, l'espace est devenu le champ clos d'un autre type de rivalité, aux parfums nettement plus commerciaux. L'idéologie cède le pas aux affaires. Mais les astronomes sont maintenant des interlocuteurs à part entière du monde spatial. Opérer au-delà de l'atmosphère étant devenu pour beaucoup d'entre eux une question de survie professionnelle, ils réussissent toujours à trouver une place sur un satellite pour installer leurs télescopes, même si la compétition avec les autres clients désireux de se propulser dans l'espace est de plus en plus âpre.

C'est vraiment « l'âge d'or » de l'astronomie. Le ciel est désormais scruté sous toutes les longueurs d'onde. Pas une lumière – ou presque – ne manque à l'appel. Avec ce nouvel éclairage, la connaissance du ciel progresse à pas de géant. On remarque pourtant un territoire d'irréductibles étoiles qui résistent à la curiosité des astronomes. Il s'agit du ciel gamma, là où tout est encore plus difficile qu'ailleurs. Délaissez donc les autres lumières. Ne vous faites aucun souci, elles ne manquent pas d'adeptes. Suivez-moi à l'assaut du ciel gamma. Je vous promets que sans effort vous verrez le mur de mystère qui dissimule encore le ciel gamma se lézarder sous les coups de butoir d'un télescope comme notre Sigma.

Les étoiles gamma se cachent bien. Elles s'abritent dans le domaine spectral le moins accueillant, où les télescopes à schéma classique – avec miroir – ne fonctionnent plus. En outre, l'abord de ces étoiles est tellement abrupt que, même avec un bon entraînement, il faudra encore couvrir un bon bout de chemin ensemble avant de déboucher en plein ciel gamma. Puisqu'il ne s'agit que des approches initiales, plongez-vous dans les récits de ceux qui ont déjà atteint les nouvelles frontières que je me propose de vous faire franchir. Première surprise – et de taille ! –, les premiers qui affrontèrent ces cieux inviolés n'étaient pas des astronomes. C'étaient les disciples des géants qui fondèrent la physique moderne !

En se lançant à l'assaut du ciel gamma, ils ne manifestaient aucun attrait particulier pour les espaces inviolés. Leur démarche portait plutôt l'empreinte de leur détermination froide et logique de physiciens. Pour eux, la découverte d'une étoile capable de produire un rayonnement gamma n'était pas l'aboutissement d'un désir onirique. Voir la brume se déchirer sur les rivages d'un nouveau continent ne les motivait guère. Ils voulaient en fait s'introduire en catimini dans un fantastique laboratoire, celui des étoiles gamma, où se déroule spontanément une panoplie d'expériences fabuleuses impossibles à conduire sur Terre, là où la technique est encore trop fruste pour produire les conditions expérimentales propres à satisfaire leur curiosité.

Toujours cette volonté de pousser l'expérimentation le plus loin possible, afin de faire progresser les lois fondamentales, et d'enfermer encore un peu plus cette nature, qui se dérobe sans cesse, dans un corset d'équations. Sachez toutefois que cette démarche n'est pas nouvelle : ça fait belle lurette qu'astronomes et physiciens se font la courte échelle pour regarder par-dessus le mur de leur mutuelle ignorance.

Un exemple célèbre : en 1869, les astronomes décelaient dans le Soleil la présence d'un nouvel élément. Pour la circonstance, il fut baptisé du nom évocateur d'hélium. Deux ans plus tôt, les travaux du Russe Dmitri Ivanovitch Mendeleïev en avaient prévu l'existence, mais il fallut attendre 1895 pour qu'il soit enfin isolé dans les laboratoires terrestres. Un demi-siècle plus tard, les physiciens du nucléaire, non contents d'explorer l'infiniment petit, se mirent aussi à chercher dans le ciel les clés de leurs énigmes. Et pour y parvenir, rien de mieux que l'astronomie gamma.

Astronomie gamma et physique des particules font tellement bon ménage que, pour mieux vous initier aux arcanes de cette nouvelle discipline, je dois impérativement jouer les astrophysiciens. Sans prétention, d'ailleurs. Ces figures imposées que l'on attend de tout bon astrophysicien qui se respecte n'ont pas d'autre but que de vous échauffer avant les joyeuses arabesques du programme libre. Acceptez donc de bon cœur le petit bagage de physique qui va suivre. Il vous sera peut-être fort utile quand vous aborderez les rivages inhospitaliers du ciel gamma.

CHAPITRE II

Voyage au centre d'une étoile

Un certain manque de force

Force est de reconnaître que l'histoire des sciences, loin de présenter un profil lisse et harmonieux, est au contraire jalonnée de brutales révolutions. Aucune raison de changer les lois fondamentales tant que les savants s'en contentent. Mais que s'accumulent trop d'observations contredisant ces mêmes lois, alors une mutation s'impose. Elle sera d'autant plus brutale que s'est creusé le fossé entre les faits d'expérience et des lois devenues dogmes intangibles.

Les astronomes peuvent se targuer à juste titre d'avoir été l'aile marchante de la mutation la plus fameuse : la « révolution copernicienne ». Elle embrasa le monde des sciences à la fin du XVIe siècle, enfantant ce que je conviens d'appeler la physique « classique ». Au cours des trois siècles suivants, toutes les avancées du progrès scientifique s'inscrivirent dans la droite ligne de cette physique classique.

Son succès était tel qu'à la fin du XIXe siècle, les savants n'étaient pas loin de penser que la nature n'avait plus de secret pour eux. Ils avaient de très bonnes raisons d'en être convaincus, après avoir réussi à mettre en équation les deux forces – il convient mieux de dire : les deux interactions – qui, du moins le croyaient-ils, gouvernaient seules le monde. Par ordre d'entrée en scène, il s'agit de l'interaction gravitationnelle et de l'interaction électromagnétique.

Toutes deux sont parfaitement perceptibles aux sens, et l'une comme l'autre possèdent le pouvoir d'agir à grande distance. Tout le monde connaît la gravité, l'interaction gravitationnelle. Bien avant que sir Isaac Newton la mette en équation, les hommes avaient depuis longtemps pris conscience de la dictature implacable de la gravité. C'est elle qui les cloue au sol, c'est elle aussi qui fait tourner la Terre autour du Soleil sous le pseudonyme d'« attraction universelle ». Elle s'exerce entre tous les constituants de l'univers : étoiles, planètes, fusées, athlètes, fourmis, grains de poussières, atomes...

L'interaction électromagnétique est aussi familière. C'est sans conteste la mieux domestiquée, de la lampe de poche à la radiographie, en passant par la boussole, la chimie et la télévision. Infiniment plus intense que l'interaction gravitationnelle, elle intervient entre les substances électrisées – dotées de charges électriques. Réussir à enserrer l'électromagnétisme dans les mailles des équations de Maxwell fut sans conteste l'un des plus grands succès de la physique classique.

Au moment même où certains beaux esprits déclaraient que la recherche scientifique n'était plus un champ d'investigation digne d'intérêt, quelques obstinés mettaient en lumière une série de phénomènes dont la physique classique était incapable de fournir une explication satisfaisante. La nouvelle révolution scientifique qui en surgit marqua de son empreinte les premières décennies du XXe siècle. Elle inspira une profonde mutation qui est loin de s'achever, tant fut radical le changement de mentalité.

Parmi ces faits incompatibles avec la physique classique, et donc appelés à précipiter l'avènement de la physique « moderne », j'en retiendrai deux : la radioactivité naturelle et l'effet photoélectrique, car chacun d'eux, à sa façon, attira l'attention sur le rayonnement gamma, cinquante ans avant de faire les beaux jours d'astronomes en manque d'émotions fortes.

Les rayons uraniques

La radioactivité d'abord, découverte en 1896 par Henri Becquerel. À en croire la petite histoire, le hasard aurait joué le rôle principal. C'est un peu vrai. Mais que la recherche scientifique serait triste sans cette part d'imprévu ! Et puis, le génie, n'est-ce pas non plus pressentir très vite la portée réelle d'un fait d'expérience, même quand il va à l'encontre du résultat que vous attendez ? Jugez-en vous-même au récit de cette découverte, du moins telle que je me plais à vous la résumer. Puissent les épistémologues sérieux pardonner un compte rendu aussi fantaisiste !

Mon histoire commence quand un physicien allemand, Wilhelm von Röntgen [1], isole également par hasard un rayonnement aux propriétés étonnantes. Nous aurons l'occasion de revenir sur la découverte de ce rayonnement mystérieux que Röntgen affuble d'un grand X, la lettre qui symbolise l'inconnu et qui désigne également une grande école française d'artillerie. Avertis de la grande diversité des lumières invisibles, vous savez très bien que le domaine X se situe au-delà du visible, loin là-bas, vers les petites longueurs d'onde, après l'extrême ultraviolet. Mais les savants de l'époque ne sont pas encore disposés à admettre qu'une lumière, même de très courte longueur d'onde, impressionne une plaque photo à travers un solide écran de carton – comme c'est le cas de ces rayons X – tout en restant bloquée par une simple feuille de cuivre.

Fils et petit-fils d'éminents scientifiques, Becquerel s'interroge lui aussi sur ces rayons X. Il se prend à imaginer que, sous l'action de la lumière solaire, certains cristaux pourraient bien émettre une dose appréciable de rayons X. Aussitôt dit, aussitôt fait. Il enveloppe une plaque photo d'un solide papier opaque, non sans avoir pris soin de la recouvrir, ici et là, de quelques rubans de cuivre entrelacés.

Il place ensuite le tout auprès d'un échantillon cristallin, généreusement baigné de lumière solaire. Si son intuition est juste, la plaque photo, une fois développée, portera en négatif l'empreinte des rubans de cuivre opaques aux rayons X. En dépit de nombreuses tentatives, les résultats sont, hélas, négatifs. Sans se décourager, Becquerel prépare un nouvel essai, avec cette fois des sels d'uranium. Mais le ciel se couvre. À coup sûr, ce sera encore un échec. Et pourtant, une fois la plaque photo dûment

---

1. Premier récipiendaire du prix Nobel de physique. C'était en 1901.

développée, le cliché porte contre toute attente les marques d'un puissant rayonnement.

La suite ne doit plus rien au hasard, mais au génie de Becquerel. Aucun doute pour lui : il s'agit d'un rayonnement d'un nouveau type, les *rayons uraniques*. Il en entreprend l'étude en même temps qu'une jeune Polonaise, Marie Sklodowska, vite rejointe par Pierre Curie, le physicien français de renom qu'elle vient juste d'épouser. Un jeune Néo-Zélandais très prometteur, Ernest Rutherford, le futur lord Rutherford of Nelson, collabore également à cette entreprise. Ce beau monde – ils seront tous prix Nobel [2] – ne tarde pas à en savoir beaucoup plus sur les rayons uraniques. Je poursuis donc mon récit avec ces deux courts extraits des observations qu'ils auraient pu consigner sur leur cahier de « manip ». Je vous signale qu'il s'agit là d'une pure invention de ma part. Il ne m'a jamais été donné de consulter un tel document. Existe-t-il vraiment ? Peu importe, puisque je vous en livre les meilleures pages...

Notes « imaginaires » du cahier de laboratoire de M. Henri Becquerel et associés.

« ... 5 février. Nous avons introduit cette substance, que nous qualifierons désormais de radioactive, au fond d'un tube de plomb, afin d'obtenir un pinceau fin de rayons uraniques. Dans l'axe du tube, nous avons placé à bonne distance une plaque photo bien enveloppée d'un papier noir. Après développement du cliché, nous observons une tache ronde, exactement là où le faisceau intercepte la plaque sensible... »

« ... 14 février. Nous répétons l'expérience du 5 février dernier, après avoir monté un barreau aimanté, recourbé en forme de U, entre le tube et la plaque photo. Nous avons pris grand soin de disposer les deux pôles [3] de l'aimant de part et d'autre du faisceau de rayons uraniques – pôle nord en bas, pôle sud en haut. Le développement d'un nouveau cliché nous révèle trois taches distinctes, alignées horizontalement. Celle du milieu se trouve à l'emplacement de l'unique empreinte observée le 5 février. Nous en déduisons que le champ magnétique divise les rayons uraniques en trois

---

2. Henri Becquerel, Pierre et Marie Curie seront prix Nobel de physique en 1903, Ernest Rutherford sera prix Nobel de chimie en 1908, tout comme Marie Curie en 1911.

3. Les deux extrémités du barreau aimanté.

composantes. Nous dénommons rayons alpha ceux qui sont faiblement déviés vers la gauche, rayons bêta ceux qui sont plus fortement déviés vers la droite, et rayons gamma ceux qui ne sont pas affectés par la présence de l'aimant... »

Laissons là ces extraits inventés – j'en demande encore pardon – du cahier de « labo » qu'auraient pu tenir Becquerel et consorts. Vous imaginez bien que tout ne fut pas aussi simple. Mais quelle réussite ! Ils ont ouvert une boîte de Pandore qui submergea le XXe siècle de bienfaits et d'horreurs. Permettez-moi d'en retenir l'acte de baptême de mes chers rayons gamma. Quelques années plus tard, ils seront reconnus pour ce qu'ils sont vraiment, une onde lumineuse, de la plus courte longueur d'onde qui soit.

Lumière et électricité

Justement, la lumière, je n'ai pas fini de vous en parler. Normal, pour un astronome. Je vous ai déjà déclaré que toute lumière est une onde, caractérisée par une grandeur unique : la longueur d'onde. Bien sûr, c'est vrai. Du moins, c'est une partie de la vérité, celle à laquelle les savants étaient parvenus à l'apogée de la physique classique, à la suite des travaux de James Maxwell. Dans une série de mémoires, publiés de 1855 à 1865, ce génial Écossais avait formulé une série d'équations conduisant à la prédiction de l'existence d'ondes électromagnétiques, perturbations périodiques dans le temps et dans l'espace d'une entité connue sous le nom de champ électromagnétique. Par des raisonnements théoriques, Maxwell estima la célérité de son onde. Il la trouva égale à celle de la lumière, ce qui le conduisit à supposer que la lumière est bel et bien une onde électromagnétique.

À partir de 1885, cherchant à confirmer expérimentalement la théorie de Maxwell, le physicien allemand Heinrich Hertz fut le premier à produire des ondes de lumière par des moyens électriques. Avec une longueur d'onde de l'ordre du mètre, les ondes qu'il créa – baptisées ultérieurement *hertziennes* ou *radioélectriques* – tombaient en plein dans le domaine radio. Ayant réussi à produire de la lumière – fût-elle radio – par des moyens électriques, Hertz ouvrit aussi la voie inverse, en obtenant de l'électricité avec de la lumière. Il y parvint en 1887, en bricolant un électroscope à feuilles d'or.

Je me permets de vous détailler cet appareil fort simple, mis au point au XVIIIe siècle par l'abbé Nollet, physicien de salon à ses heures. Représentez-vous une bouteille de verre, dont le bouchon est transpercé par une tige métallique. À l'intérieur, deux feuilles d'or, très minces, pendent mollement au bout de la tige. Un petit plateau de métal est monté à l'autre extrémité de la tige, à l'extérieur de la bouteille. Transportez-vous maintenant dans le salon si bien fréquenté de la marquise de..., où ce bon abbé Nollet s'était évertué à frotter vigoureusement un bâton d'ambre avec une peau de chat. Émoi général, la marquise est sur le point de se pâmer ! En effet, sans aucune intervention directe, dès que l'abbé met en contact le bâton d'ambre avec le plateau de son électroscope, l'assistance médusée voit les feuilles d'or se raidir et s'écarter brutalement. C'est de la magie ? Non, belle marquise. C'est de l'électricité.

Les Grecs de l'Antiquité savaient déjà que l'ambre, cette résine fossile jaune et translucide, une fois frottée vigoureusement, attire certains corps légers. Incidemment, en grec, ambre se dit *êlektron*... Il fallut pourtant attendre le XVIIIe siècle pour voir se réaliser nombre d'expériences, très prisées par les beaux esprits de l'époque, débouchant sur la découverte de deux sortes d'électricité. L'*électricité vitreuse*, obtenue en frottant un bâton de verre avec du drap, est constituée de charges auxquelles on attribua conventionnellement le signe +, et l'*électricité résineuse*, obtenue avec de l'ambre, affectée du signe −. Les charges se repoussent ou s'attirent suivant qu'elles sont de même signe ou non.

Lors de la démonstration de l'abbé Nollet, les charges électriques arrachées à l'ambre, puis déposées sur le plateau, apportent un surplus d'électricité négative aux éléments de l'électroscope. Ainsi chargées négativement, les deux feuilles d'or se repoussent et s'écartent d'autant plus l'une de l'autre qu'elles ont chacune récolté un plus grand nombre de charges. Bien que d'apparence fort simple, ce qui lui vaudra de figurer en bonne place dans les ouvrages de physique récréative, l'électroscope à feuilles d'or permet de mesurer de très faibles variations de charge.

Je reviens à l'expérience de Hertz. Chargé au préalable d'électricité négative, au moyen d'un bâton de verre frotté, les deux feuilles d'or de son électroscope sont bien rigides et s'écartent l'une de l'autre. Hertz pose alors une plaque de zinc sur le plateau de l'électroscope. Aucune réaction. Il éclaire la plaque de zinc avec la lumière crue d'un arc électrique. Instantanément, les deux feuilles d'or se referment et s'amollissent. Leurs charges négatives ont été neutralisées par l'action de la lumière. La boucle est bouclée, la lumière a avoué sa liaison avec l'électricité.

Voulant en savoir toujours plus sur l'effet photoélectrique qu'il venait de découvrir, Hertz eut alors l'idée d'interposer une lame de verre, matériau connu pour bloquer la lumière ultraviolette, entre l'électroscope et la source lumineuse. L'effet cesse aussitôt. Pas de doute : dans le cas du zinc, seule la lumière ultraviolette peut susciter l'effet photoélectrique. Aucun savant de l'époque ne fut bien sûr capable d'expliquer cet effet photoélectrique, et encore moins cette dépendance avec la longueur d'onde. Il fallut attendre le début du XXe siècle, pour qu'un simple employé travaillant à l'Office fédéral des brevets de Berne en établisse enfin une théorie satisfaisante. Il s'appelait Albert Einstein.

Un Suisse de génie

Ce citoyen suisse – il avait renoncé à sa nationalité allemande en 1896 pour se faire naturaliser suisse en 1901 – divulgua en 1905 le résultat de ses travaux sur la quantification de l'énergie lumineuse, élucidant du même coup l'expérience de Hertz. Pourtant, l'émoi dans le microcosme scientifique fut loin d'être à la hauteur de l'événement. Bien sûr, au cours de la même année, Einstein avait aussi jeté les bases de son œuvre maîtresse, la théorie de la relativité, sans oublier ce petit traité sur le mouvement brownien... Excusez du peu ! Quelque temps plus tard, les savants finirent quand même par prendre au sérieux son mémoire sur l'effet photoélectrique, ce qui lui valut le prix Nobel en 1921.

Einstein avait repris à son compte l'idée lancée quelques années avant par Max Planck [4] : traiter la lumière comme un

---

4. Prix Nobel de physique 1918.

ensemble de grains d'énergie, les *quanta*. Dans l'esprit de Planck, il s'agissait là d'un simple artifice, destiné à apporter une description mathématique correcte au spectre de corps noir. Cela faisait des années que les physiciens se creusaient la cervelle, sans grand succès d'ailleurs, pour trouver la relation qui permet de calculer, en fonction de la longueur d'onde, l'émission thermique d'un corps noir porté à une température donnée.

Alors que Planck ne croyait pas à la réalité physique de ses propres quanta, Einstein au contraire légalisait leur existence en les rendant responsables de l'effet photoélectrique. Voyez vous-même comment s'explique l'expérience de Hertz : illuminer la plaque montée sur l'électroscope revient à la bombarder de grains de lumière. Par l'énergie qu'il emporte, chacun de ces quanta est susceptible d'arracher une charge négative à la plaque de zinc. Celles qui avaient été introduites dans l'électroscope grâce au bâton d'ambre doivent maintenant combler le déficit de charges négatives produit au niveau de la plaque par le bombardement des quanta. Elles ne sont donc plus disponibles pour maintenir écartées les feuilles d'or.

Dans l'hypothèse de Planck, chaque grain de lumière, chaque quantum – un quantum, des quanta, c'est correct, c'est du latin – emporte une quantité d'énergie d'autant plus grande qu'il s'agit d'une lumière dont la longueur d'onde est petite. Alors, tout s'explique ! Contrairement au quantum d'une lumière ultraviolette, un quantum de lumière visible n'emporte pas assez d'énergie pour arracher une charge négative à une plaque de zinc. Voilà pourquoi il suffisait à Hertz d'interposer une lame de verre bloquant la lumière ultraviolette pour contrecarrer l'effet photoélectrique.

La seule manière d'expliquer l'expérience de Hertz consistant à cautionner la réalité physique des quanta de Planck, il faut en accepter la plus troublante des conséquences : la lumière peut prendre tantôt l'aspect d'une onde, tantôt celui d'un quantum – un petit grain –, autrement dit, un corpuscule. En fait, il n'y a là ni contradiction, ni même dualité. C'est un peu comme une boîte de petits pois. Sans conteste, elle est ronde. Quand elle vous glisse des mains, elle roule par terre comme une boule de pétanque. Cette même boîte de conserve a aussi tous les attributs d'une brique. Les chefs de rayon des supermarchés en font d'ailleurs de véritables murs. Ce serait autrement plus difficile avec des boules de pétanque !

Alors, cette boîte de conserve, boule ou brique ? Assurément, ni l'une, ni l'autre. Mais un objet à l'évidence plus complexe. Certes, quand on la regarde de dessus, elle présente l'aspect rond d'une boule de pétanque. Et de côté, son aspect rectangulaire est celui d'une brique. La lumière, c'est un peu la même chose. Elle apparaît tantôt comme une onde, tantôt comme un corpuscule. Mais il ne s'agit là que de deux projections d'un seul et unique phénomène, qui outrepasse largement les capacités immédiates de l'esprit humain.

Qu'il me soit désormais permis d'oublier l'aspect ondulatoire de la lumière. Il ne sera plus d'un grand secours par la suite. Place aux quanta, place aux *photons*, puisque c'est ainsi qu'ils furent qualifiés dans les années 1920, au plus fort des années folles. Adieu les longueurs d'ondes, je vous propose une nouvelle grandeur, l'*énergie* des photons, pour différencier les unes des autres toutes les nuances de lumière. Et puisqu'il est question d'énergie, saluez avec moi les photons les plus vigoureux : honneur aux photons gamma. Comme leurs voisins des autres domaines spectraux, les photons gamma sont des particules dépourvues de masse et de charge électrique, et qui bien sûr se déplacent à la vitesse de la lumière.

Pour les photons gamma, pas de doute, c'est l'aspect corpusculaire qui prime. Pas étonnant de les avoir vus pointer le nez dans les expériences de Becquerel et ses collaborateurs. Attention, à force de les traiter uniquement comme des particules, on finit même par oublier qu'il s'agit aussi de rayons de lumière, une erreur qui sera fatale aux astronomes gamma débutants.

Mais j'anticipe. Je n'ai pas encore terminé mon petit « amphi » de physique. J'espère que vous avez apprécié la manière dont Becquerel, les Curie, Planck, Einstein et tous les autres ont sapé les fondements de la physique classique. Découvrez maintenant quelques aspects du nouveau monde qu'ils ont exploré, celui de l'infiniment petit, avec son étrange bestiaire de particules, et les lois encore plus singulières qui les régissent.

Forces nouvelles

Jusqu'à la fin du XIXᵉ siècle, les savants se donnaient l'illusion d'enserrer la nature avec seulement deux interactions fondamentales, la gravitationnelle et l'électromagnétique. Leur monde s'arrêtait à la frontière des atomes, les plus petits fragments possibles de tout corps matériel, qu'ils jugeaient alors incassables, d'où leur nom [5]. Becquerel étant passé par là, le dogme de l'insécabilité des atomes partait en fumée.

S'engouffrant dans la brèche à grands coups de mécanique quantique, une conjuration des plus brillants physiciens de l'école européenne réussit dans les années 1920 à forcer les atomes. Ils y débusquèrent deux nouvelles interactions, qui elles aussi régentent la nature, ce qui porte désormais à quatre le nombre des interactions fondamentales. Mais au contraire des deux interactions gravitationnelle et électromagnétique, qui l'une comme l'autre possèdent le pouvoir d'agir à grande distance, les extraordinaires pouvoirs des deux nouvelles interactions ne concernent que le monde subatomique. L'une est dite forte, et bien sûr l'autre faible.

Au passage, les physiciens ont aussi reconnu qu'un atome est constitué d'un noyau, nimbé d'un nuage d'électrons. Pratiquement, toute la masse de l'atome est dans son noyau, conglomérat de particules, les nucléons. Les physiciens « atomistes » distinguent deux types de nucléons : les protons et les neutrons. Ces deux particules, que l'on disait encore élémentaires il n'y a pas si longtemps, sont de masse très voisine. L'une est gratifiée d'une charge électrique, positive, égale à la charge dite élémentaire, c'est le proton. L'autre, le neutron, est dépourvue de toute charge électrique, elle est donc électriquement neutre, d'où son nom.

Les électrons sont des particules près de deux mille fois plus légères que les nucléons. Porteurs eux aussi d'une charge électrique élémentaire, mais négative cette fois, les électrons, en nombre égal aux protons du noyau, garantissent la neutralité d'ensemble de l'atome. Notez au passage que le rayonnement

---

5. Le mot atome vient du grec *atomos*, « insécable ».

bêta, celui qui fut isolé par Becquerel et consorts dans leurs fameuses séries d'expériences, est en fait constitué d'électrons.

L'interaction forte n'agit que sur les particules massives du noyau atomique, dont elle assure la cohésion. Elle soude entre eux les nucléons, à savoir les neutrons, mais surtout les protons, particules chargées électriquement, dont elle combat la mutuelle répulsion. Sans elle, l'univers ne serait qu'une bouillie de particules. Grâce au pouvoir de l'interaction forte, la nature nous sert la grande farandole des éléments dits *chimiquement simples*, avec en premier l'hydrogène, dont un unique proton constitue le noyau. Puis vient l'hélium, et son noyau où l'interaction forte enchaîne quatre nucléons, dont deux protons, jusqu'à l'uranium, où elle parvient à faire tenir ensemble deux cent trente-huit nucléons dont quatre-vingt-douze protons.

C'est la plus intense des quatre interactions fondamentales, mais elle ne s'exerce qu'à très courte distance, pas plus loin que la dimension même des nucléons, à peine plus d'un milliardième de micron. Elle ne se fait donc pas sentir en dehors des noyaux atomiques. Par son intensité, elle surpasse sa petite sœur, l'interaction faible. Cette dernière, d'une portée encore plus réduite, tient en son pouvoir des particules légères, comme l'électron ; elle fut identifiée au milieu des années 1930, quand les savants atomistes s'intéressèrent de près à certains processus de radioactivité.

L'incertitude érigée en principe

Pour conclure, je vous propose de retourner une fois encore au plus fort des années folles, ces années exaltantes de l'immédiat après-guerre – la première – au cours desquelles l'Europe connut une extraordinaire ébullition intellectuelle, comme pour mieux oublier quatre ans de carnage. Tous les vieux tabous volaient en éclats. Les femmes s'étaient fait couper les cheveux. En 1923, Louis-Victor, prince de Broglie [6], crée la mécanique ondulatoire. En 1924, André Breton signe le *Manifeste du surréalisme*. En 1926, alors que Fritz Lang achevait *Metropolis*, Wer-

---

6. Prix Nobel de physique 1929.

ner Heisenberg [7] formulait les relations d'indétermination, connues aussi sous le nom de *principe d'incertitude*.

Ce principe symbolise à lui seul la nouvelle gymnastique intellectuelle qui s'impose aux esprits scientifiques, dès leurs premières incursions dans ce nouveau monde des particules. À l'échelle de ce microcosme, les lois de la physique sont beaucoup plus souples. Le déterminisme absolu si cher à Pierre-Simon de Laplace doit y céder la place au flou qu'encadrent les relations d'indétermination énoncées par Heisenberg.

Au début du XIXe siècle, Pierre-Simon de Laplace, mathématicien, astronome, et même ministre de l'Intérieur à ses moments perdus, s'était fait le chantre d'un déterminisme triomphant pour avoir perfectionné à l'extrême les lois de la mécanique céleste, comme en témoigne ce quatrain naïf que l'on peut encore lire sur la belle maison à colombages du charmant bourg de Beaumont-en-Auge, dans le Calvados, où il naquit en 1749 :

Sous un modeste toit, ici naquit Laplace
Lui qui sut de Newton agrandir le compas
Et s'ouvrant un sillon dans le champ de l'espace
Y fit encore un nouveau pas.

À sa suite, les esprits scientifiques s'étaient persuadés que ces lois qui régissent les planètes doivent aussi convenir aux plus « légers atomes ». Il n'était pas inconcevable pour eux de tout savoir sur une particule, aussi infime soit-elle : l'endroit exact où elle se trouve à un instant précis, son énergie, sa vitesse... En définitive, une nature entièrement sous contrôle.

Il n'en est rien. Et tant pis pour les déterministes ! Comme les humains, les particules sont incapables d'obéir à des lois rigoureuses. Le principe d'incertitude veille donc à leur accorder une certaine dose de liberté, mais c'est donnant, donnant. Mieux on localise une particule dans l'espace, moins on en sait sur sa quantité de mouvement – c'est-à-dire le produit de sa masse par sa vitesse. Mieux on situe une particule dans le temps, moins on en sait sur son énergie.

Précepte aux multiples facettes, le principe d'incertitude ne vaut qu'aux échelles atomiques. Il n'en présente pas moins cer-

---

7. Prix Nobel de physique 1932.

taines analogies avec des situations plus palpables à l'échelle humaine. Par exemple, comment examiner, mesurer, ausculter, sans perturber ? Souci permanent du monde médical, véritable casse-tête pour les physiciens, cette question ne préoccupe pas que le microcosme scientifique.

Pour avoir installé un compteur de vitesse sur mon vélo, avec tous ces câbles et ces engrenages en prise directe sur la roue avant, le jeune cycliste un peu « frimeur » que j'étais avait bien l'impression que toute cette machinerie le freinait plus qu'autre chose. Aujourd'hui, c'est plus subtil. Plus de câble bruyant ni d'engrenage grinçant. Un simple aimant fixé sur un rayon de la roue active un petit détecteur, et l'électronique fait le reste. Ce dispositif, si discret soit-il, perturbe quand même le vélo, mais d'une manière tellement imperceptible que tous les champions l'ont adopté. Si le cycliste est satisfait, le physicien tique toujours, car l'instrument de mesure – le compteur de vitesse – modifie encore un tout petit peu la grandeur mesurée.

À grande échelle, ce n'est pas trop grave, mais plus on s'enfonce dans le monde des corpuscules, plus la mesure dérange. Pour savoir où un avion se situe exactement à l'approche d'un aéroport, les contrôleurs du ciel utilisent un radar, un appareil qui projette un faisceau d'ondes radio ultracourtes. En général, ça marche, heureusement pour les passagers. Pour savoir où se trouve une particule, c'est pareil. Il suffit de l'éclairer. Mais ce faisant, vous l'arrosez d'une bonne giclée de photons.

Bien sûr, chacun d'eux emporte une très faible quantité d'énergie, mais c'est assez pour bousculer la particule, et donc en modifier la trajectoire. Comment s'en sortir ? En fait, c'est sans espoir. Même si votre pinceau lumineux se réduit à un seul photon, le peu d'énergie qu'il emporte suffit à dérouter une particule légère, un électron par exemple. Pas question de savoir *exactement* où une particule se situe à un instant donné. Et plus elles sont légères, plus l'incertitude grandit.

Tout se passe comme si le principe d'incertitude garantissait à chaque particule un véritable « espace vital », d'autant plus vaste que la particule est menue. Ainsi s'explique la grande différence de « taille » entre un noyau d'hydrogène – un proton – et un atome d'hydrogène, unique proton auquel s'adjoint un minuscule électron. À en croire les physiciens atomistes, le noyau semble beaucoup plus petit que l'atome. Paradoxalement, cette différence résulte de la seule présence supplémentaire de l'électron, pourtant deux mille fois moins massif que le proton. C'est lui en effet qui défend l'espace vital le plus vaste. La « taille » d'un atome d'hydrogène est donc essentiellement déterminée par celle de l'espace vital accordé à l'électron.

Parvenu à ce stade, quelques accessoires font encore défaut pour compléter votre bagage d'astronome gamma. Mais la panoplie dont vous disposez maintenant est loin d'être ridicule. Vos armes sont sans doute encore trop légères pour partir chasser le trou noir avec un télescope gamma. En revanche, vous pouvez désormais vous aventurer sans crainte au cœur du Soleil. Sachez qu'il n'y a pas si longtemps encore, avant que les physiciens atomistes en fournissent les clés, cette contrée refusait obstinément de livrer ses secrets les plus précieux. Alors, poussons ensemble une petite pointe vers le Soleil.

Énergies solaires

Le Soleil n'est pas une étoile gamma, heureusement pour nous, pauvres Terriens. Pourtant, ce petit crochet par l'intérieur du Soleil sera très instructif car il s'y trouve certains secrets de famille propres aux reines du ciel gamma. L'astre du jour est tellement proche que l'on oublie parfois de le considérer comme une étoile, très banale d'ailleurs. Nous sommes tous un peu ses cousins, et pourtant, jusqu'au début du XXe siècle, le secret de sa force et de sa longévité était parfaitement inconnu. À tel point qu'à la fin du siècle dernier, aucun ténor de la physique classique n'était en mesure de répondre à cette question, toute bête en apparence : comment le Soleil s'y prend-il pour briller si fort et depuis si longtemps ?

C'était vraiment le cauchemar des savants : toutes les hypothèses avancées par les plus beaux esprits de l'époque butaient sur l'énigme de la longévité. Les géologues s'étaient rendu compte les premiers que le vent, la pluie, les rivières, les glaciers... n'avaient pas raboté les montagnes en deux coups de cuiller à pot. Ils estimaient déjà que les ères géologiques au cours desquelles la planète s'est peu à peu façonnée se comptent en centaines de millions d'années. Sœur cadette du Soleil, la Terre ne peut pas être plus vieille que son aîné. Et plus les géologues repoussaient loin dans le passé les premiers âges de la planète, plus les physiciens s'interrogeaient sur les réserves d'énergie du Soleil.

Énergie, le maître mot est lâché. Dans le monde moderne, impitoyablement soumis aux lois de la physique, on a fini par prendre conscience que l'énergie est un bien qui se transforme, mais qui ne se crée pas. Pourtant, de l'énergie, il y en a partout, mais rarement sous la forme désirée. L'hiver, par exemple, il faut de la chaleur. Où la trouver ? En brûlant tout ce qui tombe sous la main : le bois, la tourbe, le charbon, le pétrole, le gaz. L'énergie chimique stockée dans tous ces combustibles est alors libérée – et trop souvent gâchée – avec le risque bien connu d'épuiser rapidement les réserves de combustible de la planète.

Que dire du Soleil, lui qui chauffe la Terre depuis des milliards d'années ? Où puise-t-il donc ses réserves d'énergie ? Au début du siècle dernier, le « siècle du charbon », on avait cru un temps que le Soleil n'était qu'une grosse boule d'anthracite, dont la combustion procurerait chaleur et lumière. Ça marche bien sur Terre, pourquoi pas au ciel ? Malheureusement, ce Soleil en charbon brûlerait beaucoup trop vite en regard des âges géologiques, sans compter les problèmes pratiques liés à l'activation et à l'entretien d'un tel fourneau céleste !

Rien ne remplace l'observation. À force de décomposer la lumière solaire avec des prismes de plus en plus compliqués, les astronomes déclarèrent un jour : « Le Soleil est une grosse boule de gaz. » Premier pas vers la solution de l'énigme. On peut même ajouter que le Soleil est né d'une vaste structure gazeuse, la *nébuleuse protosolaire*, dont la taille est *grosso modo* comparable à celle de l'actuel système solaire.

Transportez-vous à la périphérie de cette masse gazeuse, déjà vaguement sphérique. La force de gravité qu'y exercent les couches internes vous attire inexorablement vers le centre de la nébuleuse. Le mouvement de rotation de l'ensemble tente de vous rejeter vers l'extérieur, mais cette force centrifuge ne suffit pas à enrayer votre chute qu'aucune surface ne pourra stopper. Vous tombez, mais pas tout seul. Avec vous, toutes les couches de la nébuleuse protosolaire se précipitent en son milieu. Ce Soleil en devenir est-il donc promis à s'écrouler sur lui-même ?

Non, car à force de dicter sa loi la gravité va réveiller au cœur de cette masse gazeuse, au départ bien inerte, les premières forces de résistance qui retarderont l'inéluctable. Plus l'effondrement gagne, plus les couches externes compriment les régions centrales. Pour apprécier pleinement ce qui suit, je vous propose encore une petite expérience. Saisissez une pompe à vélo. Avec l'index, efforcez-vous d'obturer l'embout de sortie. Enfoncez vigoureusement le piston. Si la pompe est bien étanche, ça résiste. Impossible d'enfoncer le piston jusqu'au fond. En plus, ça chauffe. L'embout de la pompe vous brûle le doigt.

C'est exactement la même chose quand la nébuleuse protosolaire s'effondre. À force de s'enfoncer, le « piston gravitationnel » rencontre une résistance de plus en plus grande. Quand l'effondrement est presque arrêté, il ne reste de l'énorme nébuleuse protosolaire qu'une belle boule de gaz, encore cent fois plus grosse que le Soleil actuel. Mais un tel coup de piston, ça chauffe ! En surface, la température dépasse les trois mille degrés. Et comme cette grosse boule se comporte presque comme un corps noir idéal, vous savez déjà qu'en vertu de la relation température-couleur, son rayonnement thermique tombe largement dans la partie rouge du domaine visible. Il est né le divin Soleil... Mais ne fêtons pas tout de suite son avènement, car ce nouveau-né est un petit Hercule. Il disperse alentour cent fois plus d'énergie que le Soleil actuel.

Hello ! Le Soleil brille... Mais pas pour longtemps. Pour entretenir une telle débauche d'énergie, le prodigue Soleil-cigale n'a pas d'autres ressources que de s'adresser à la gravité-fourmi qui se paye sur la bête. Chaque nouveau débit d'énergie lui coûte une nouvelle contraction. À ce rythme, il ne vivra pas très vieux, moins de cent millions d'années. C'est là qu'on en était au début du XXᵉ siècle, ayant épuisé les ultimes ressources de la physique de l'époque. Capable d'allumer un Soleil, impuissant à le faire briller tout au long des ères géologiques. De quelle nature sont les fabuleux gisements d'énergie du Soleil ? Au début du siècle, l'énigme reste entière.

Bien avant d'être la proie des hommes de science, et plus tard des hommes d'argent, le terme *énergie* fut d'abord compris dans son sens moral, que traduit bien son origine grecque *energeia*, force agissante. Il en va de même dans le jargon des physiciens, pour qui libération d'énergie signifie capacité à faire agir une force. Et si le Soleil se montre capable de déverser pendant si longtemps de tels torrents d'énergie, la nature doit receler des forces insoupçonnées des savants du siècle dernier. Il appartiendra aux géants de la physique moderne de les débusquer puis d'en tirer profit, ce qui vaudra au XXe siècle d'entrer dans l'histoire comme le siècle de l'atome, car c'est bien des forces nucléaires qu'il s'agit, les seules capables d'entretenir durablement l'éclat du Soleil.

Le nucléaire au secours du Soleil

Partis pour percer les secrets de la matière, les physiciens atomistes ont vite compris que les forces qui stabilisent les édifices nucléaires – l'interaction forte, sans oublier la faible – sont justement celles qui font briller le Soleil et les étoiles. Ils signèrent là leur premier coup d'éclat, juste avant de trouver le moyen de libérer ces forces à la surface du globe, et de contribuer ainsi à la capitulation du Japon, puis aujourd'hui à la prospérité énergétique de la France.

Retour vers le jeune Soleil. Ni les réserves d'énergie d'un « Soleil en charbon » ni celles d'un « Soleil en contraction » ne suffisent à lui garantir une durée de vie décente. L'énergie nucléaire doit prendre le relais au plus vite, sinon le bébé Soleil ne sera qu'une étoile mort-née. Déjà, au bout de cinquante millions d'années, écrasé par la gravité, il n'est bientôt pas plus gros que le Soleil actuel. Au centre, la pression est insoutenable : plus de trois cents milliards de fois la pression atmosphérique !

Ce faisant, la température de son cœur s'est accrue dans des proportions considérables, pour atteindre une quinzaine de millions de degrés. Toujours cet échauffement provoqué par l'énorme compression qu'impose le piston gravitationnel. La température au centre du Soleil est devenue assez élevée pour que des réactions nucléaires s'amorcent et libèrent les torrents d'énergie aptes à s'opposer durablement à l'implacable gravité. Je vous propose maintenant d'examiner tout cela d'un peu plus près.

Au départ, le cœur du jeune Soleil est constitué essentiellement d'hydrogène. Dans les conditions terrestres, ce gaz se présente sous forme de molécules, un assemblage de deux atomes d'hydrogène, au demeurant très simples : leur noyau se résume à un seul proton, électriquement neutralisé par un seul électron. À l'intérieur du Soleil, comme dans tout milieu gazeux, la température mesure l'agitation des particules. Température très élevée signifie agitation extrême des particules.

Notez au passage qu'agitation nulle signifie température la plus basse possible. Cette température limite, le *zéro absolu*, se situe à moins deux cent soixante-treize degrés et des poussières dans l'échelle usuelle des températures, celle qui utilise les degrés Celsius (symbole °C). En fait, les physiciens préfèrent de beaucoup l'échelle des températures dites absolues, dont le zéro est justement ce fameux zéro absolu, et qui s'expriment en kelvins (symbole K). Pour passer de l'une à l'autre, il suffit d'un petit effort de calcul mental. Ajoutez 273,15 à la température que mesure un brave thermomètre du commerce, et le voilà converti en un instrument propre à estimer les températures absolues.

Aux températures que l'on rencontre au centre du jeune Soleil – on a parlé de quinze millions de degrés [8] –, les molécules sont dissociées en atomes, ces derniers étant de surcroît dépouillés de leur cortège électronique. On dit qu'ils sont ionisés. Au début des années 1930, on baptisa du nom de plasma ce gaz aux molécules brisées, aux atomes ionisés réduits à l'état de noyaux. Il s'agit d'un état particulier de la matière, comme le sont les états solide, liquide et gazeux.

À ce point précis, comment ne pas évoquer les alchimistes ? Pour ces lointains ancêtres des physiciens modernes, toute matière était constituée de *terre*, c'est l'état solide des physiciens, d'*eau*, l'état liquide, d'*air*, l'état gazeux, et enfin de *feu*, le fameux plasma. Une flamme, c'est du gaz ionisé, donc un authentique plasma. Quant à celui que l'on rencontre au sein du jeune Soleil, c'est surtout de l'hydrogène ionisé, donc un cocktail à parts égales de protons et d'électrons.

L'évocation ne s'arrête pas là, car les fameuses réactions nucléaires, qui s'enchaînent tout naturellement au sein du plasma solaire, rendent possible la transmutation des éléments, le rêve fou des alchimistes. Bravo la nature ! Beau résultat ! Dire

---

8. Degrés Celsius ou kelvins, c'est presque pareil, car à quinze millions on n'est plus à 273,15 près !

que les laboratoires de recherche les plus huppés de la planète déploient encore en vain les efforts les plus colossaux pour s'assurer les inépuisables réserves d'énergie que procure la fusion nucléaire contrôlée !

Si le plomb ne se change pas en or au cœur du Soleil, des torrents d'hydrogène s'y transmutent en hélium, et ce n'est déjà pas si simple ! Il faut que s'enchaîne tout un cycle de réactions nucléaires, connu sous le nom de *cycle proton-proton*. Permettez-moi de vous proposer une rapide initiation à cette véritable valse à trois temps, au rythme de laquelle bat le cœur du Soleil depuis quatre milliards et demi d'années.

Au premier temps de la valse, emportés par la sarabande infernale qu'impose la très haute température du plasma solaire, les noyaux d'hydrogène – je pourrais dire aussi bien les protons, vous l'avez vu, c'est pareil – tentent désespérément de s'éviter. Ils sont pourtant entassés comme les Parisiens dans le métro aux heures de pointe : au cœur du Soleil, la densité est énorme, environ cent cinquante kilos par litre ! Dans ces conditions, comment peuvent-ils encore montrer une telle répulsion ?

C'est que chacun d'eux possède une charge électrique de même signe : plus ils se frôlent, plus encore les règles élémentaires du savoir-vivre électromagnétique dressent entre eux un obstacle infranchissable. Tout changerait si un noyau d'hydrogène, plus motivé que les autres, pouvait sauter par-dessus cette barrière, et retomber à moins d'un milliardième de micron d'un autre proton. L'interaction électromagnétique céderait alors le pas à l'interaction forte, qui s'empresserait de les attirer l'un contre l'autre.

Comment franchir ce formidable barrage électromagnétique ? Il y a bien une solution. Que ces deux protons se précipitent l'un contre l'autre avec de plus en plus de conviction, et la barrière finira par céder. Toutefois, la température du cœur solaire a beau s'élever maintenant à quinze millions de degrés, l'agitation des particules est loin d'y être assez folle pour que la violence de leurs rencontres soit suffisante pour se jouer de la barrière électromagnétique. Comment en arriver là ? Il faudrait que la température approche dix milliards de degrés. Au cœur du Soleil, on en est encore très loin.

Que les protons se rassurent, la nature a plus d'un tour dans son sac. Franchir une barrière, quand nous n'en avons pas la force, c'est impossible dans un monde à notre échelle, où les lois de la nature s'appliquent selon le code rigide établi par les physiciens du XIXe siècle. Tous les lecteurs de *L'Équipe* – dont je suis – le savent, le record du monde du saut en hauteur frôle les deux mètres et demi. Si un beau jour on apprend qu'un individu vient de sauter un mur haut de cinq mètres, on crie à l'imposture. Pourtant ce type d'exploit est monnaie courante dans le monde des particules, où il suffit d'invoquer le principe d'incertitude pour franchir les pires obstacles.

À l'échelle des particules en effet, plus question de trajectoire bien définie : le principe d'incertitude impose de raisonner en termes de probabilité de présence. Une particule est donc surtout à un endroit, mais en partie ailleurs. Et quand un noyau d'hydrogène se cogne à la barrière électromagnétique, tout se passe comme si une partie de lui-même débordait au-delà de l'obstacle. Avec un peu de chance, certains protons se retrouvent ainsi de l'autre côté du mur [9] où ils peuvent s'abandonner aux délices de l'interaction forte. Sont-ils enfin prêts à s'unir ? Pas encore, car ils formeraient alors un noyau tellement instable que leur liaison ne serait qu'une brève rencontre, sans lendemain...

L'interaction forte ne l'est donc pas assez. Comment faire ? J'ai bien un plan : il suffirait de persuader un des deux protons de céder sa charge électrique, les deux particules pourraient alors s'accoupler sans risquer la rupture. Mais pour garantir la réussite de ce plan, il faut absolument qu'une autre force s'en mêle. Laquelle ? Il n'y en a qu'une : l'interaction faible, seule capable de transformer un proton en neutron, tout en faisant s'envoler un neutrino et un positon. Entrant à son tour dans la danse, l'interaction faible légitime donc la brève rencontre des deux protons, avec à la clé un nouveau noyau, parfaitement stable, accompagné de deux nouvelles particules.

Le cortège des vainqueurs

L'insaisissable neutrino ouvre la marche. Comme le neutron, c'est une particule sans charge électrique. Mais au

---

9. Le physicien américain d'origine russe George Gamow, avant de s'intéresser à l'expansion de l'univers, fut le premier à faire intervenir dans le monde corpusculaire ce phénomène de passe-muraille, connu depuis sous le nom d'effet tunnel.

contraire de son presque homonyme – en italien, *neutrino* signifie petit neutron – sa masse est nulle, ou presque. Se propageant à la vitesse de la lumière, près de trois cent mille kilomètres par seconde, et n'interagissant quasiment pas avec le plasma, il s'échappe de l'étoile en un peu plus de deux secondes et n'interviendra plus dans la suite des événements.

Numéro deux du cortège, le positon, l'antiparticule de l'électron, d'une même masse infime mais porteur d'une charge électrique de signe opposé. Son parcours sera bref. Au sein du plasma stellaire, les électrons libres abondent. Le positon rencontre très vite son antiparticule, et de leur mutuelle annihilation naissent des photons gamma. Eh oui ! Eux aussi participent à la fête ! Ils y jouent même le plus beau rôle, puisque c'est eux qui nourrissent le Soleil de l'énergie pure dont ils sont gorgés.

Le noyau de deutérium – le deutéron – ferme la marche. C'est lui, le noyau stable, composé d'un proton et d'un neutron. Bien que sa masse soit presque le double de celle de l'atome d'hydrogène – c'est d'ailleurs pour cette raison qu'on le dénomme aussi hydrogène lourd –, il ne s'agit pas d'un nouvel élément, tout au plus d'un simple isotope de l'hydrogène. Avec un seul proton dans son noyau, le deutérium présente les mêmes propriétés chimiques que l'hydrogène. Un ou deux atomes de deutérium adorent ainsi se combiner à un atome d'oxygène pour former une molécule d'eau. On la baptise *eau lourde*, en raison de la masse double du deutérium par rapport à celle de l'hydrogène.

Pourquoi diable avoir accordé au deutérium le privilège d'un nom qui le singularise, alors qu'il n'est qu'un simple isotope ? Pur caprice de physicien ? Je n'y songe même pas, ce n'est pas le genre de la maison ! Raisons historiques ? Pourquoi pas ? L'eau lourde était utilisée comme modérateur des neutrons dans les premières piles atomiques, au début des années 1940. J'ai encore en mémoire les images de *La Bataille de l'eau lourde*, ce film où les résistants norvégiens firent sauter l'usine produisant ce précieux liquide que les nazis convoitaient pour leurs vaines recherches nucléaires.

C'est de toute façon une juste récompense du rôle éphémère, mais déterminant, que le deutérium joue dans le cycle proton-proton. Constatez par vous-même : avec tous ces noyaux de deutérium injectés dans le plasma solaire, les événements s'enchaînent très vite. Au deuxième temps de la valse, un deutéron serre de près un proton. Et c'est un nouveau coup de foudre avec, à la clé, une bouffée d'énergie – encore un photon gamma – et un nouveau noyau. Cette fois, pas de doute, avec deux protons et un neutron, c'est un nouvel élément : l'hélium. Il s'agit toutefois d'hélium 3, un isotope de l'hélium, très rare dans la nature.

Et pourquoi si rare ? Parce que, la chaleur du fourneau solaire aidant, les noyaux d'hélium 3 ne demandent qu'à s'unir, et c'est le troisième temps de la valse : deux hélium 3 fusionnent, forment un noyau d'hélium 4, non sans recracher deux noyaux d'hydrogène – deux protons. Fin du cycle. À l'arrivée, quatre noyaux d'hydrogène en moins, un noyau d'hélium en plus, un neutrino – on l'avait déjà oublié, il s'est enfui tellement vite – et surtout des photons gamma, du pur concentré d'énergie.

Tout comme les neutrinos, les photons gamma – grains d'énergie mais aussi grains de lumière, ne l'oubliez pas – se propagent à près de trois cent mille kilomètres par seconde. Ils devraient eux aussi s'échapper au plus vite. Mais à la différence des neutrinos, que seule l'interaction faible peut troubler, les photons subissent de plein fouet l'interaction électromagnétique, et ce ne sont pas les particules électrisées qui manquent au sein du plasma solaire. C'est donc un véritable parcours du combattant qui s'offre aux photons gamma.

Au cœur du Soleil, la densité du plasma est telle que leur *libre parcours moyen*, autrement dit la distance qu'ils franchissent sans interagir, ne dépasse pas quelques millimètres. Mais c'est près de sept cent mille kilomètres qui les séparent de la *photosphère*, cette mince couche externe du Soleil où leur libre parcours moyen devient tellement grand qu'ils peuvent alors s'échapper sans entrave. Avant d'en arriver là, ils suivent un cheminement des plus chaotiques, fait de perpétuels changements de direction. Dans ces conditions, il leur faudra des centaines de milliers d'années pour rejoindre enfin la photosphère et s'arracher librement du Soleil.

D'absorptions en ré-émissions, les photons gamma si féroces que recrachent les réactions nucléaires se dégradent progressivement. Ils sautent de domaine spectral en domaine spectral, du gamma au visible, tant et si bien qu'émergeant du Soleil, ils ne sont plus qu'un flot paisible de lumière douce et blanche.

L'énergie qu'ils abandonnent en chemin contribue à maintenir la pression thermique que le plasma stellaire doit exercer pour s'opposer efficacement à l'effondrement de l'étoile. La stabilité de cette dernière est donc assurée, du moins tant que les réactions nucléaires sont actives.

Voilà, tout est dit sur cette intarissable source d'énergie dont le Soleil fait ses beaux jours – et les nôtres. Dernière question, d'où vient l'énergie ? Ce cycle proton-proton ne violerait-il pas allégrement le principe de conservation de l'énergie ? Non, car, petit détail, la masse du noyau d'hélium, ce produit fini du cycle proton-proton, est plus petite que celle des ingrédients de départ, à savoir les quatre noyaux d'hydrogène.

Ce *défaut de masse* est très faible, à peine plus de sept pour mille. Mais en vertu de la relation d'équivalence masse-énergie, la fameuse formule $E = m\,c^2$, merci Einstein, un tout petit peu de matière, c'est beaucoup d'énergie [10]. Pour subvenir à ses besoins énergétiques, il suffit que, à chaque seconde, le Soleil convertisse environ cinq cents millions de tonnes d'hydrogène en hélium. Cela peut paraître énorme, mais le Soleil a des réserves. Même vieux de plus de quatre milliards d'années, il recèle en son cœur assez d'hydrogène pour briller pendant cinq autres milliards d'années. Cela laisse le temps à l'humanité de se retourner !

Sécurité nucléaire

Il est tentant de comparer le cœur du Soleil à une centrale d'énergie, mais attention, il ne s'agit pas d'une centrale comparable à celles du parc nucléaire français. Ces dernières récupèrent en effet l'énergie libérée par la *fission* des noyaux atomiques les plus lourds, alors que vous savez maintenant que le Soleil tire parti de la *fusion* de noyaux légers, une technique que les ingénieurs terrestres n'ont d'ailleurs pas encore réussi à domestiquer.

Le Soleil n'en satisfait pas moins au rigoureux cahier des charges de la sûreté nucléaire. En premier lieu, les règles de

---

10. Que les lecteurs allergiques aux formules mathématiques veuillent bien me pardonner, mais la relation d'Einstein est tellement connue que je n'ai pas pu résister au plaisir de la servir.

confinement du cœur. Au sein du Soleil, les réactions de fusion ne se produisent qu'au voisinage même du centre, température oblige. Ce cœur actif, où s'entasse la moitié de la masse du Soleil, est relégué dans un volume qui atteint à peine le centième du volume total. Les couches suivantes, s'empilant les unes sur les autres jusqu'à la périphérie, concourent à bloquer les rayonnements nocifs et les produits radioactifs qui prolifèrent dans le cœur.

Deuxième règle de base, le contrôle actif des réactions nucléaires. Avec le Soleil, les Terriens ne risquent pas une perte de contrôle « à la Tchernobyl ». Imaginez par exemple que les réactions nucléaires s'emballent au cœur du Soleil. Elles se mettent à débiter plus d'énergie que ne peut en rayonner le milieu, quasiment opaque à la progression des photons. Aussitôt, la pression monte. C'est l'affolement. Tout va sauter ! Que faire ?

Rien, ou plutôt laisser faire la nature. Ne l'oubliez pas, le cœur solaire est un plasma où les atomes d'hydrogène ne sont plus que de minuscules protons privés de leur unique électron. En dépit de conditions extrêmes de température et de pression, ce milieu se comporte comme le bon vieux gaz parfait si cher aux professeurs de physique, car des lois très simples y règlent le plus harmonieusement possible les rapports mutuels entre densité, pression, volume et température. Tout va très vite rentrer dans l'ordre. Voyez plutôt.

En vertu de la loi des gaz parfaits, le surcroît de température provoqué par l'emballement des réactions nucléaires a donc pour effet immédiat de dilater le cœur. Mais toujours en vertu de la loi des gaz parfaits, la dilatation du cœur entraîne inévitablement une chute de température. Et comme le rendement du cycle proton-proton est très sensible à la moindre variation de température, il s'ensuit un ralentissement notable des réactions nucléaires. Fin de l'alerte...

Garant de l'existence paisible du Soleil, le cycle proton-proton provoque quand même une lente évolution de l'astre du jour. Vous pensez sans doute que je fais encore allusion à la diminution de la masse du cœur. Elle est réelle, certes, mais trop infime pour s'en préoccuper : environ sept pour mille quand tout l'hydrogène sera converti en hélium. En revanche, la diminution rapide de la quantité de particules par unité de volume – quatre noyaux d'hydrogène pour former un seul noyau d'hélium – entraîne au cœur du Soleil des effets beaucoup plus importants.

Le calcul est simple : il y aura quatre fois moins de particules à s'agiter au sein du plasma solaire quand le cycle proton-proton aura fusionné tous les noyaux d'hydrogène disponibles ! En attendant, la densité de particule diminue peu à peu, les forces de gravité en profitent pour comprimer de plus en plus le cœur. La température centrale s'élève petit à petit, entraînant à son tour un meilleur rendement des cycles de fusion et donc un accroissement progressif de l'éclat de l'étoile. En vertu d'un tel phénomène, le Soleil brille un peu plus aujourd'hui qu'il y a quatre milliards d'années et demie, une évolution qui se poursuivra pendant les cinq milliards d'années à venir. Gare au réchauffement de la planète !

J'aurais pu vous dire un mot des taches solaires, que Galilée repéra dès 1610 avec sa petite lunette. Quelques décennies plus tard, entretenant les plus lettrés de ses contemporains sur la pluralité des mondes, Bernard le Bovier de Fontenelle – le neveu de Pierre Corneille – s'interrogeait à son tour sur ces taches incongrues et changeantes, déshonorant un corps céleste jusque-là réputé aussi incorruptible qu'immuable. Un crime de lèse-majesté, en quelque sorte, très mal vu à l'apogée du règne de Louis XIV – le Roi-Soleil.

J'en finis donc là avec mes anecdotes sur l'astre du jour. Que pensez-vous de cette petite excursion au centre du Soleil ? Ça valait le détour ! Vous avez eu l'occasion de mettre à l'épreuve votre belle panoplie de petit physicien nucléaire. Elle s'est révélée d'une efficacité redoutable : au plus intime de la chaudière solaire, vous avez pu voir à l'œuvre les forces et les principes du monde subatomique. Assurément, c'est un premier pas sur le chemin des étoiles gamma. Mais je vous le dis tout de suite, les stars du ciel gamma exigent des centrales d'énergie autrement plus efficaces que les braves chaudrons thermonucléaires, bons quand même à perpétuer les beaux jours du Soleil. Sachez donc que dédaignant toutes les interactions fondamentales, sauf une, les étoiles gamma tirent parti du fabuleux potentiel que la gravité confère à ces résidus stellaires qui perdurent quand les réactions de fusion se sont définitivement éteintes au sein des étoiles.

Cuisine stellaire

Dès leur naissance, les étoiles ne nourrissent plus aucune illusion quant à leur destin final, aussi réglé d'avance qu'une attribution des Sept d'or ou qu'un marché de Travaux publics. Celles dont la masse est comparable au Soleil finissent toujours en naine blanche. Il s'agit là d'astres déjà très compacts, dont le potentiel gravitationnel, pourtant considérable, n'est pas à la mesure des étoiles gamma. En revanche, ces dernières se contentent parfois d'une étoile à neutrons, le résidu habituel d'une étoile assez massive. Mais elles préfèrent assurément les restes d'une étoile de la catégorie « poids lourd » évanouie au-delà de la frontière sans retour qui marque l'horizon d'un trou noir. C'est donc par cadavres stellaires interposés que les astres gamma perpétuent le souvenir des étoiles, du moins les plus massives d'entre elles.

Pourquoi l'avenir d'une étoile dépend si directement de sa masse initiale ? Sans aucun doute, l'effondrement d'une grosse masse de gaz produit toujours un astre dégageant une certaine quantité d'énergie. Mais si sa masse n'atteint pas le dixième de celle du Soleil, l'astre a le cœur trop froid pour qu'un cycle de réactions nucléaires puisse s'y amorcer. Des étoiles aussi grêles ne doivent donc pas caresser l'espoir d'être un jour réchauffées par le feu thermonucléaire. Et quand bien même elles brillent, c'est d'une sombre lumière rouge, d'où ce nom de *naines brunes* dont on les affuble parfois.

Peut-on même encore parler d'étoile ? Non, tout au plus d'étoile avortée. Pourtant, ces étoiles ratées sont très à la mode aujourd'hui [11], car elles jouent peut-être un rôle considérable dans l'univers : comme elles ne brillent pas, ou très peu, on ne les voit pas, ou très mal. Impossible de les dénombrer. Y en aurait-il des multitudes ? Certains en sont convaincus. S'ils ont

---

11. Les Américains, avec leur mauvais goût coutumier, les ont même traitées de *machos*, acronyme de *Massive Compact Halo Objects*, littéralement : « Objets massifs et compacts du halo », car on imagine que ces « objets », à qui on refuse le statut d'étoile, peuplent un vaste espace sphérique, un véritable halo, qui envelopperait notre galaxie.

raison, c'est tout l'avenir du cosmos qui s'en trouve affecté. Mais ceci est une autre histoire...

Pas de problème au-delà de un ou deux dixièmes de fois la masse du Soleil. Le piston gravitationnel aidant, la température du cœur finit par atteindre le seuil où s'enclenche le cycle proton-proton. Plus la masse initiale est grande, plus le piston comprime le cœur, plus sa température est élevée, et plus les cycles proton-proton s'enchaînent rapidement. L'étoile n'en brille que mieux, mais la consommation d'hydrogène s'en ressent. Une étoile de même masse que le Soleil brille environ dix milliards d'années, du simple fait de transmuter en hélium l'hydrogène stocké dans son cœur. Une étoile un tout petit peu moins massive, disons les deux tiers du Soleil, consomme son hydrogène plus parcimonieusement. Pendant plus de vingt milliards d'années, son cœur battra au rythme du cycle proton-proton.

En revanche, dès qu'une étoile s'avère à peine plus massive que le Soleil, disons un quart en plus, ses réserves fondent en moins de cinq milliards d'années. C'est justement l'âge de la Terre. À deux fois la masse du Soleil, c'est pire, même pas un milliard d'années à vivre ! Supposez qu'à sa naissance, il y a quatre milliards et demi d'années, le Soleil eût été deux fois plus massif : brûlant la chandelle par les deux bouts, son cœur aurait vite épuisé ses réserves d'hydrogène. En moins d'un milliard d'années, c'en aurait été fini du Soleil. La belle aventure de la vie sur Terre aurait fait long feu.

Pour briller d'un si bel éclat, les stars du ciel ont un truc bien à elles : il s'agit du *cycle du carbone*, un procédé autrement plus efficace que le cycle proton-proton pour dévorer l'hydrogène et le transmuter en hélium. Et puisque je reconnais en vous un amateur éclairé, je vous en livre la recette, trouvée en 1938 par l'un des meilleurs cuisiniers nucléaires, Hans Bethe. Il lui faudra quand même attendre 1967 pour se voir définitivement consacré par le *Nobel*, le guide de tous les bons chefs de physique. Pourtant, qui ne se souvient pas de sa fameuse recette, littéralement explosive, préparée dans le plus grand secret lors de son séjour à Los Alamos, dans le Nevada, de 1943 à 1945 ? Le monde entier en tremble encore !

Recette du cycle du carbone
(Attention ! pour étoiles massives exclusivement)

Préchauffez votre four à thermostat 500 000 – quinze millions de degrés. Pendant ce temps, pelez soigneusement de tous ses électrons un bel atome de carbone, du carbone 12, le plus courant, jusqu'à n'avoir en main qu'un solide noyau de douze nucléons, six protons et six neutrons. Procurez-vous quatre noyaux d'hydrogène, que l'on trouve sous le nom de proton dans tous les bons plasmas stellaires.

Reprenez votre noyau de carbone 12, ajoutez un proton, enfournez. Laissez mijoter un bon bout de temps, pour que l'interaction forte incorpore le proton au carbone. Ouvrez le four, écumez. Il vous reste un noyau un peu plus gros, contenant toujours six neutrons, mais avec un proton de plus, soit sept protons. C'est bel et bien un noyau d'azote, mais d'une variété instable, l'azote 13. Retirez bien le jus de cuisson, c'est du pur photon gamma, un concentré d'énergie indispensable à votre éclat de belle étoile massive.

Saupoudrez ensuite l'azote 13 d'une pincée d'interaction faible, afin qu'il puisse se désintégrer en trois particules : un noyau de carbone 13, un neutrino, un positon. C'est l'affaire de quelques minutes, tout au plus. Avec six protons et sept neutrons, le carbone 13 est un noyau très stable, mais assez rare. Filtrez. Conservez soigneusement le positon. Ce ne sont pas les électrons qui manquent pour provoquer sa rapide annihilation et enrichir votre concentré de gamma.

Incorporez un deuxième noyau d'hydrogène, refermez le four, et laissez à nouveau mijoter. Surveillez attentivement, car le carbone 13 accroche bien plus rapidement que le 12. Dès la fusion terminée, ouvrez le four, et écumez. Vous dégagez cette fois un autre photon gamma et un nouveau noyau, avec sept neutrons et sept protons. C'est également de l'azote, mais une forme bien stable cette fois, l'azote 14, de beaucoup le plus courant. Retirez le photon gamma. Incorporez le troisième noyau d'hydrogène. La fusion de l'azote 14 ne prend guère plus de temps que celle du carbone 13. Résultat : encore un photon gamma avec un noyau d'oxygène 15, un noyau enrichi d'un nouveau proton. Au terme de ces deux opérations, votre concentré d'énergie s'est accru de deux photons gamma de plus.

Patience, c'est bientôt fini. L'oxygène 15 est bien trop riche en protons. Il lui suffit d'une petite pincée d'interaction faible pour le désintégrer à son tour en trois particules, un nouveau neutrino, un autre positon et un noyau d'azote 15. Le neutrino ne vous gênera pas, il disparaît aussitôt. Quant à ce nouveau positon, il s'annihile vite afin d'enrichir votre stock de gamma. Dernière opération. Fusionnez le quatrième noyau d'hydrogène et l'azote 15. Cela vous demandera encore un peu de temps, mais le jeu en vaut la chandelle, car vous recueillez alors deux noyaux tout neufs.

Le plus gros est un carbone 12. Eh oui ! Au terme de tant d'efforts, vous retrouvez un noyau en tout point identique à votre carbone 12 du début. Une recette économique, n'est-ce pas ? Quant à l'autre, c'est de l'hélium 4, où s'incorporent les quatre noyaux d'hydrogène. Comme le cycle proton-proton, le cycle du carbone transmute votre hydrogène en hélium. Mais il dope le cœur d'une étoile massive de telle manière que la voilà gavée de beaux photons gamma qui parviennent sans peine à entretenir cet éclat si lumineux qui en fait tout le charme.

À propos, pourquoi diable le Soleil ne réussit-il pas cette recette ? Il s'y essaie bien, mais ça ne marche pas très fort. Comme toutes les étoiles formées après l'enfance de l'univers, son cœur contient la pincée de carbone nécessaire à l'amorçage du cycle, mais il est trop froid, à peine quinze millions de degrés. C'est assez pour le cycle proton-proton, c'est trop peu pour le cycle du carbone, qui met en jeu des noyaux contenant six, sept, voire huit charges électriques.

Les protons qui cherchent à fusionner avec de tels noyaux sont en butte à une répulsion électromagnétique encore plus marquée. Même avec le renfort du principe d'incertitude, ils peinent à surmonter la barrière dressée par ces gros noyaux. Pour y parvenir, il faut une plus grande agitation des particules, donc une température plus élevée, au moins vingt millions de degrés. Ces températures ne se rencontrent qu'au cœur des étoiles massives, en raison des pressions considérables qu'y exerce le piston gravitationnel. Tant pis pour le Soleil, mais tant mieux pour l'humanité !

CHAPITRE III

Cœurs effondrés

Le chevalet du peintre

Quand il n'était question que du Soleil, vous pouviez encore contrôler par vous-même la véracité de quelques-uns de mes propos. Le Soleil n'est certes qu'une modeste étoile, mais il est tellement proche que chacun peut éprouver le mordant de ses rayons. Par contre, dès qu'il s'agit des autres étoiles, vous êtes bien obligés de me croire sur parole, car même les plus proches ne sont que de petits points de lumière sur la voûte céleste. Vous pouvez même me juger fort présomptueux de bâtir ainsi tout un roman avec quelques rayons lumineux que les étoiles parviennent à expédier sur ces distances littéralement astronomiques. C'est d'ailleurs là tout le charme de l'astrophysique : construire un scénario aux ramifications multiples avec un ou deux petits détails glanés ici ou là.

Je sais très bien que seul un petit tour sur place pourrait convaincre les plus soupçonneux d'entre vous. Hélas, les lois de la physique veillent à rendre tout voyage interstellaire totalement impraticable, du moins avec les ressources techniques du XXe siècle. Si je me permets pourtant de vous proposer maintenant un petit périple vers une étoile, ce ne sera, hélas, qu'en rêve. Vous êtes quand même partants ? Alors imaginez-vous au beau milieu de la passerelle au décor kitsch d'un vaisseau spatial de haut bord. Inutile de se creuser la cervelle, appelons-le l'*Entreprise*. Et puis cela fera tellement plaisir aux trekkies [1]. Le but de notre voyage : l'étoile Bêta Pictoris.

Oui, j'ai bien dit : Bêta Pictoris. Je me plais à le répéter, les astronomes pratiquent un des plus vieux métiers du monde, tout pétri de traditions. Par une manière de snobisme, ils perpétuent l'usage de ces patronymes gréco-romains dont leurs lointains ancêtres gratifièrent les étoiles. Bêta Pictoris est ainsi la deuxième étoile la plus brillante d'une constellation visible uniquement depuis l'hémisphère sud, dont Pictoris évoque le nom complet : le chevalet du peintre. Les astronomes ont pris l'habitude de n'en mentionner que la deuxième partie, en latin bien sûr. Et quand ils sont pressés, ils se contentent d'un simple diminutif, Bêta Pic, certes un peu cavalier, mais nettement plus pratique.

Il faut bien reconnaître que les navigateurs astronomes qui défrichèrent ce ciel austral ne manquaient pas d'imagination, affublant des noms les plus pittoresques toutes les nouvelles constellations qu'ils discernaient du pont de leurs navires. Je vous cite ainsi pêle-mêle le microscope, le burin, la boussole, le sextant, la règle, et bien sûr le compas... Autant d'instruments qui encombraient leurs tables de travail pendant leurs mornes semaines de navigation.

Pourquoi avoir choisi de visiter Bêta Pictoris ? Bien sûr, elle n'est pas très éloignée, environ soixante années de lumière, soit la distance parcourue pendant soixante ans par un rayon de lumière, qui, je vous le rappelle, se propage à près de trois cent mille kilomètres par seconde. Une paille ! Autre prétexte, c'est justement une de ces étoiles, pas même deux fois plus massive que le Soleil, dont nous voulons étudier le comportement. Mais la vraie raison, c'est son éclat étonnant dans l'infrarouge, révélé en 1983 par le satellite *Iras* [2].

Piqués au vif par cette découverte, pur produit de l'astronomie de l'invisible, les observateurs terrestres scrutèrent aussitôt Bêta Pictoris avec la plus grande attention. Ils relevèrent alors, ceinturant l'étoile, un immense disque de poussières

---

1. Les allumés de la série des *Star Trek*.
2. Acronyme pour *Infra Red Astronomical Satellite*, littéralement : « Satellite d'astronomie infrarouge », fruit d'une coopération entre les Pays-Bas, les États-Unis et le Royaume-Uni.

froides, donc apte à émettre un rayonnement thermique dans l'infrarouge, celui-là même détecté par *Iras*. Ce disque n'est pas sans analogie avec le nuage zodiacal de notre système solaire. Comme c'est curieux ! Et si Bêta Pictoris possédait aussi son propre système planétaire ?

C'est justement pour répondre à ce genre de question qu'il faut des astronomes. En 1992, des observations dans le proche infrarouge menées par Alfred Vidal-Madjar et ses collaborateurs de l'IAP confirmaient l'idée que des planètes se sont déjà formées autour de Bêta Pictoris. En 1993, Pierre-Olivier Lagage, un collègue de Saclay, obtenait dans un infrarouge plus lointain la première image à haute résolution du disque ceinturant l'étoile. Nouveau succès pour les astronomes de l'invisible : l'image démontra que les zones les plus internes du disque sont beaucoup moins riches en poussières, comme si elles avaient été balayées par un système planétaire !

Tout en évoquant cette quête inassouvie des astronomes à la recherche d'autres mondes, nous sommes parvenus au voisinage de Bêta Pictoris. Plus aucun doute : les astronomes infrarouges avaient vu juste : un cortège planétaire bien fourni ceinture l'étoile. Le capitaine Kirk, sempiternel commandant de l'*Entreprise*, a mis son appareil en orbite autour de Bêta Pic-1. Comme son nom l'indique, il s'agit de la planète la plus intérieure, située à environ une *unité astronomique* [3] de l'étoile.

Vieille de deux cents millions d'années au grand maximum, Bêta Pictoris abrite un système planétaire encore tout neuf. Comme la Terre à son âge, Bêta Pic-1 est agitée de furieuses convulsions volcaniques, sans oublier ces météorites qui la balafrent à tout instant de cicatrices béantes. Aussi restons-nous prudemment à bord du vaisseau. Notre voyage a beau n'être qu'imaginaire, inutile de se risquer sur cette planète. D'ailleurs, l'épaisse atmosphère qui l'enveloppe rendrait vaine toute observation astronomique depuis sa surface.

Intéressons-nous plutôt à l'étoile elle-même. Notre vaisseau en est donc éloigné d'une distance comparable à celle qui sépare la Terre de son Soleil. Vue par un des hublots de l'appareil, Bêta

---

3. L'unité astronomique de distance, symbole UA, est sensiblement égale à la distance moyenne de la Terre au Soleil, soit environ cent cinquante millions de kilomètres.

Pictoris ne semble pas tellement plus grosse que le Soleil depuis notre belle planète bleue. Mesuré par nos soins, son diamètre dépasse à peine deux millions de kilomètres, une fois et demi celui du Soleil. Mais quel éclat ! Neuf fois celui du Soleil.

Nos capteurs braqués sur Bêta Pic-1 nous indiquent que chaque mètre carré de cette planète reçoit environ cinq kilowatts. Le Soleil se montre trois fois moins généreux pour les Terriens, sans compter ce que bloque l'atmosphère. Dans ces conditions, la vie aura du mal à se développer à la surface de Bêta Pic-1, il y fait beaucoup trop chaud. Trouvera-t-elle un environnement adéquat sur Bêta Pic-2, la deuxième planète du système de Bêta Pictoris, située trois fois plus loin ? Ce n'est même pas sûr.

Premier obstacle, et de taille, au développement de la vie sur Bêta Pic-2. Nous avons mesuré la température à la surface de Bêta Pictoris : un peu plus de huit mille degrés. Ce n'est guère plus que le Soleil, mais ça suffit pour enrichir sa lumière en rayons ultraviolets dont nous connaissons tous la nocivité. Le handicap majeur à la naissance d'une civilisation florissante sur Bêta Pic-2 se situe au cœur de l'étoile. Fusionnant l'hydrogène au rythme frénétique du cycle du carbone, Bêta Pictoris est en sursis. Sa masse à la naissance lui laisse moins de huit cents millions d'années devant elle.

Même si la vie parvient à s'enraciner sur Bêta Pic-2, l'évolution n'ira pas très loin. Pensez que sur Terre il a fallu plus de quatre milliards d'années pour faire un homme, et j'espère que ça va continuer des milliards d'années encore, car c'est loin d'être une réussite !

En quatrième puissance

Bien que totalement imaginaire, ce petit aller et retour interstellaire fut toutefois très profitable, même si Bêta Pictoris n'est qu'une étoile assez semblable au Soleil. La série d'observations que nous avons menées sur place a en effet confirmé point par point les données que nous possédions au départ sur sa taille et sa masse. Saluons au passage le mérite des astronomes d'avoir pratiqué des mesures aussi précises, alors que Bêta Pictoris n'est pour eux qu'un petit point de lumière dans la profondeur de la nuit. Impossible en revanche d'oublier l'éclat insoutenable de Bêta Pictoris. Que le Soleil nous paraît terne depuis notre retour !

Là non plus, il ne s'agit pas d'une surprise. Les astronomes savaient bien avant notre périple que Bêta Pictoris était neuf fois plus lumineuse que le Soleil. Mais c'est quand même autre chose de le constater de ses propres yeux. Découvrir ainsi l'éclatante blancheur de Bêta Pictoris, c'est un choc surpassant de mille coudées celui que vous éprouvez dans un avion émergeant en plein Soleil, quelques instants seulement après avoir quitté la piste dans la grisaille d'un de ces petits matins pluvieux.

Et puisqu'il est encore question de l'insolente clarté de Bêta Pictoris, je suis sûr qu'un petit détail vous chiffonne encore un peu. Souvenez-vous, nous avons aussi mesuré sa température de surface : même pas une fois et demie celle du Soleil ! Cela ne vous semble-t-il pas étonnant que cette étoile qui débite neuf fois plus d'énergie que le Soleil ne parvienne qu'à un si banal résultat ? Comment expliquer ce qui peut apparaître comme un paradoxe de plus ? N'y aurait-il pas là quelque nouveau secret de la nature ?

Aucun. Tout est parfaitement conforme aux lois de la physique. Mais à force de fréquenter les intérieurs stellaires et leurs fourneaux thermonucléaires, nous avions fini par oublier que les étoiles se comportent en surface presque comme ce fameux corps noir si cher aux physiciens. Elles se trouvent donc soumises aux règlements bien précis qui régissent les rapports entre la température d'un corps noir, sa surface et la puissance qu'il rayonne. Depuis que nous cheminons ensemble, je n'ai pas manqué de vous aviser qu'une étoile, comme tout bon corps noir, disperse son énergie sous la forme d'une lumière composite, le rayonnement thermique. Je vous ai aussi précisé que cette émission thermique s'avère la plus abondante à une longueur d'onde bien précise, d'autant plus courte que la température du corps noir est élevée.

J'ai plaisir à croire que vous fûtes alors nombreux à reconnaître ainsi la loi établie en 1893 par Wilhelm Wien [4], la relation *température-couleur* comme les astronomes se plaisent à la dénommer. Au passage, rendons à César ce qui appartient à

---

4. Prix Nobel de physique 1911.

César, et remercions Wien d'avoir été le premier à envisager que la meilleure façon de se figurer un corps noir est justement ce trou percé dans une enceinte thermostatée, une représentation que je fus bien aise de vous servir pour vous initier aux arcanes des corps noirs.

La même année 1893, Josef Stefan mourait à Vienne. Or de toutes les relations qui régissent le rayonnement thermique d'un corps noir, la plus contraignante pour les étoiles est sans conteste la loi que Stefan énonça quatorze ans plus tôt. Elle concerne la puissance totale rayonnée par un corps noir, c'est-à-dire la quantité d'énergie, toutes longueurs d'onde confondues, qu'il disperse à chaque seconde. Que stipule donc la loi de Stefan ? Une règle assez simple : par unité de surface, la puissance totale rayonnée par un corps noir est proportionnelle à sa température absolue [5] élevée à la *puissance quatre* !

Sans oublier cette fois de citer Wien, évoquons à nouveau cette bonne représentation d'un corps noir qu'il nous a léguée : le trou minuscule, percé dans un four parfaitement hermétique. En vertu de la loi de Stefan, le débit d'énergie que rayonne ce petit orifice est directement proportionnel à la puissance quatrième de la température absolue du four. Et si je ne crains pas de vous rabâcher qu'une étoile se comporte presque comme un corps noir, c'est que je veux absolument vous convaincre qu'une parcelle de sa surface peut se comparer à l'orifice d'un four parfaitement hermétique. Chaque unité de surface stellaire débite donc une quantité d'énergie proportionnelle à sa température absolue, élevée à la puissance quatre.

Grâce à cette relation de proportionnalité, découlant directement de la loi de Stefan, un rapide calcul suffit pour estimer le rapport entre la luminosité de Bêta Pictoris et celle du Soleil. Avec huit mille deux cents kelvins, la température absolue à la surface de Bêta Pictoris est donc *1,42* fois plus élevée qu'à la surface du Soleil, dont la température n'est que de cinq mille sept cent soixante-dix kelvins. Retenons bien ce résultat. Il nous suffit maintenant de calculer la puissance quatrième de *1,42* pour déterminer le rapport entre les quantités d'énergie rayon-

---

5. Me voilà donc tenu d'utiliser dorénavant l'échelle des températures absolues, qui s'expriment en kelvin. Pour revenir aux températures usuelles, il vous suffit de retrancher 273,15. En pratique, quand les températures sont très élevées, vous pouvez confondre les deux échelles sans grand risque d'erreur.

nées par des parcelles de surface égale découpées à la surface de chacune des deux étoiles.

Avec une petite calculatrice, c'est un jeu d'enfant. La machine affiche *4,065869*, disons *4* pour simplifier. À surface égale, chaque parcelle de Bêta Pictoris rayonne quatre fois plus de puissance que le Soleil. Et comme sa surface est *2,25* fois plus étendue, Bêta Pictoris débite neuf fois plus d'énergie.

À juste titre, le faible écart entre les températures qui règnent à la surface de Bêta Pictoris et du Soleil nous avait d'abord surpris. Mais grâce à notre petit calcul, nous détenons maintenant la preuve que cette petite différence, par la seule vertu de la loi de Stefan, est en parfait accord avec le gros écart de luminosité relevé entre les deux étoiles.

Eddington fixe les limites

C'est ainsi que les étoiles vivent... Le bel éclat d'une jeunesse sans souci n'a qu'un temps, celui de la contraction gravitationnelle de la boule de gaz dont elles sont issues. Mais pour briller toute leur vie d'adulte, les étoiles dignes de ce nom doivent consommer de l'hydrogène. Les plus légères, les plus minuscules, picorent avec un appétit d'oiseau. Leur frugalité sera bien récompensée : elles vivront des dizaines de milliards d'années. Mais quelle vie terne et monotone !

Les plus massives, les plus énormes, dévorent leur hydrogène avec une gargantuesque férocité. Cette goinfrerie les condamne à une trop brève existence : à peine quelques millions d'années. Mais quelle générosité ! Quelle débauche d'énergie ! Plus brillantes que mille milliers de soleils, elles sont les reines de la nuit. Généreuses dans la vie, elles le sont encore plus dans la mort, et même bien au-delà, car parfois elles ressuscitent. Elles brillent alors d'un éclat à nouveau insoutenable, mais sous d'autres cieux. Invisibles à nos yeux bornés, elles sont devenues les stars du ciel gamma.

Il faut nous y résigner, les étoiles gamma ne sont que des cadavres stellaires régénérés. Souvenez-vous, je vous ai déjà fait pressentir l'horrible vérité. Mais pourquoi tant de complications ? Une brave étoile, qui se nourrit gentiment d'énergie nucléaire, n'est-elle donc pas capable de rayonner dans le domaine gamma ? Nous savons pourtant que la fusion de l'hydrogène dissipe des flots de rayons gamma au cœur des étoiles. Ne suffirait-il pas d'en éplucher une jusqu'au noyau pour dégager une belle étoile gamma ?

C'est oublier trop vite qu'un noyau stellaire est avant tout un plasma, une masse gazeuse, travaillée par les énormes pressions dues à l'agitation thermique des noyaux d'hydrogène, sans oublier les pressions non moins colossales qu'y exercent les photons gamma relâchés par les réactions de fusion. Les couches externes de l'étoile agissent sur la marmite nucléaire comme le couvercle d'une cocotte minute. Ôtez ce couvercle, tout vous saute au visage. Non, ce n'est pas ainsi que vous obtiendrez une étoile gamma. Mais ne cédez pas au découragement. Patience ! Les astres gamma existent. Vous n'imaginez quand même pas que l'État français me paye à courir après des chimères !

Notez d'abord que toutes les étoiles gamma ne rayonnent pas une lumière de type thermique. Elles ne sont donc pas toutes tenues de suivre à la lettre les lois qui régissent les corps noirs. Quant à celles qui les respectent peu ou prou, si elles veulent briller un tant soit peu au-delà de la limite du domaine X, leur température de surface doit dépasser les trente millions de degrés, environ cinq mille fois celle de la photosphère solaire. Et encore, il s'agit là d'étoiles beaucoup plus X que gamma ! Et pour peu qu'une telle étoile X soit aussi volumineuse que le Soleil, elle est donc tenue de débiter environ sept cent mille milliards de fois plus d'énergie, c'est Stefan qui le dit.

Sans même se poser la question de l'inimaginable source d'énergie qui serait alors nécessaire, il est clair que rien, pas même la gravité, ne pourrait contrebalancer la fabuleuse pression exercée par un tel débit d'énergie. La malheureuse étoile serait instantanément volatilisée. Il n'y a donc pas trente-six solutions pour qu'une étoile X ou gamma rayonne une lumière de type thermique sans risquer l'émiettement. Il n'y en a qu'une : sa luminosité doit s'établir au-dessous d'un certain seuil – la *luminosité d'Eddington* [6] – où forces radiatives et forces de gra-

---

6. Astronome anglais spécialiste – entre autres – des intérieurs stellaires, sir Arthur Stanley Eddington fut en 1920 le premier à estimer température et densité au centre du Soleil.

vité s'équilibrent. Et pour en arriver là, un seul moyen : se faire toute petite. L'étoile gagne alors sur les deux tableaux. Qui dit surface réduite dit débit d'énergie réduit en proportion. Qui dit volume réduit dit accroissement des forces de gravité.

Pour une étoile dont la masse est de l'ordre de celle du Soleil, la luminosité d'Eddington est d'environ vingt-cinq mille fois la luminosité du Soleil. Or vous venez de constater qu'une étoile X de même surface que le Soleil serait sept cent mille milliards de fois plus lumineuse. Sa luminosité serait donc trois milliards de fois plus élevée que la luminosité d'Eddington. Conséquence, si la masse d'une étoile X est de l'ordre de celle du Soleil, sa surface doit être au moins trois milliards de fois plus petite que celle du Soleil pour que sa luminosité ne dépasse pas la limite d'Eddington.

Une étoile qui rayonne une lumière thermique à la limite des domaines X et gamma est donc un astre vraiment très compact. Ça doit tenir dans quelques kilomètres de rayon, sinon, pfft... Ça explose ! Vous comprenez maintenant mon obsession pour les cadavres stellaires. Caillots de neutrons d'à peine dix kilomètres de rayon, trous noirs confinés dans un rayon de quelques kilomètres, tous les cadavres d'étoiles massives bloquent une masse considérable dans un volume très réduit, les plus massifs étant les plus compacts.

Quelle centrale d'énergie peut se loger dans un espace aussi limité ? Les réactions de fusion nucléaire ? C'est exclu, elles prennent beaucoup trop de place. Reste la gravité. Capables de faire régner dans leur voisinage immédiat les champs de gravité les plus intenses, les résidus stellaires gardent une dernière chance de jouer les phénix. Vous en serez bientôt les témoins émerveillés. Mais vous n'avez même pas encore fini de suivre *le destin des étoiles*, ce grand opéra cosmique où dans les premiers tableaux les étoiles résistent plus ou moins vaillamment aux assauts de la gravité. Justement, le spectacle reprend. C'est maintenant le dernier acte.

Août 1914 ou juin 1940 ?

Que reste-t-il de nos étoiles quand elles ne brillent plus ? Une chose est sûre : quand elles s'éteignent, les étoiles ne vont pas au ciel, elles y sont déjà. Autre certitude : les étoiles les moins massives sont toutes encore dans la force de l'âge. L'univers, vieux d'environ quinze milliards d'années, est encore bien trop jeune pour voir s'éteindre ses étoiles les plus fluettes, puisque leur durée de vie se compte en dizaines de milliards d'années. Dur pour le nécro-astronome que je suis, moi qui rêve de surprendre les cadavres stellaires en flagrant délit de retour à la vie. Par bonheur, il me reste les étoiles plus massives, donc moins économes, et pour certaines d'entre elles, depuis longtemps à sec de carburant nucléaire.

Avant de s'éteindre, toutes connaissent un retour d'âge tumultueux. Les étoiles dont la masse est comparable à celle du Soleil finissent par y perdre une bonne partie de leur enveloppe, tandis que leur cœur se recroqueville au point de n'être plus qu'une *naine blanche*, une étoile pas plus grosse que notre petite Terre. Les plus orgueilleuses, six à huit masses solaires ou plus, après avoir embrasé leur très brève existence d'une débauche de lumière, finissent en apothéose. C'est l'explosion de supernova.

De l'étoile, en grande partie volatilisée par cet ultime feu d'artifice, seul subsiste un cœur effondré. Parfois, c'est une *étoile à neutrons*, si petite que moins de cent kilomètres suffisent pour en faire le tour. Parfois, dans le cas d'étoiles encore plus massives, le cœur devient tellement dense et compact qu'il disparaît dans un puits sans fond, où il se condamne à perpétuité à l'état de trou noir. Comment sont-elles tombées si bas ? La gravité, bien sûr. Celle-là, il ne fallait pas l'oublier trop vite. Contenue par les flots d'énergie que répandent les cycles de réactions nucléaires, la gravité reprend l'offensive dès que le feu central s'éteint.

À l'image des récentes confrontations armées entre la France et l'Allemagne, il n'y a qu'une alternative. Août-septembre 1914, on recule, mais on tient. Le petit père Joffre parvient à contenir le déferlement des armées du Kaiser. Victoire de la Marne. Le front, une ligne de résistance très solide, s'établit de la mer du Nord à la Suisse. Mai-juin 1940, la défense élastique craque de partout, c'est l'effondrement complet, le trou noir. La Wehrmacht se retrouve à Bayonne.

Pour tenter d'organiser leur résistance, les cœurs stellaires gagnés par l'effondrement ont choisi de s'en remettre aux lois – de la physique, bien sûr. Une telle attitude ne manquerait pas d'être jugée quelque peu suicidaire dans notre société des nations. Les grands principes n'y sont trop souvent que des « chiffons de papier », suivant la formule consacrée en août 14 par le chancelier de l'empire allemand, Theobald von Bethmann-Hollweg, à propos de la neutralité de la petite Belgique. Ne manquant pas non plus de règlements en tout genre, la nature, au contraire, s'est donné pour règle absolue de ne jamais les enfreindre.

Fort du principe d'incertitude, ce sont les électrons, les particules les plus menues du plasma stellaire, qui vont établir la première ligne de résistance. Oui, vous avez bien lu. Encore et toujours ce fameux principe d'incertitude. Et ne m'accusez pas de le mettre à toutes les sauces. Qui d'autre mieux que lui pourrait garantir la liberté des particules ? Avec lui, pas question de savoir *exactement* où elles se trouvent, et plus elles sont légères, plus l'incertitude grandit. Souvenez-vous, c'est un véritable espace vital qu'il concède aux particules, d'autant plus vaste que la particule est menue.

Comprimez le cœur des étoiles, les particules du plasma stellaire se serrent de plus en plus les unes contre les autres. Qu'importe, comprimez-le encore. Coincés entre les noyaux atomiques, les électrons se rebiffent. Obligés de défendre un espace vital à peu près aussi vaste qu'un atome d'hydrogène, ils sont les plus motivés à se battre. Et pour mieux défendre leur territoire, ils exercent une pression grandissante sur ce milieu qui se resserre autour d'eux. Cette pression est souvent qualifiée de *pression de dégénérescence*, mais à cette dénomination qui peut paraître péjorative à certains je préfère de beaucoup celle de *pression de Fermi*, ne serait-ce que pour honorer la mémoire du grand physicien italien [7].

Une ligne de résistance s'organise donc en raison des électrons et de la pression de Fermi qu'ils développent. Pour qu'elle contrebalance efficacement la pression exercée par la gravité, il faut que la densité de particules atteigne des valeurs qui dépassent l'entendement : une dizaine de tonnes par centimètre cube ! Une telle densité n'est obtenue qu'au prix d'un colossal effon-

---

7. Pur produit de l'école italienne des années 1920, Enrico Fermi, prix Nobel de physique 1938, fut comme tant d'autres contraint de s'installer aux États-Unis pendant les années noires et brunes de l'Europe.

drement du cœur stellaire, qui le réduit à un conglomérat de matière à peine plus gros que la Terre.

Ce milieu n'est plus un gaz, ni même un plasma. C'est un autre état de la matière. Contrairement aux gaz ou aux plasmas, cette matière *dégénérée* ne réagit pas à la température. Vous la chauffez, aucune dilatation. Vous la refroidissez, aucun signe de contraction. Pour peu qu'il parvienne à se stabiliser en formant un édifice de matière dégénérée, un cœur stellaire atteint alors un état de parfaite stabilité.

De tels édifices – on ose à peine parler d'étoiles – ne brillent pas très longtemps. Toutefois, profitant de l'énergie emmagasinée pendant les ultimes phases d'effondrement, l'étoile, pourtant déjà morte, peut faire illusion quelque temps. Avec une température de surface très élevée, du moins au début, elle rayonne une belle lumière blanc-bleu. Mais la très petite taille de cette étoile la condamne à un éclat très faible, d'où ce nom de *naine blanche* dont les astronomes l'ont gratifiée.

Aucune nouvelle source ne se présentant pour compenser ces débits d'énergie, même modestes, la naine blanche se refroidit, son éclat faiblit, sa belle lumière blanche cède peu à peu le pas à une sombre lumière rouge. Elle se retrouve alors dans le même état que les *naines brunes*, ces étoiles avortées trop menues pour entretenir le moindre cycle de réactions nucléaires, et qui elles aussi finissent par se stabiliser avec le concours de la pression de Fermi.

Une curiosité de plus dans le petit monde des naines blanches : plus elles sont massives, plus elles sont petites. Situation paradoxale, mais qui s'explique assez simplement. En effet, plus une structure est massive, plus les forces de gravité s'y déchaînent. Malgré la pression de Fermi, l'espace vital des électrons se réduit, la structure est donc plus compacte. Attention, à ce petit jeu, on court au désastre. La ligne Maginot des électrons risque d'être tournée. Et cette fois, plus rien à espérer du principe d'incertitude. Au contraire, c'est justement lui qui va précipiter la suite des événements. Voyez plutôt.

Avec un espace vital qui se rétrécit comme une peau de chagrin, les électrons n'ont plus qu'une issue : disparaître. Comment faire ? Il y aurait bien une solution : infiltrer les noyaux, y neutraliser les protons et former des neutrons. Malheureusement, il y a un problème, et c'est un problème de poids. En effet, la masse d'un neutron est un tout petit peu plus élevée que celle d'un proton. Comment les électrons vont-ils s'y prendre pour combler la différence ? En faisant encore appel au principe d'incertitude, car imposer aux électrons un espace vital de plus en plus réduit, c'est diminuer l'incertitude sur leur position, donc accroître l'incertitude sur leur quantité de mouvement.

Au bout du compte, les électrons se retrouvent donc avec en poche un « crédit d'énergie » généreusement alloué par le principe d'incertitude. En faisant jouer le taux de change garanti par la relation masse-énergie, ils peuvent à leur guise le convertir en une petite pincée supplémentaire de masse. Avec un tel viatique, rien ne les empêche plus de pousser la porte des noyaux atomiques, et d'y convertir les protons en neutrons. Exit les électrons, et avec eux la pression de Fermi qui faisait front aux forces de gravité. C'est un nouvel effondrement, inéluctable dès que la masse du cœur dépasse la *limite de Chandrasekhar*, soit à peu près une fois et demie la masse du Soleil [8].

Une étoile à neutrons sinon rien

Si donc la masse d'un cœur stellaire privé de réactions nucléaires dépasse la limite de Chandrasekhar, le front des électrons est balayé. Le déferlement des forces de gravité reprend de plus belle. Mais, grande différence avec la débâcle des armées françaises en mai-juin 1940, une deuxième ligne de résistance se met en place [9]. Le cœur effondré est en effet devenu un gigantesque noyau atomique, constitué essentiellement de neutrons, une structure suffisamment stable pour s'opposer à l'effondrement.

La taille d'une *étoile à neutrons*, puisque c'est ainsi que l'on dénomme un tel édifice, est considérablement réduite, moins de vingt kilomètres de rayon. Sa densité est donc celle d'un noyau

---

8. La valeur de cette limite fut déterminée dans les années 1930 par un jeune physicien indien, Subrahmanyan Chandrasekhar, prix Nobel de physique 1983.

9. Les stratèges français de l'an 1940 avaient bien prévu de constituer une ligne de résistance du nord au sud de la Bretagne, espérant ainsi défendre un véritable « réduit breton », mais cette tentative eut pour seul résultat de coincer des milliers de soldats que la Wehrmacht n'eut qu'à cueillir dans les jours suivant l'armistice.

atomique, plusieurs centaines de millions de tonnes par centimètre cube ! Avec une telle densité, la Terre ne serait qu'une petite boule de quelques dizaines de mètres de rayon ! À la surface d'une étoile à neutrons, tout est d'ailleurs poussé à l'extrême, à commencer par la gravité. Elle y est plus d'un milliard de fois plus intense que sur Terre. Une carte postale de la Tour Eiffel y pèserait des milliers de tonnes. Sur Terre, c'est la Tour Eiffel elle-même qui accuse un tel poids. Et que dire du champ magnétique, mille milliards de fois plus intense que celui qui oriente l'aiguille de nos boussoles.

Les dictionnaires des synonymes, même les mieux fournis, sont beaucoup trop pauvres pour qu'il me soit possible de qualifier une par une toutes les extravagantes propriétés des étoiles à neutrons. Alors que dire ? Répéter une fois de plus que les étoiles à neutrons sont le laboratoire de l'extrême, où la nature étire à son maximum les lois de la physique ? Tout ça, c'est vrai, mais ce qui m'intéresse en elles c'est qu'elles concentrent la masse d'une étoile dans un volume minuscule. Et vous savez à quel point je suis en quête d'astres compacts, les seuls pouvant susciter une émission gamma durable. Mais dans le genre, il y a encore bien mieux. Alors place aux ultimes phases de l'effondrement, place aux trous noirs.

Tout a une fin. L'histoire ne se répétera pas une troisième fois. Si le cœur stellaire est vraiment très massif, l'arrêt des réactions nucléaires provoque un effondrement tellement brutal que même l'aptitude des neutrons à se serrer les uns contre les autres ne garantit plus la stabilité de l'édifice. La ligne de résistance des neutrons est à son tour submergée. Plus rien ne s'oppose à l'ultime déferlement des forces de gravité. Toute la masse du cœur se concentre au fond d'un puits sans fond creusé dans le mol édredon de l'espace-temps : le cœur stellaire est devenu un *trou noir*. Pour en arriver là, ce dernier doit quand même remplir une petite exigence : sa masse doit dépasser la limite de *Landau-Oppenheimer*.

J'ai pris la liberté de désigner ainsi cette nouvelle limite, que l'on estime aujourd'hui à environ trois fois la masse du Soleil, pour saluer la mémoire de deux grands noms de la physique. Chacun à sa manière, ils furent en effet les premiers à pressentir l'existence d'une masse limite au-delà de laquelle aucune prescription de physique ne peut empêcher l'effondrement sans fin d'une étoile faite de matière dégénérée.

En 1932, le physicien soviétique Lev Davidovitch Landau [10] fut le premier à identifier une telle démarcation. Mais à son époque on ne disposait pas d'observations astronomiques aptes à confirmer une telle tendance. Landau fit donc prudemment marche arrière, avant de conclure – à tort, bien sûr – qu'il devait sans doute exister au sein des étoiles de matière dégénérée des zones où s'appliqueraient des lois encore inconnues, propres à prévenir tout effondrement ultérieur.

En 1939, quelques années avant de diriger à Los Alamos la construction de la première bombe atomique américaine, Julius Oppenheimer avait repris l'exploration de cette ultime frontière de l'effondrement des cœurs stellaires. Il démontra que, au-delà d'une certaine limite, le cœur s'effondre au point de couper toute communication avec le reste de l'univers. Ce fut d'ailleurs la première interprétation rigoureuse de la manière dont la nature s'y prend pour former un trou noir. En définitive, un cœur stellaire dont la masse dépasse la limite de Landau-Oppenheimer n'a qu'un avenir possible, finir à l'état de trou noir.

Astres obscurs au siècle des Lumières

Nous y voilà enfin. Plus moyen d'échapper à l'emprise des trous noirs. Je suis donc tenu de vous en dire plus sur la plus fascinante créature du bestiaire cosmique. Difficile de définir un trou noir en une phrase. En général, je m'en sors par une pirouette : « Un trou noir est un astre tellement compact qu'il retient tout, y compris la preuve de sa propre existence. » À défaut d'être très explicite, cette définition, dans le style paradoxal dont je raffole, présente au moins le mérite de toucher du doigt la caractéristique essentielle d'un trou noir : rien n'en sort, pas même la lumière.

C'est justement au siècle des Lumières que le trou noir entre en scène, mais pas sous le nom dont nous le gratifions aujourd'hui. Trou noir est la traduction littérale du terme anglais *black hole*, utilisé pour la première fois à la fin des

---

10. Prix Nobel de physique 1962.

années 1960. Certains puristes auraient plutôt préféré « astre occlus », une dénomination bien française, mais à l'accent un peu trop médical à mon goût. J'en resterai donc à trou noir. Pour une fois que les Français se sont donné la peine de traduire un terme anglo-saxon, au lieu de le baragouiner dans sa version originale !

Le curieux cheminement qui conduisit à faire émerger une aussi fabuleuse entité n'est pas étranger à l'éternel débat sur la nature de la lumière. Onde ou corpuscule ? Des siècles durant, cette controverse enfiévra philosophes et savants, avant de trouver bien tardivement, au début du XXᵉ siècle, ce curieux épilogue – ni onde, ni corpuscule – en forme de jugement de Salomon. À la fin du XVIIᵉ siècle, sir Isaac Newton, anglais, astronome, mathématicien, physicien, théologien, bref, un des plus grands génies scientifiques de tous les temps, avait fait son choix [11]. Pour lui, la lumière est avant tout un flux de particules.

Peu de temps auparavant, Olaüs Römer, moins universellement connu, néanmoins danois et astronome, s'était plus modestement contenté de réaliser la première détermination de la célérité de la lumière en observant à l'observatoire de Paris les éclipses des satellites de Jupiter. Son estimation, environ deux cent mille kilomètres par seconde, est certes assez loin de la valeur la plus précise actuellement connue : 299 792,458 kilomètres par seconde. L'important n'est pas là. Ce qui stupéfia ses contemporains, c'était bel et bien cette notion même de vitesse finie de la lumière.

Dans ces conditions, pourquoi ne pas imaginer qu'il existe des astres où la gravité exerce une attraction telle que les grains de lumière ne puissent s'en échapper, même animés d'une vitesse aussi considérable ? Voilà bien une question propre à émoustiller les beaux esprits de l'époque. Messieurs les Anglais, répondez les premiers ! En 1783, le révérend John Mitchell [12]

---

11. L'astronome, mathématicien et physicien hollandais Christiaan Huygens avait fait à la même époque le choix inverse en élaborant une théorie ondulatoire de la lumière.

12. Encore un ecclésiastique ! Mais, au XVIIIᵉ siècle, la culture était en général propagée par l'Église et l'activité scientifique était fort rarement rétribuée par les princes qui gouvernaient l'Europe ; maints savants profitèrent donc des prébendes attachées à un sacerdoce qui leur ménageait d'ailleurs assez de temps pour s'adonner à leurs recherches.

déclarait en substance : « Si les grains de lumière subissent la gravité, ils sont condamnés à rester prisonniers d'un astre, pas plus dense que le Soleil, mais dont le rayon serait cinq cents fois plus grand. » Bien vu, mon révérend.

Pourtant, bien qu'il s'exprimât treize années plus tard sur la même question, je soutiens que Laplace fut bien l'authentique inventeur des trous noirs. Ne voyez pas là je ne sais quelle manifestation d'un chauvinisme malvenu chez les astronomes. Laplace fut en effet le premier à qualifier d'obscurs ces astres où la gravité serait en mesure de capturer la lumière. En témoigne ce passage de son *Exposition du système du monde*, paru en 1796 :

« Il existe donc dans les espaces célestes des corps obscurs, aussi considérables, et peut-être en aussi grand nombre que les étoiles. Un astre lumineux de même densité que la Terre, dont le diamètre serait deux cent cinquante fois plus grand que celui du Soleil, ne laisserait en vertu de son attraction parvenir aucun de ses rayons jusqu'à nous ; il est donc possible que les plus grands corps lumineux de l'univers soient par cela même invisibles. »

Pas mal, non ! Finalement, ce cher Laplace mérite amplement la petite pensée gravée sur le monument érigé à sa mémoire à Beaumont-en-Auge grâce aux subsides de la fondation Carnegie : « Il faut élever des monuments aux astronomes, aux artistes, aux poètes qui, détachés de l'utile et de l'immédiat, évoquent l'idéal et le charme des choses inconnues. »

Vitesses de libération

Napoléon ne perçait pas encore sous Bonaparte, et Laplace envisageait donc sans sourciller l'existence d'astres aussi fabuleux que les trous noirs. Son intuition, que l'on considère aujourd'hui comme prophétique, reposait sur l'idée que les grains de lumière chers à Newton subissaient la gravité en raison de leur masse. Or il n'en est rien, mais Laplace ne pouvait pas le savoir. À la base de son raisonnement, la notion de *vitesse de libération*, un concept issu des lois de Newton qu'il faut bien se garder d'appliquer à la lumière.

De quoi s'agit-il ? Lancez une pierre au ciel, la pierre

retombe. Lancez maintenant une fusée spatiale. Si tout se passe bien, si personne n'a oublié un chiffon dans une tuyère [13], elle file vers les étoiles pour peu que sa vitesse soit supérieure à la vitesse de libération, un peu plus de onze kilomètres par seconde dans le cas de la Terre. Notez que cette vitesse est connue également sous le nom de *deuxième vitesse cosmique*. Incidemment, quand sa vitesse dépasse la *première vitesse cosmique*, un peu moins de huit kilomètres par seconde, la fusée ne retombe plus sur Terre, mais elle reste prisonnière de l'attraction terrestre. Cela ne suffit pas pour s'envoler vers la Lune, c'est bien assez pour satelliser un télescope gamma.

Se demandant justement pourquoi la Lune ne tombe pas sur Terre – soi-disant après avoir vu tomber une pomme –, Newton postula les fameuses lois grâce auxquelles tout un chacun peut calculer sans peine la vitesse de libération à la surface d'un astre. Il suffit en effet de multiplier par deux le rapport entre la masse de l'astre et son rayon, puis de multiplier le résultat par la constante de la gravitation et de prendre la racine carrée du tout. Calculette en main, c'est très simple. Chiffrons par exemple la vitesse de libération à la surface du Soleil. Masse, rayon solaire et constante de la gravitation se trouvent dans tous les bons dictionnaires de physique. Les nombres sont bien sûr astronomiques, aussi vous ferai-je grâce des détails. Résultat : six cents kilomètres par seconde.

C'est sans doute en entreprenant un calcul de ce genre que Laplace envisagea l'existence des trous noirs : il suffit en effet que le rayon d'un astre de densité comparable à celle du Soleil soit à peine cinq cents fois plus grand que le rayon solaire pour que la vitesse de libération à la surface de l'astre en question soit supérieure à la célérité de la lumière. Retenant ainsi les grains supposés massifs de la lumière qu'il produit, un tel astre serait donc, au sens de Laplace, parfaitement invisible.

Ce beau raisonnement n'est cependant plus de mise. En réhabilitant la nature corpusculaire de la lumière pour interpréter l'effet photoélectrique, Einstein attribua une masse nulle aux quanta de lumière. Et sous l'impulsion du même Einstein, l'es-

---

13. Un oubli que vous jugez, à juste titre, totalement invraisemblable, mais qui a quand même provoqué l'échec d'un lancement d'Ariane, en dépit des activités démesurées que déploient les services d'assurance-qualité dans les industries spatiales.

pace si cartésien des lois de Newton – l'espace des petits oiseaux, comme le qualifiait un de mes professeurs à Louis-le-Grand – s'est mué en un espace-temps aux courbures inquiétantes. Les parallèles de l'univers que l'on disait tenues de ne se rejoindre qu'à l'infini – n'est-ce pas, Euclide ? – sont maintenant libres de s'entrecroiser dans l'espace-temps, au gré des empreintes des corps massifs qui s'y enfoncent lascivement. Bref, Einstein est passé par là. Comment ne pas en tenir compte ?

Il n'est donc plus de mise d'invoquer des vitesses de libération supérieures à la célérité de la lumière quand il s'agit de trous noirs, comme si Einstein n'avait jamais quitté son modeste emploi à l'Office fédéral des brevets de Berne. Je remise donc le modèle dépassé du trou noir « à la Laplace » au musée imaginaire de l'histoire des sciences, et je vous invite à me suivre dans les arcanes de la relativité pour y retrouver la piste des trous noirs.

Tout est relatif

Ayant donc établi en 1905 la théorie de l'effet photoélectrique, Einstein ruina la même année le caractère absolu de l'espace et du temps. Au passage, la célérité de la lumière devint une vitesse limite que rien ne peut dépasser. J'imagine qu'en bon amateur de science-fiction, vous connaissez déjà les effets paradoxaux que les lois de la relativité provoquent sur les explorateurs interstellaires quand ils se déplacent à une vitesse qui approche la célérité de la lumière : partis joyeux vers des courses lointaines, ils ne retrouvent à leur retour sur Terre que leurs lointains descendants !

Vous avez également vu à l'œuvre au cœur du Soleil et des étoiles la conséquence « pratique » la plus célèbre de la relativité : la relation d'équivalence masse-énergie, la fameuse formule $E = m\,c^2$. Je me propose maintenant de vous montrer comment la théorie d'Einstein s'y prend pour piéger la lumière. Loin de moi la prétention de vous informer des moindres détails de la théorie de la relativité, surtout dans sa version de 1916, quand Albert Einstein la généralisa en y incorporant la gravitation. D'autres s'y sont risqués avec bonheur, et je vous renvoie bien volontiers à leurs ouvrages. Permettez-moi de me limiter à l'essentiel.

Pour commencer, je vous confirme que la théorie de la relativité mêle étroitement l'espace et le temps. À l'instar des couples les plus indestructibles de la création – Roux et Combaluzier, par exemple –, ils sont associés pour le meilleur et pour le pire sous le nom d'espace-temps. Sachez aussi que cet espace-temps est courbe. Il s'incurve au gré des corps massifs qui s'y trouvent, et d'autant plus que leur masse est élevée.

Dans l'espace des petits oiseaux, un rayon lumineux est tenu de se propager en ligne droite pour se rendre du point A vers le point B, car il est censé suivre le chemin le plus court entre A et B. Dans un espace-temps gauchi de place en place par les entités les plus massives, le rayon lumineux persiste à choisir le chemin le plus court pour se rendre de A vers B. Du coup, sa trajectoire n'est plus rectiligne : elle suit la *géodésique* de l'espace-temps passant par les points A et B. Voilà d'ailleurs une situation non sans analogie avec celle qui prévaut à la surface du globe terrestre, espace courbe par excellence.

Prenez le cas d'un navire qui se rend de Bordeaux à Boston. Si vous n'êtes pas avertis des mystères de la navigation, il vous semble évident au vu d'un planisphère que la ligne droite joignant Bordeaux et Boston suit à peu près le quarante-cinquième parallèle. Pourtant, pour peu qu'il soit gouverné par un capitaine soucieux de se rendre au plus court de Bordeaux à Boston, le navire ne taille pas sa route dans les zones tempérées de l'océan Atlantique. Au contraire, il pique au nord, au risque de rencontrer quelque iceberg, comme le *Titanic* en avril 1912.

Pour vous convaincre qu'il s'agit bien de la route la plus directe, prenez un globe terrestre de bureau et munissez-vous d'un bout de fil à coudre. Tendez alors le fil entre Bordeaux et Boston. Vous êtes bien d'accord : ce fil matérialise le chemin le plus court de Bordeaux à Boston. Que constatez-vous ? En raison de la courbure du globe, le fil ne talonne pas le quarante-cinquième parallèle. Il passe plus au nord, vers le cinquantième. Sachez que cette trajectoire directe, baptisée orthodromie par les navigateurs, suit, elle aussi, la géodésique du globe terrestre passant par Bordeaux et Boston.

Pour illustrer les aspects les plus voyants d'un espace-temps courbe, on utilise le plus souvent une boule roulant sur un plan horizontal. Le choix est vaste : bille d'ivoire sur une table de billard, balle de golf sur un green, boule de pétanque sur la place des Lices à Saint-Tropez...

Seule condition, prévoir un creux au beau milieu. C'est d'ailleurs plus courant à la pétanque qu'au billard. Maintenant, faites rouler votre boule. Si elle évite le creux, pas de problème, elle poursuit son chemin en ligne droite. En revanche, si vous la lancez de manière à passer légèrement à la gauche du creux, aussitôt sa trajectoire s'infléchit vers la droite. La boule suit la géodésique de l'espace courbe où elle se meut.

C'est presque pareil dans un espace-temps creusé par un corps massif, un astre par exemple. Quand un rayon lumineux s'approche de l'astre, sa trajectoire s'incurve d'autant plus que l'astre est massif et compact, et qu'il cambre avec force les géodésiques de l'espace-temps. En courbant ainsi sa route au gré de l'astre, le rayon lumineux se comporte comme une sonde *Voyager* lancée vers Jupiter pour mieux rebondir vers Saturne : il se soumet à la gravité.

Voilà, tout est dit, ou presque. Avec la relativité générale, la lumière retrouve l'emprise de la gravité sans qu'il soit nécessaire d'invoquer des grains de lumière dotés d'une masse. Dans la pratique toutefois, les effets attendus sont excessivement ténus. Ils ne deviennent perceptibles que si l'espace-temps est déformé par des imposantes concentrations de matière, les étoiles par exemple. Il ne faut donc pas s'étonner de trouver des astronomes parmi les premiers adeptes de la théorie de la relativité.

Trous noirs relativistes

En 1916, les idées d'Einstein à peine publiées, l'astronome et physicien allemand Karl Schwarzschild avança une solution pour résoudre les équations de la relativité générale dans le cas particulier d'une masse sphérique, une étoile par exemple. À grande distance, pas de problème. Aucune différence entre Newton et Einstein. Pas la peine de vous torturer le cerveau avec les équations de la relativité générale, vous pouvez appliquer sans risque les lois de l'attraction universelle. En revanche, plus vous approchez de l'astre, plus les effets *relativistes* – propres à la relativité générale – se font sentir avec insistance.

Pour savoir si les écarts aux lois de Newton sont déjà perceptibles, vous disposez d'un moyen très simple : il vous suffit de mesurer la distance qui vous sépare du centre où l'astre en unité de *rayon de Schwarzschild*. Il s'agit du rayon que l'astre devrait avoir pour que la vitesse de libération à sa surface, calculée « à la Newton », soit égale à la célérité de la lumière. Le rayon de Schwarzschild est donc directement proportionnel à la masse de l'astre. Dans le cas de la Terre, le rayon de Schwarzschild vaut à peu près neuf millimètres. Vous vivez donc à sept cents millions de rayons de Schwarzschild du centre du globe ! Pas étonnant qu'il soit si difficile de mettre en évidence les effets relativistes dans les laboratoires terrestres !

Et le Soleil ? Rayon de Schwarzschild : presque trois kilomètres. Rayon solaire : presque sept cent mille kilomètres, plus de deux cent mille rayons de Schwarzschild. Les effets relativistes sont donc encore infimes à la surface du Soleil, mais quand même assez forts pour qu'on puisse caresser l'espoir de les déceler au moyen d'une observation astronomique : il vous suffit d'observer avec minutie une étoile que le Soleil doit occulter en raison de son mouvement apparent sur la voûte céleste.

Si vous connaissez parfaitement la position de cette étoile, vous pouvez déterminer la seconde même à laquelle le disque solaire commence à la masquer. Pourtant, si d'aventure vous étiez à même d'observer l'étoile à cet instant précis, vous la détecteriez quelques instants encore : grâce aux effets relativistes, le Soleil incurve très légèrement la trajectoire des rayons lumineux émis par l'étoile, qui reste donc visible alors qu'elle aurait dû déjà disparaître derrière le disque solaire en l'absence de ces mêmes effets. Mais le Soleil est beaucoup trop éblouissant pour qu'il vous soit possible d'observer une étoile que le disque solaire s'apprête à occulter.

Qu'à cela ne tienne ! Il suffit d'observer au moment même où l'astre du jour est lui-même occulté par la Lune. Pendant quelques instants, le Soleil est si bien masqué par le disque lunaire que vous pouvez observer comme en pleine nuit, sans risquer d'être ébloui. C'est justement ce que fit Eddington le 29 mai 1919. Il était si pressé de confirmer les théories d'Einstein qu'il lui avait fallu rallier l'île du Prince, petite terre perdue en plein golfe de Guinée, le premier site du globe où toutes les conditions étaient réunies pour constater un phénomène aussi surprenant.

On sait maintenant que, faute d'instrument assez précis, les mesures d'Eddington comportaient une trop grande marge d'erreur pour confirmer d'une manière indiscutable les effets relativistes du Soleil. Qu'importe ! Je voulais seulement vous montrer à quel point nombre d'astronomes étaient déjà acquis aux idées nouvelles.

Si les effets relativistes sont infimes au voisinage du Soleil, il en va autrement dans le cas d'une étoile à neutrons. Le calcul est facile : si sa masse vaut une fois et demie celle du Soleil, son rayon de Schwarzschild vaut également une fois et demie le rayon de Schwarzschild du Soleil, soit environ quatre kilomètres et demi. C'est presque le tiers du rayon de l'étoile à neutrons ! Pas de doute : à proximité d'une étoile à neutrons, c'est la relativité générale qui dicte ses lois. Prenez l'*effet Einstein* qui affecte tout photon émis à la surface d'un corps massif. Pour émerger du puits que cette masse creuse dans l'espace-temps, chaque photon doit débourser une fraction de son énergie. Cette « taxe relativiste » dépend exclusivement du rapport entre le rayon de l'astre et son rayon de Schwarzschild.

Quand ce rapport est très grand – sept cents millions pour la Terre, plus de deux cent mille pour le Soleil –, l'effet Einstein est infime. Mais quand ce rapport est voisin de l'unité, le photon, pour s'échapper de l'astre, est tenu de céder une part croissante de son énergie. Dans le cas d'une étoile à neutrons, cette taxe relativiste se monte au cinquième de tout le budget d'énergie du photon. Que se passe-t-il quand le rayon d'un astre devient inférieur à son rayon de Schwarzschild ? C'est très simple, le photon n'a plus les moyens d'échapper au gouffre de l'espace-temps. Pas de doute, nous revoilà en plein trou noir.

Donc si la masse d'un cœur stellaire dépasse la limite de Landau-Oppenheimer, l'arrêt des réactions nucléaires y provoque un effondrement tellement soudain que plus rien ne peut s'opposer au déferlement des forces de gravité. Dès que son rayon devient inférieur à son rayon de Schwarzschild, ce cœur stellaire en contraction brutale devient un authentique trou noir. Comme celui de Laplace, il maintient captifs les rayons lumineux, cette fois sans violer les lois de la physique : avec la relativité générale, la notion de trou noir retrouve droit de cité. En fin de compte, Laplace n'était pas si loin de la vérité !

Comment voir les étoiles effondrées ?

Même si la relativité générale en prédisait l'existence, les trous noirs restèrent encore longtemps victimes d'un ostracisme certain de la part des élites scientifiques. Pensez qu'Einstein lui-même se montra des plus sceptiques à leur égard ! En vérité, peu d'astronomes et de physiciens étaient disposés au début des années 1920 à admettre que la matière puisse évoluer vers des états assez denses pour rendre plausible l'existence d'astres aussi « relativistes » que les étoiles à neutrons et les trous noirs.

Prenez l'exemple d'Eddington. Difficile de le taxer d'opposant aux idées relativistes : il fut au contraire un des premiers à vouloir apporter la preuve que les rayons lumineux subissent l'emprise de la gravité. Quelques années plus tard, le même Eddington s'opposa néanmoins avec véhémence à Chandrasekhar quand ce dernier démontra en 1931 que la masse des naines blanches ne pouvait pas dépasser une fois et demie la masse du Soleil sous peine de connaître un brutal effondrement.

Est-ce parce que Eddington approchait la cinquantaine qu'il jugea absurdes les travaux d'un jeunot de vingt ans, indien de surcroît ? Eddington avait très bien compris qu'à partir du moment où l'on accepte les théories de Chandrasekhar, la formation d'un trou noir devient la conséquence inéluctable de l'évolution d'une étoile massive. Or Eddington ne voulait pas entendre parler des trous noirs. Il déclara même, en janvier 1935, qu'il devait certainement exister une loi de la nature pour empêcher une étoile de finir d'une manière aussi absurde !

Une telle proclamation, émanant d'un astronome parmi les plus célèbres de l'époque, qui de plus était un chaud partisan des théories relativistes, eut pour effet de stériliser pendant de longues années l'évolution des idées sur les trous noirs. Quant à Chandrasekhar, rejeté par l'establishment britannique, il accepta en 1937 une offre de l'Université de Chicago à laquelle il demeura attaché jusqu'à la fin de sa vie, en août 1995, et où il put mener une remarquable carrière scientifique [14], couronnée en 1983 par un prix Nobel qui lui fut quand même décerné bien tardivement. Faut-il voir dans ce retard une ultime perfidie posthume d'Eddington ?

Eddington ne fut d'ailleurs pas le seul à réfuter ces invraisemblables trous noirs. Même les pionniers directement impliqués dans le progrès des théories sur les étoiles effondrées refusèrent un jour ou l'autre de prendre pour argent comptant telle ou telle idée novatrice avancée ici ou là. Oppenheimer, par exemple, n'apprécia guère les spéculations sur les étoiles à neutrons exprimées par l'astronome suisse – d'origine bulgare – Fritz Zwicky. L'Américain John Wheeler, qui fut pourtant le premier à populariser le terme de trou noir, dut se faire violence pour accepter la façon dont Oppenheimer se représentait l'effondrement gravitationnel... Vraiment pas facile pour les esprits forts d'admettre sans discuter les effets les plus contraires au sens commun que distille la relativité générale !

Après bien des réticences, les milieux scientifiques finirent quand même par admettre qu'étoiles à neutrons et autres trous noirs n'étaient pas en contradiction avec les lois de la physique. Les sceptiques – de beaucoup les plus nombreux – persistaient néanmoins à mettre en doute l'existence réelle d'astres aussi déroutants. Quant aux rares enthousiastes qui s'entêtaient à voir en eux une réalité bien concrète, ils se demandaient comment s'y prendre pour en apporter enfin la preuve au moyen d'observations astronomiques. Pas si simple en effet de « voir » une étoile effondrée. Même les moins compactes, comme les naines blanches, se sont longtemps dérobées au regard des astronomes.

La première naine blanche jamais observée fut Sirius B. Comme son nom l'indique, il s'agit du compagnon de Sirius A, l'étoile la plus brillante du ciel. Découverte en 1862, Sirius B s'avéra d'un éclat ridiculement faible, dix mille fois moins que son compagnon, soit quatre cents fois moins que le Soleil ! En revanche, les observations ultérieures révélèrent que Sirius B est trois fois plus chaude que Sirius A. Pour briller si peu, malgré une température de surface aussi élevée, Sirius B doit être diablement petite : une stricte application de la loi de Stefan évo-

---

14. En 1983, l'année même où il reçut le prix Nobel, il publia *The Mathematical Theory of Black Holes*.

quée plus haut lui confère ainsi un rayon voisin de celui de la Terre ! Résultat plus surprenant encore : sa masse est comparable à celle du Soleil. Sa densité est donc considérable : dix mille tonnes par litre !

Avec Sirius B et les naines blanches, les astronomes découvraient enfin le monde fascinant des étoiles compactes. Mais jusqu'à la fin des années 1960, les naines blanches restèrent les uniques témoins de la famille des astres effondrés, alors que les calculs de Chandrasekhar et consorts laissaient prévoir un bestiaire bien plus fourni en spécimens encore plus insolites. Que les trous noirs échappent à toute détection directe, passe encore, c'est leur essence même. C'est en revanche plus difficile à admettre dans le cas des étoiles à neutrons : comment font-elles pour se soustraire au regard des astronomes ? Je suis prêt à parier qu'il s'agit là encore d'un mauvais coup de la loi de Stefan.

Prenez par exemple une étoile à neutrons dont la température de surface serait la même que celle du Soleil, environ six mille kelvins. Elle brillerait donc au beau milieu du visible. En revanche, avec son rayon d'une quinzaine de kilomètres, presque cinquante mille fois plus petit que le rayon solaire, elle serait deux milliards de fois moins brillante que le Soleil ! Cette étoile échapperait donc totalement aux télescopes les plus puissants dont disposent les astronomes, même si elle se trouvait à la distance des deux ou trois étoiles les plus proches du Soleil.

La loi de Stefan condamne donc une étoile à neutrons à rester dans l'ombre quand sa température de surface est de l'ordre de six mille kelvins. Qu'à cela ne tienne, puisque cette même loi lui permet de resplendir tant et plus à la seule condition d'accuser une température beaucoup plus élevée. À un million de kelvins, sa luminosité serait encore un peu inférieure à celle du Soleil, mais à vingt millions de kelvins, on friserait les cent mille soleils ! Petit détail : à cette température, l'étoile brillerait en plein dans le domaine X, et même un peu dans celui des gamma. Mais elle serait toujours hors de portée des télescopes classiques opérant dans le visible !

À n'en pas douter, c'est le moment de faire le bilan de toutes ces spéculations sur les étoiles X ou gamma et autres astres compacts que je vous assène depuis des dizaines de pages. Il tient en trois points :

Point numéro 1 : les astres qui peuvent briller dans les

domaines X et gamma par des processus de type thermique sont extrêmement compacts, afin que les forces de gravité équilibrent les forces radiatives.

Point numéro 2 : la physique nucléaire et la relativité générale prévoient l'existence d'astres ultracompacts : les étoiles à neutrons et les trous noirs.

Point numéro 3 : c'est dans les domaines X et gamma que les astronomes ont les meilleures chances d'observer les étoiles à neutrons et les trous noirs, ou à défaut les phénomènes qu'ils suscitent dans leur proche environnement.

À la fin des années 1960, de tels arguments auraient certainement incité les instances dirigeantes de l'Europe spatiale encore balbutiante à explorer cette bande spectrale mal définie que se disputent les X et les gamma. Par malheur pour les astronomes – comme vous allez bientôt le découvrir –, les pères fondateurs de l'astronomie gamma européenne crurent bon de mettre en avant d'autres motivations, tout à fait nobles au demeurant, mais qui les conduisirent à explorer plutôt la bande des rayons gamma de haute énergie, là où d'autres processus émissifs sont à l'œuvre.

Je n'étais, hélas, pas en mesure à l'époque de peser efficacement sur le cours des événements. Désireux quand même de suivre le mouvement, je me suis retrouvé à la fin de l'été 1975, à Darmstadt, en Allemagne, à trier des photons gamma cosmiques de haute énergie dans un sous-sol du bâtiment principal de l'Esoc [15]. Au bout du compte, je n'étais pourtant pas si éloigné que cela de mes rêves d'enfant. Je devais en effet reporter un par un sur une carte du ciel le point d'origine de ces photons gamma, détectés quelques heures auparavant à bord du satellite d'astronomie gamma – nom de code : *Cos B* – lancé quelques semaines auparavant par la toute nouvelle Esa [16]. Ce n'était pas encore la chasse aux trous noirs, mais c'était déjà diablement excitant !

---

15. Acronyme de *European Space Operation Center*.

16. Acronyme pour *European Space Agency*. Comme tout organisme européen, l'Esa reconnaît le français comme langue officielle. C'est toutefois l'acronyme issu de l'anglais qui s'est imposé peu à peu parmi tous les clients de l'agence spatiale européenne, y compris les Français et les francophones.

CHAPITRE IV

Un, deux, trois, pulsar !

Ces particules qui tombent du ciel

À vrai dire, *Cos B* n'emportait pas un authentique télescope gamma. Son dispositif de détection avait plutôt l'allure d'une véritable expérience de physique des particules en miniature. Comme vous le savez déjà, le domaine gamma est si loin du visible que les premiers à s'y aventurer n'étaient pas des astronomes. C'étaient plutôt des physiciens qui cherchaient au ciel le seul laboratoire capable d'accélérer des particules comme aucune installation terrestre ne pouvait – et ne peut toujours pas – le faire.

Comme disait le bon La Fontaine : « Aide-toi, le ciel t'aidera. » C'est d'ailleurs assez courant de voir le ciel donner de temps en temps un petit coup de pouce aux ingénieurs terrestres. Les premiers sidérurgistes ne prirent-ils pas goût à travailler le métal grâce à ces météorites en fer quasi pur que les dieux leur lançaient depuis leurs demeures sidérales ? Il en fut de même pour les physiciens nucléaires dans la première moitié du XXe siècle, quand ils se rendirent compte à quel point la Terre était bombardée par une pluie de particules accélérées : les *rayons cosmiques*.

Tout commença le 7 août 1912, lors de ce qui fut sans doute la première expérience de physique spatiale, où l'on retrouvait les fameux électroscopes à feuilles d'or du cher abbé Nollet. Victor Hess [1], un physicien autrichien, se demandait pourquoi ses électroscopes se déchargeaient spontanément, même quand on les rangeait soigneusement dans une armoire bien close pour éviter l'action de la lumière. Impossible d'évoquer l'effet photo-électrique comme l'avait fait Hertz plus de vingt ans auparavant. Hess pensait plutôt qu'il devait émaner du sol je ne sais quelle sorte de rayonnement pénétrant, peut-être de même nature que celui découvert par les Français lors de leurs fameuses expériences avec les sels d'uranium.

Une petite ascension en ballon permettrait de confirmer sans peine l'origine de ces rayonnements : en s'éloignant du sol, ces rayons telluriques – d'origine terrestre – devraient à coup sûr perdre de leur mordant. Aussitôt dit, aussitôt fait. Le 7 août 1912, Hess s'embarquait donc avec tous ses appareils à bord d'une nacelle portée par un solide ballon. Parvenu à une altitude d'environ cinq mille mètres, il constata, à sa grande surprise, que les électroscopes se déchargeaient plus rapidement qu'au sol ! Seule explication possible : c'est du ciel que provient ce mystérieux rayonnement. Cela dit, son hypothèse d'un rayonnement tellurique n'était pas si stupide. Ce rayonnement existe bel et bien, il s'agit de rayons gamma émis par les éléments radioactifs naturels répandus dans la croûte terrestre, au premier rang desquels figure un isotope du potassium : le potassium 40.

Devenus très à la mode après le premier conflit mondial, les rayons cosmiques retinrent alors l'attention des meilleurs physiciens de la planète. Il leur faudra quand même une bonne vingtaine d'années pour en cerner la véritable nature. Il s'agit donc de particules – des protons pour l'essentiel, mais aussi des noyaux atomiques plus complexes ainsi que des électrons – accélérées à des vitesses proches de celle de la lumière. Ces particules relativistes évoluent habituellement dans les espaces interstellaires. Quand l'une d'entre elles pénètre les très hautes couches de l'atmosphère terrestre, elle ne tarde pas à cogner le noyau d'un des atomes qui s'y pressent déjà en très grand nombre.

Il s'ensuit une cascade de particules secondaires, qui se multiplient par chocs successifs à mesure que s'accroît la densité

---

1. Prix Nobel de physique 1936.

des couches atmosphériques. Ces particules secondaires forment alors une gerbe de particules très bien fournie à haute altitude, mais qui s'amenuise progressivement à l'approche du sol. C'est bien pourquoi Hess vit ses électroscopes se décharger plus rapidement à bord de sa nacelle que dans son laboratoire. En effet, à haute altitude, ses appareils étaient soumis à un flux accru de particules *ionisantes*, aptes à arracher aux plateaux de ses électroscopes les charges électriques négatives qui maintenaient la rigidité des feuilles d'or.

Pendant les années 1930, les rayons cosmiques passèrent peu à peu du rang de curiosité scientifique à celui d'outil indispensable au développement de la physique nucléaire. Dans leur fructueux va-et-vient entre théorie et expérimentation, les physiciens en étaient arrivés au point où il leur fallut briser les noyaux atomiques avec des projectiles autrement plus énergétiques que les quelques particules émises spontanément par les substances radioactives. Il y avait une solution : construire des machines susceptibles d'accélérer les particules, comme le cyclotron conçu en 1929 et réalisé trois ans plus tard par l'Américain Ernest Lawrence [2]. Mais jusqu'au début des années 1950, ces accélérateurs ne furent pas en mesure de fournir aux particules les énergies propres à satisfaire les exigences des physiciens.

Les physiciens nucléaires – imités en cela par les astronomes X et gamma – utilisent une unité de mesure qui leur est propre pour déterminer l'énergie de leurs particules ou de leurs photons : l'*électronvolt*. Il s'agit de l'énergie acquise par un électron placé entre deux plaques métalliques disposées parallèlement l'une à l'autre, les deux plaques étant connectées à un générateur électrique sous une tension valant précisément un volt. En fait, les physiciens nucléaires utilisent plutôt les multiples de l'électronvolt, à savoir le *kiloélectronvolt* : mille électronvolts, le *mégaélectronvolt* : un million d'électronvolts, le *gigaélectronvolt* : un milliard d'électronvolts.

En ce temps-là, les premiers accélérateurs parvenaient tout juste à communiquer aux particules des énergies de quelques mégaélectronvolts. De nombreux physiciens nucléaires se tournèrent alors vers les rayons cosmiques. Pas de problème d'énergie : celle des particules cosmiques dépasse allégrement les mille

---

2. Prix Nobel de physique 1939.

gigaélectronvolts, un seuil tout juste à la portée des plus grandes installations actuellement en service. Les rayons cosmiques les plus énergétiques emmagasinent ainsi plus de mille milliards de gigaélectronvolts, soit l'énergie qu'acquiert une boule de métal d'un kilo tombant d'une hauteur de vingt mètres ! Les rayons cosmiques sont assurément d'un emploi beaucoup plus délicat que les particules accélérées au sol puisque les expériences les concernant doivent être mises en œuvre à très haute altitude. Mais à la fin des années 1930, il n'y avait pas d'autre choix possible.

Les rayons cosmiques furent pendant deux décennies les grands pourvoyeurs de résultats expérimentaux en physique nucléaire. En 1932, l'Américain Carl Anderson [3] découvrait le positon – l'antiparticule de l'électron. En 1938, le même Anderson détectait le muon, une particule à courte durée de vie de masse intermédiaire entre celle de l'électron et du proton, tandis qu'en 1947 Cecil Powell [4] et ses collaborateurs isolaient les pions chargés, un autre type de particule à courte durée de vie, également de masse intermédiaire entre celle de l'électron et du proton...

Puis vint l'époque où les physiciens délaissèrent les rayons cosmiques pour les particules certes moins énergétiques, mais bien plus maniables, fournies par les accélérateurs géants qui entraient peu à peu en service en Europe, aux États-Unis et en Union soviétique. C'est curieusement à la même époque qu'astronomes et astrophysiciens commencèrent enfin à se préoccuper des sites célestes où ces particules cosmiques pouvaient acquérir leur fabuleuse énergie.

Ne voyez chez les astronomes aucune mauvaise volonté, ni je ne sais quelle jalousie envers ces physiciens nucléaires venus piétiner leurs plates-bandes célestes. Ce genre d'attitude mesquine n'est pas totalement impensable dans les milieux scientifiques, mais il faut chercher ailleurs ce manque d'entrain à vouloir remonter aux sources du rayonnement cosmique. La vérité est toute bête : ce sont des particules dotées d'une charge électrique, donc incapables de se propager en ligne droite dans les

---

3. Prix Nobel de physique 1936.
4. Prix Nobel de physique 1950.

espaces interstellaires. Il n'est pas possible de savoir ni d'où elles viennent ni où elles vont.

Billards interstellaires

Inutile ici d'invoquer les courbures de l'espace-temps. Lors de sa fameuse expérience d'avril 1820, le Danois Hans Ørsted avait déjà observé que l'aiguille aimantée d'une boussole est déviée par le passage du courant dans un fil électrique situé à proximité. À sa suite, toute une cohorte de savants déchiffrèrent une par une les lois qui régissent les rapports entre électricité et magnétisme, tant et si bien qu'en 1864 Maxwell les mettait une bonne fois pour toutes en équations. En tant que particules chargées électriquement, les rayons cosmiques n'échappent pas aux lois de l'électromagnétisme. Il leur suffit de se propager auprès d'un corps aimanté pour que leurs trajectoires s'incurvent.

C'est d'ailleurs pour cette simple raison qu'Henri Becquerel et Consorts parvinrent à séparer les trois composantes des fameux rayons uraniques en disposant un aimant sur leur trajet. Prenez les rayons alpha. Il s'agit en fait de noyaux d'hélium, incorporant deux protons plus deux neutrons. Ils emportent donc deux charges électriques élémentaires positives. Se propageant entre les extrémités d'un barreau aimanté recourbé en forme de U – pôle nord en bas, pôle sud en haut –, les alpha sont contraints par les lois de l'électromagnétisme à se déporter vers la gauche. Comme je vous l'ai déjà signalé, les rayons bêta sont des électrons, porteurs chacun d'une charge électrique élémentaire négative. Ils sont donc déviés vers la droite. Quant aux rayons gamma, ce ne sont que des photons sans charge électrique. Insensibles au magnétisme de l'aimant, ils n'ont pas d'autre choix que de se propager en ligne droite.

C'est à peu près pareil dans le ciel. Les espaces cosmiques sont remplis de corps plus ou moins magnétisés. Il y a les planètes, à commencer par la nôtre, la Terre. Son magnétisme dévie l'aiguille d'une boussole, ce qui est bien pratique pour la navigation. Mais il dévie aussi la trajectoire des rayons cosmiques. Ce faisant, il agit comme un bouclier rejetant au loin les moins énergiques d'entre eux. Il contribue ainsi à atténuer sensiblement le taux de radioactivité naturelle à la surface du globe. Il y a aussi les étoiles, le Soleil en particulier. Les Terriens lui sont également redevables d'un efficace bouclier magnétique qui repousse une bonne partie du rayonnement cosmique au-delà des orbites des planètes les plus lointaines.

Pour efficaces qu'elles soient, les étoiles et leurs planètes ne remplissent pas assez les espaces célestes pour agir d'une manière perceptible sur la propagation des rayons cosmiques. Les principaux responsables de leurs trajectoires sinueuses sont ces immenses nébulosités de gaz interstellaire ultradilué, assez nombreuses pour occuper une fraction notable des espaces intersidéraux. Grâce aux champs magnétiques qui leur collent à la peau, ces véritables nuages interstellaires bousculent les particules électrisées avec l'ardeur d'un plot de billard électrique chahutant une malheureuse boule de flipper.

Attention, ne vous méprenez pas ! Les nuages interstellaires n'ont pas grand-chose à voir avec les strato-cumulus et autres cumulo-nimbus qui flottent dans l'atmosphère. Nuages débonnaires des peintres du dimanche ou nuages de malheur des poètes réalistes, nos nuages terrestres ne sont que des gouttelettes d'eau en suspension dans l'air :

Tout simplement des nuages qui crèvent comme des chiens,
Des chiens qui disparaissent, au fil de l'eau sur Brest,
Et vont mourir au loin, au loin très loin de Brest,
Dont il ne reste rien [5].

Sachez que les nuages interstellaires ne flottent sur rien. Ils se contentent de rester prisonniers de la gravité exercée par les centaines de milliards d'étoiles qui constituent la Galaxie. Vue par la tranche, cette vaste agglomération lenticulaire, dont le Soleil n'est qu'un modeste individu perdu dans ses faubourgs, apparaît à tout un chacun comme une bande laiteuse barrant la voûte céleste. Il s'agit bien sûr de la Voie lactée. La contempler à l'œil nu, loin de toute lumière artificielle, quand l'air est pur et la nuit sans Lune est un spectacle vraiment fascinant. Armé d'une simple paire de jumelles, vous constatez sans peine,

---

5. Vous avez reconnu les dernières strophes de *Barbara*, le poème de Jacques Prévert qui fut chanté entre autres par Yves Montand.

comme Galilée en 1610, que la Voie lactée se résout en myriades d'étoiles.

Les nuages interstellaires sont surtout composés d'atomes d'hydrogène, souvent groupés deux par deux pour former des molécules du même nom. Les plus compacts se condensent parfois en grumeaux plus petits qui ne demandent qu'à s'effondrer sur eux-mêmes pour devenir de nouvelles étoiles, comme le fit notre Soleil il y a quelque cinq milliards d'années. Seul point commun entre nuages atmosphériques et nuages interstellaires : tous deux parviennent à soustraire les étoiles au regard des astronomes. Les uns, car ils incorporent ces myriades de gouttelettes qui diffusent la lumière des étoiles. Les autres, car ils sont parsemés de petits grains de poussières qui constituent un rideau très ténu, mais assez opaque pour masquer les rayonnements visibles.

Et pourtant, les nuages interstellaires sont extraordinairement dilués : les plus denses comptent à peine cent mille particules par centimètre cube, alors que le même volume d'air à la surface du globe en renferme plus de vingt-cinq milliards de milliards ! Ils forment en revanche des structures gigantesques : leur étendue se mesure en dizaines d'années de lumière et ils occupent une fraction non négligeable du milieu interstellaire. Leur magnétisme se répand dans toute la Galaxie pour y enchevêtrer à l'extrême les trajectoires des rayons cosmiques. Pour en savoir plus sur ces particules au parcours si déroutant, il faudrait pouvoir les suivre à la trace !

La nature, pour une fois, ne s'est pas montrée trop cruelle. Véritables petits poucets des espaces interstellaires, les rayons cosmiques sèment derrière eux une traînée de signes tout à fait déchiffrables. Prenez, par exemple, les électrons. Ils ne représentent certes qu'une bien faible fraction du rayonnement cosmique : à peine un pour cent. Mais chaque fois que le magnétisme de la Galaxie incurve leurs trajectoires, ils émettent une petite pincée de lumière de nature *synchrotron*. Les physiciens ont pris l'habitude de désigner ainsi la lumière que rayonne un électron animé d'un mouvement giratoire car elle fut observée pour la première fois dans des accélérateurs de particules de type synchrotron.

Dans de telles installations, les particules sont accélérées progressivement, tandis qu'une batterie d'électroaimants les confine sur la même trajectoire circulaire. En 1947, des chercheurs de la compagnie General Electric observèrent que ces électrons, une fois accélérés à des vitesses relativistes, émettaient un cône de lumière chaque fois que leur trajectoire était courbée par un aimant. Un tel phénomène n'est d'ailleurs pas sans évoquer les phares d'une voiture en plein virage.

Les champs magnétiques intenses des puissants électro-aimants terrestres imposent aux particules des trajectoires extrêmement courbées. Les électrons y émettent alors une lumière synchrotron qui tombe dans le domaine des rayons X. Dans le milieu interstellaire, où les champs magnétiques sont des milliards de fois moins intenses, les électrons relativistes rayonnent plutôt dans le domaine radio. Au début des années 1950, quand fleurirent les premiers radiotélescopes, les astronomes captèrent sans grande difficulté cette lumière synchrotron que produisent les électrons du rayonnement cosmique.

La voûte céleste fut entièrement mise en carte dans les bandes décimétriques du domaine radio. Comme on peut s'y attendre, le rayonnement synchrotron trace dans le ciel une structure diffuse qui suit *grosso modo* les contours de la Voie lactée. Pas de doute, les électrons cosmiques emplissent tout le disque de la Galaxie. Il semble même y en avoir plus dans les régions centrales qu'à la périphérie, comme si les sources y étaient plus abondantes.

Suivre ainsi la piste des électrons cosmiques, c'est bien, mais il ne faut pas oublier qu'ils ne représentent qu'une très faible fraction du rayonnement cosmique. Il serait plus judicieux de pister directement les protons et noyaux qui en constituent l'essentiel. Là, plus question de domaine radio. C'est au contraire dans le domaine gamma que les astronomes furent invités à repérer le sillage des protons et noyaux du rayonnement cosmique. Là encore, ce sont les nuages interstellaires qui jouent les révélateurs, non par leur magnétisme, mais en tant qu'obstacles présents sur la trajectoire des rayons cosmiques.

Malgré leur extrême dilution, les nuages interstellaires sont en effet tellement vastes que les protons et noyaux cosmiques qui s'y aventurent risquent à tout instant de percuter un des atomes. Toute une kyrielle de particules surgit alors d'une telle collision. Certaines d'entre elles, comme les pions neutres, se désintègrent promptement en deux photons gamma de haute énergie – soixante-dix mégaélectronvolts en moyenne. Il suffit donc de repérer les sites d'émission de ces photons gamma de bonne facture pour savoir où se propagent les protons et noyaux du rayonnement cosmique. Avec un peu de chance, ne pourrait-on pas ainsi remonter le courant du rayonnement cosmique jusqu'à ses sources ?

L'Europe aux sources des rayons cosmiques

On en était là au milieu des années 1960. L'Europe de l'espace qui commençait à prendre forme offrait l'opportunité aux laboratoires européens de se lancer eux aussi dans l'aventure spatiale. Les charges utiles des premiers satellites étaient fort réduites : pas question, dans ces conditions, d'embarquer des télescopes aussi volumineux que ceux qui opèrent de nos jours dans l'espace ! Les Européens étaient malgré tout fermement déterminés à entamer les premières explorations du ciel gamma, en privilégiant la bande spectrale où se manifestent les interactions des rayons cosmiques avec la matière interstellaire. Une flopée de petites expériences virent ainsi le jour, toutes malheureusement trop petites pour obtenir des résultats décisifs.

En 1969, changement capital. Sous l'impulsion de Giuseppe Ochialini, l'Organisation européenne de recherches spatiales – devenue Esa cinq ans plus tard – approuvait la réalisation d'un satellite entièrement destiné à l'astronomie des rayons gamma de haute énergie. Son objectif principal : traquer les protons du rayonnement cosmique, d'où son nom, *Cos B* [6]. Ainsi consacré sans réserve aux rayons cosmiques, *Cos B* profitait du crédit de Beppo Ochialini, un des grands noms du mariage entre physique nucléaire et rayonnement cosmique.

Ce grand physicien italien, disparu en décembre 1993, fut le très proche collaborateur de deux futurs prix Nobel. Au cours des années 1930, il travailla en effet avec Patrick Blackett [7], avant de rejoindre Cecil Powell après la Seconde Guerre mondiale. C'est d'ailleurs avec ce dernier qu'Ochialini découvrit les pions chargés, et, si le Nobel lui échappa, ce fut sans doute en

---

6. Ce fut en effet le projet « B » qui fut retenu parmi les deux alors en concurrence.

7. Prix Nobel de physique 1948.

raison de sympathies politiques trop ouvertement proclamées. Il ne faisait pas bon s'afficher trop à gauche au plus fort de la guerre froide et du maccarthysme triomphant !

Pas moins de cinq instituts européens s'étaient associés pour fournir les cent kilos d'appareillage scientifique embarqués à bord de *Cos B*. Cette coopération internationale – la collaboration « Caravane » – comprenait bien sûr l'Institut de physique cosmique de Milan, avec à sa tête Ochialini en personne. Mais il y avait aussi l'Université de Leyde, aux Pays-Bas, et son laboratoire d'astrophysique dirigé à l'époque par Henrik van de Hulst, un des pionniers de la radioastronomie : n'avait-il pas prédit aux heures les plus sombres du dernier conflit mondial que les atomes d'hydrogène confinés dans les nuages interstellaires devaient émettre un rayonnement radio à vingt et un centimètres de longueur d'onde ?

« Caravane » rassemblait aussi l'Institut Max Planck de physique extraterrestre à Garching, dans la banlieue de Munich, l'Université de Southampton et le Service d'électronique physique – le futur Service d'astrophysique – du CEA à Saclay. Je venais juste d'y être embauché quand *Cos B* sortait des limbes. Les physiciens plus chevronnés du Service étaient alors accaparés par des programmes de recherche qui leur semblaient plus fructueux qu'un hypothétique projet spatial. Je fus donc désigné pour représenter mon laboratoire au sein du groupe de travail qui se constituait pour réaliser l'appareillage scientifique du satellite européen.

C'était une équipe bien disparate, rassemblant des jeunes diplômés issus des quatre coins de l'Europe, chacun s'ingéniant à privilégier le mode de pensée propre à ses racines. Ce cocktail aurait pu être explosif, ce fut au contraire un de ces creusets miraculeux où une bande de jeunes physiciens croyait fermement bâtir l'Europe, tout en échafaudant la première expérience européenne d'astronomie gamma.

Et puis quel parrainage ! Ochialini, van de Hulst, un seigneur de la physique, un pape de la radioastronomie ! Un quart de siècle plus tard, je mesure pleinement le privilège d'avoir pu compter sur de tels mentors. Avec l'insolence et l'inconscience propres à la jeunesse, j'étais assez fou pour ne pas m'en émouvoir. Faut-il regretter maintenant de n'avoir pas été plus à l'écoute de ces authentiques savants ? Peut-être, mais qu'y faire ?

Pardonnez-moi, c'était la minute d'émotion... La suite des opérations fut menée très rondement. On ne traînait pas alors pour conduire à son terme un projet satellite. Il y eut pourtant la somme de coups durs qui sont le pain quotidien des entreprises spatiales. C'est ainsi qu'au bout de quelques mois, l'Angleterre refusa de financer sa part, peu désireuse de s'investir dans un programme au parfum trop continental à son goût. Entre l'Europe et le grand large, l'Angleterre choisira toujours le grand large...

Bonne fille, l'Europe spatiale reprit à sa charge la contribution anglaise, et se paya même le luxe d'embaucher le physicien anglais qui participait aux travaux de notre petit groupe dans un laboratoire de son centre technique de Noordwijk, en Hollande. À la même époque, la France ruait aussi dans les brancards, fustigeant l'Europe spatiale naissante de n'avoir en chantier que des projets scientifiques comme *Cos B*. Les autorités françaises voulaient en effet que l'Europe s'engage avec plus d'ardeur dans des programmes plus commerciaux, comme les télécommunications ou la météorologie, dont les États-Unis avaient alors le monopole.

Insensible aux coups de tabac qui secouaient les sphères dirigeantes, l'équipe *Cos B* poursuivait le développement et la mise au point de cet étrange dispositif expérimental, que même les plus enthousiastes d'entre nous n'osaient qualifier de télescope. Il est vrai qu'une fois terminé notre *Cos B* ressemblait plus à une grosse boîte de conserve qu'à un observatoire astronomique. Qu'importe ! Il était capable de détecter les photons gamma de haute énergie, et même d'en déterminer grossièrement la direction d'origine. Pour mieux s'en convaincre, nous l'avions exposé des mois durant à des faisceaux de rayons gamma que nous fabriquaient les électrons relativistes accélérés au Desy [8], non loin de l'estuaire de l'Elbe, dans un quartier chic à la périphérie de Hambourg.

Avec ses objectifs purement scientifiques, *Cos B* ne menaçait en rien les intérêts commerciaux des États-Unis dans l'espace. Ce fut donc une Thor-Delta américaine qui le propulsa le 8 août 1975 sur une orbite très excentrique dont l'apogée se situait à

---

8. Contraction de *Deutsches Elektronen Synchrotron*, littéralement : « synchrotron allemand à électrons ».

environ cent mille kilomètres de la Terre. La semaine suivante, toute l'équipe *Cos B* se retrouvait à Darmstadt pour mettre l'instrument en marche et en vérifier le bon fonctionnement. J'eus alors le privilège insigne de présenter *Cos B* aux participants de la conférence internationale sur les rayons cosmiques qui se tenait ce mois d'août 1975 à Munich. Puis ce fut à nouveau Darmstadt et les points d'origine des photons gamma reportés un par un sur une feuille de papier millimétré...

Jocelyn Bell et les petits hommes verts

Comme Sigma près de quinze ans plus tard, *Cos B* commença sa tournée des champs célestes par un premier pointage en direction de la nébuleuse du Crabe. Ce débris d'une supernova ayant explosé quelque part dans la constellation du Taureau tenait la vedette au début des années 1970. Les radioastronomes ne venaient-ils pas d'y découvrir un des premiers *pulsars* ? Et si vous êtes comme moi friand de ces petits potins qui égayent la trop sérieuse histoire des sciences, vous apprécierez sans doute de quelle manière les astronomes dénichèrent ces fameux pulsars.

Une fois encore, la force du destin se trouva à l'origine d'une découverte scientifique majeure. Comme bien d'autres, les pulsars furent en effet découverts par hasard, avec un appareillage mis au point pour ausculter un tout autre phénomène, et avec Miss Jocelyn Bell comme instrument de la providence. Cette jeune étudiante anglaise était alors chargée de dépouiller les enregistrements d'une expérience portant sur la scintillation interplanétaire des ondes radio. De quoi s'agit-il ? Un de ces soirs, quand le ciel sera bien dégagé, fixez avec attention une belle étoile, bien brillante. Vous constaterez sans peine que son éclat est affecté de rapides variations. Vous aurez vraiment l'illusion que cette étoile scintille tout là-haut dans le ciel.

Que je vous rassure à l'avance : vous ne serez pas le jouet de votre imagination. C'est un phénomène réel, dû aux défauts d'homogénéité de l'atmosphère terrestre. Évadez-vous dans l'espace, et vous ne verrez plus les étoiles scintiller. Alors tant pis pour vous si vous avez l'âme d'un poète : rien n'est plus terne et glacé qu'une étoile à l'éclat figé ! Mais tant mieux si vous êtes astronome : vous vous affranchirez enfin de cette atmosphère ondoyante qui réduit l'acuité des plus grands télescopes terrestres à celle des modestes appareils d'amateur. Voyez d'ailleurs quelles formidables images produit le télescope spatial *Hubble* une fois guéri de sa myopie !

Les radioastronomes sont en butte à un phénomène comparable, sauf que le milieu perturbateur n'est pas confiné à l'atmosphère terrestre mais répandu dans tout l'espace interplanétaire. La propagation des ondes radio y est en effet troublée par les défauts d'homogénéité du *vent solaire*, ce plasma bouillonnant que le Soleil disperse alentour. Soufflant au niveau de l'orbite terrestre à environ quatre cents kilomètres par seconde, ce vent ténu se rue au-delà des planètes les plus lointaines pour y affronter le milieu interstellaire. Le magnétisme qu'il entraîne avec lui renforce ce bouclier qui détourne les rayons cosmiques de basse énergie, assurément les plus ionisants.

Si les radioastronomes des années 1960 s'intéressaient tant à la scintillation interplanétaire, ce n'était pas pour étudier le vent solaire, mais pour mieux estimer la structure des radiosources cosmiques. Seules en effet les radiosources vraiment « ponctuelles » sont sujettes à un tel phénomène. C'est d'ailleurs la même chose pour la scintillation atmosphérique : les étoiles scintillent, pas la Lune...

Ne disposant pas à l'époque d'appareils assez performants pour mesurer la taille angulaire des radiosources, les radioastronomes souhaitaient quand même identifier par leur scintillation celles dont la taille apparente est la plus petite. Voilà pourquoi une équipe du Mullard Radioastronomy Laboratory à Cambridge construisit un réseau de récepteurs dans le seul but de découvrir les éventuelles scintillations qui devaient affecter les plus ponctuelles des radiosources célestes.

Le but du jeu était d'enregistrer sur papier millimétré l'intensité des radiosources pour mieux repérer les rapides fluctuations dues à la scintillation interplanétaire. Voilà donc Miss Bell scrutant centimètre par centimètre les lignes tracées sur ces interminables bandes de papier qui sortaient de ses enregistreurs. Un beau jour, la jeune femme tomba sur de bien curieux trains d'impulsions. Les enregistrements présentaient en effet une succession de brefs soubresauts, d'environ cinq centièmes de seconde chacun. Rien à voir avec les fluctuations plus ou moins erratiques dues à la scintillation interplanétaire : ces sursauts s'enchaînaient avec une extraordinaire régularité, revenant très précisément tous les mille trois cent trente-sept millièmes de seconde !

Aussitôt prévenu, Anthony Hewish, le directeur de thèse de Miss Bell, prit l'affaire au sérieux. Tout se passait comme si une horloge d'une très grande précision rythmait l'émission des ondes radioélectriques reçues par le réseau de récepteurs du Mullard Radioastronomy Laboratory. Éliminant l'une après l'autre toutes les sources possibles et imaginables d'émissions radio périodiques produites par l'activité humaine, Hewish et ses collaborateurs furent bien obligés de conclure à l'origine cosmique de ces signaux. D'où provenaient-ils donc ? En raison de leur extrême régularité, certains n'hésitèrent pas à y voir la marque de je ne sais quelle civilisation extraterrestre, comme si la nature n'était pas capable de produire de tels prodiges !

Quand ils rédigèrent le premier article relatant leur découverte, Hewish et les autres ne firent aucune allusion aux petits hommes verts censés émettre un rayonnement aussi régulier. Au contraire, ils suggérèrent d'emblée que les signaux repérés fortuitement par Jocelyn Bell provenaient sans doute d'étoiles condensées, naines blanches ou étoiles à neutrons. Hypothèse correcte au demeurant, même s'il fut rapidement établi que la périodicité des signaux tient à la rotation de l'étoile, et non à des pulsations comme le suggéraient les radioastronomes de Cambridge. Cette première interprétation n'en fut pas moins à l'origine de ce nom de *pulsar* – de l'anglais « pulsating star » : étoile « pulsante » – attaché pour toujours à ces astres.

Cette méprise n'empêcha pas Hewish de recevoir le prix Nobel de physique en 1974. Miss Bell ne fut pas jugée digne de partager ce prix, qui alla également à sir Martin Ryle, un autre pilier du Mullard Radioastronomy Laboratory, pionnier de l'interférométrie radio. Cette injustice fut sévèrement blâmée par sir Fred Hoyle, qui paya par la suite son soutien à Miss Bell en étant à son tour mis à l'écart d'un Nobel que ses travaux scientifiques justifiaient amplement.

Y a-t-il un pulsar dans la supernova ?

Plus qu'une curiosité de la nature, les pulsars constituent la première preuve tangible de l'existence des étoiles à neutrons. En effet, seule la rotation d'une étoile peut apporter une explication plausible à la remarquable régularité de l'émission périodique des pulsars, et seules les étoiles à neutrons ont une taille suffisamment petite pour tourner aussi vite sans se disloquer. Comment une étoile, même hypercompacte, peut-elle en arriver à tourner si vite ? Notre Soleil tourne sur lui-même en une vingtaine de jours environ. Alors comment faire pour accélérer la cadence, au point que la vitesse angulaire d'une étoile atteigne un tour par seconde, et même beaucoup plus comme dans le cas des pulsars les plus rapides ?

C'est tout à fait naturel, en raison de ce que les physiciens dénomment la *conservation du moment angulaire*, un principe de physique assez simple, du moins quand il s'agit de l'illustrer. Prenez un champion de patinage artistique. En général, il termine sa prestation en tournant sur lui-même à toute vitesse. C'est très spectaculaire. Comment fait-il ? Observez-le bien au moment où il entame cette ultime figure. Il commence par tournoyer lentement sur lui-même, bras et jambes écartés, puis il regroupe progressivement tous ses membres, et c'est alors qu'il se met à tourner de plus en plus vite.

Sans le savoir, ou peut-être en le sachant parfaitement, car les sportifs ne sont pas nécessairement ignares, le patineur vient de mettre en pratique cette fameuse conservation du moment angulaire. Il en va de même pour les étoiles. Vous avez suivi avec moi les phases qui conduisent une étoile à se ramasser sur elle-même, comme ce patineur qui rassemble ses membres avant son ultime pirouette. Même si elle tourne très lentement sur elle-même avant son effondrement final, une étoile est destinée à former un astre plus compact, donc animé d'une vitesse angulaire beaucoup plus grande.

Plus précisément, les bons manuels de physique vous enseignent que le moment angulaire d'une étoile est proportionnel à sa masse, à sa vitesse angulaire et au carré de son rayon. À masse égale, la conservation du moment angulaire induit une augmentation de la vitesse angulaire de l'étoile proportionnelle au carré de la diminution de son rayon. Si son rayon devient dix fois plus petit, l'étoile doit tourner cent fois plus vite pour respecter les lois de la physique.

Revenez au cas du Soleil. Son rayon est d'environ sept cent mille kilomètres, et il effectue un tour sur lui-même en un peu plus de vingt-cinq jours. Imaginez maintenant qu'il se rapetisse jusqu'à atteindre les dimensions d'une étoile à neutrons, dont le rayon – environ quinze kilomètres – est presque cinquante mille fois plus petit. Pour conserver son moment angulaire, le Soleil devrait alors tourner sur lui-même plus de deux milliards de fois plus vite : mille tours par seconde ! Dans les faits, la formation d'une étoile à neutrons est un phénomène beaucoup plus complexe qu'un simple effondrement. Mais l'idée est là. Une étoile à neutrons doit nécessairement tourner sur elle-même beaucoup plus rapidement qu'une étoile dans la force de l'âge.

Avec la découverte des pulsars, voilà donc les étoiles à neutrons admises au ciel des astronomes, trente ans après avoir été façonnées par les calculs des astrophysiciens. Il est quand même surprenant qu'une prédiction aussi extraordinaire soit à ce point confirmée par des faits d'observation aussi irréfutables. En général, les astrophysiciens rament comme des damnés pour apporter des explications plus ou moins convaincantes aux observations des astronomes. Là, c'est tout le contraire. Dès la découverte des premiers pulsars, sur lesquels ils étaient d'ailleurs tombés par hasard, les astronomes trouvèrent « en magasin » une interprétation complète de ce phénomène. Triomphe incontestable de la théorie !

Puisque les théoriciens semblent avoir tout compris, supernovas et pulsars doivent faire bon ménage. Ne proclament-ils pas que l'explosion d'une étoile implique l'effondrement brutal de son cœur et l'expulsion violente de son enveloppe ? L'un peut être le prélude à la formation d'une étoile à neutrons ; l'autre disperse dans le milieu interstellaire les matériaux indispensables à la constitution de ce qu'il est convenu d'appeler un vestige de supernova. Mais en dépit de ce que prévoit cette double filiation, la recherche de pulsars dans les vestiges de supernova s'est avérée souvent décevante.

Depuis 1967 en effet, les radioastronomes collectionnent les pulsars. Ils en ont déjà repéré plusieurs centaines. Les vestiges de supernova se comptent également par centaines. Et pourtant, seuls quelques pulsars coïncident à coup sûr avec un vestige répertorié ! Faut-il donc remettre en cause ce lien génétique entre pulsars et supernovas ? Non, je ne le pense pas. La théorie est trop belle. Alors quoi ? On peut d'abord se demander si toutes les déflagrations d'étoiles produisent bien un résidu compact. Certaines explosions ne pourraient-elles pas tout bonnement disperser l'étoile dans sa totalité ?

Même si l'événement forme un résidu compact, il n'évolue pas nécessairement vers une étoile à neutrons. N'ayez crainte, je n'ai pas oublié que certains effondrements d'étoiles forment des trous noirs. Heureusement, sinon j'aurais été bien mal avisé de consacrer vingt-cinq ans de ma vie à leur recherche. Toutes les étoiles à neutrons ne passent pas forcément par le stade pulsar. Et puis tous les pulsars n'émettent pas forcément dans le domaine des ondes radio. Comme vous le verrez bientôt, j'en connais un qui s'est réfugié dans le domaine gamma ; pendant près de vingt ans, il refusa d'ailleurs obstinément de faire connaître sa véritable identité.

Un autre phénomène tend à disjoindre le lien génétique unissant une étoile à neutrons et le vestige de la supernova qui l'a vue naître. L'effondrement qui préside à la formation d'une étoile à neutrons est un événement d'une brutalité inouïe : la moindre dissymétrie a pour effet de communiquer à l'astre effondré une formidable impulsion qui l'éjecte à grande vitesse – plusieurs centaines de kilomètres par seconde – de son site de naissance. Dans certains cas, le pulsar s'éloigne si rapidement qu'à la longue il devient délicat de vouloir l'associer à un reste de supernova catalogué.

Enfin, si un pulsar s'use en quelques millions d'années, le vestige de la supernova qui lui est associé disparaît encore plus vite. Résidus filandreux ou coquilles quasi sphériques, les vestiges de supernovas sont en effet d'autant plus difficiles à repérer que l'événement est ancien, surtout quand l'explosion s'est produite dans un milieu interstellaire déjà perturbé par des déflagrations antérieures. En quelques centaines de milliers d'années, la plupart d'entre eux se sont dissous dans l'espace environnant. Actifs beaucoup plus longtemps, les pulsars restent donc souvent seuls à porter témoignage de la formidable explosion qui les a vus naître.

Le pulsar était presque parfait

En fin de compte, vous comprenez bien que tout concourt à brouiller les pistes. Et de fait, les rares associations dûment confirmées sont des couples d'individus encore très jeunes, avec au premier rang la fameuse nébuleuse du Crabe et son non moins fameux pulsar. Voilà vraiment un cas d'école : un pulsar tout frétillant au cœur même d'un reste de supernova. Avec en prime leur acte de naissance commun, consigné par des chroniques astronomiques chinoises et arabes. En juillet 1054 en effet, les astronomes furent les témoins d'un phénomène tout à fait inattendu. C'était l'apparition d'une étoile nouvelle, une « étoile invitée » comme l'écrivaient les chroniqueurs chinois, tellement brillante qu'elle en était visible en plein jour ! Peu à peu son éclat alla faiblissant, jusqu'à disparaître au bout de quelques semaines. Selon toutes les apparences, il s'agit bien là du comportement typique d'une supernova.

Quelques siècles plus tard, en 1781, Charles Messier publiait son fameux catalogue de nébuleuses, le premier du genre. Non qu'il portât un intérêt particulier à cette classe d'astres. En grand chasseur de comètes qu'il était, il voulait simplement faire un inventaire détaillé de ces objets célestes d'aspects plus ou moins diffus que l'on peut toujours confondre avec une authentique comète. Le spécimen qui figure en tête du catalogue de Messier – répertorié sous le nom de Messier 1, ou M 1 – est une curieuse nébuleuse filandreuse, située dans la constellation du Taureau.

C'est d'ailleurs en l'observant que Charles Messier conçut l'idée de constituer son fameux catalogue. De nos jours, M 1 est plutôt connue sous le nom imagé de nébuleuse du Crabe, décerné en 1844 par William Parsons, troisième comte de Rosse, qui en reconnut le contour avec son « Léviathan de Parsonstown ». C'est ainsi qu'était surnommé son télescope, un appareil doté d'un miroir de six pieds anglais de diamètre [9], considéré à l'époque comme monstrueusement gigantesque.

En dépit des difficultés que rencontrèrent les archéoastronomes pour interpréter les chroniques chinoises, il ne fait

---

9. Environ 183 centimètres.

aujourd'hui plus aucun doute que la nébuleuse du Crabe est bel et bien le vestige de la supernova observée en 1054. Il ne manque plus qu'un pulsar pour que la fête soit complète. Ce sera chose faite dès 1968, dans la foulée de la découverte de Jocelyn Bell et Anthony Hewish, avec la mise en évidence d'un pulsar au sein de la nébuleuse du Crabe. Et quel pulsar ! L'un des rares à être connus autrement que par un rébarbatif nom de code [10]. Le pulsar du Crabe collectionne en effet tous les records, à commencer par son âge. N'est-il pas le plus jeune de tous les pulsars connus ? Mille ans à peine, une paille !

À propos, il semble bon de préciser ce que la notion d'âge signifie pour les astronomes. Je viens de vous affirmer que le pulsar du Crabe est âgé d'à peine mille ans, sous prétexte que l'explosion fut observée en 1054. En fait, c'est un peu plus compliqué. L'explosion de supernova qui a enfanté ce pulsar s'est produite il y a beaucoup plus longtemps, sept mille ans environ. Je vous l'affirme sans risque de me tromper, car les astronomes m'ont appris que cette étoile explosa à environ six mille années de lumière de la Terre. Cela signifie donc qu'il fallut six mille ans à la bouffée de lumière annonçant l'explosion pour attirer l'attention des Terriens.

Je serais donc plus près de l'absolue vérité si je vous déclarais que le pulsar du Crabe est âgé d'environ sept mille ans. Mais en regard des événements cosmiques, nous autres Terriens sommes dans une situation comparable à celle de nos aïeux pour qui les nouvelles voyageaient à la vitesse du cheval au galop ou du bateau à voile. Les messagers célestes, les photons, sont certes beaucoup plus rapides, mais les distances qu'ils doivent franchir sont énormes. Tout ce que l'on sait du pulsar du Crabe ne concerne donc que les mille premières années de sa vie. L'information sur les six mille années suivantes se propage encore dans l'espace interstellaire, et nul ne sait ce qu'il est advenu de ce pulsar durant les six derniers millénaires.

Des événements de toutes sortes et d'âges fort différents se bousculent donc au ciel de la Terre, les plus anciens étant les plus lointains. Comment faire pour s'y retrouver ? Ne vaudrait-il pas mieux utiliser un temps vraiment universel, une chrono-

---

10. PSR 0531-21, en l'occurrence.

logie permettant de dater d'une manière absolue l'acte de naissance des phénomènes célestes ?

Il faut savoir que mesurer les distances des astres est un exercice des plus périlleux. Les risques d'erreur sont énormes. Et comme temps et distance sont à jamais liés, vous comprenez que la mise en œuvre d'une chronologie absolue bute sur des problèmes totalement insurmontables. Il ne faut donc plus y penser, même si, grâce aux observations du satellite européen *Hipparcos*, les astronomes sont désormais en possession d'un catalogue riche de plus de cent mille étoiles dont les distances sont mesurées avec une précision remarquable.

En fin de compte, il fut décidé une fois pour toutes que la date de naissance portée sur la carte d'identité d'un phénomène cosmique sera celle de son apparition au ciel de la Terre. C'est le seul événement que l'on puisse dater avec précision. En se fondant sur cette chronologie toute relative des astronomes terrestres, peu importe le temps parcouru par l'information avant d'atteindre la Terre, seul compte l'instant où elle parvient sur Terre. C'est ainsi que les astronomes attribuèrent la désignation SN 1987a à cette supernova apparue lors de la nuit du 23 au 24 février 1987 dans le Grand Nuage de Magellan, car c'est en 1987 qu'elle fut détectée [11].

Notez que SN 1987a semble bien contenir une étoile à neutrons. N'a-t-on pas également détecté le 23 février 1987 cette bouffée de neutrinos qui signerait la conversion massive des protons en neutrons lors de l'effondrement du noyau stellaire ? Et si d'aventure on identifie un pulsar dans SN 1987a, je vous parie que tous les astronomes parleront sans hésiter du pulsar le plus jeune jamais découvert. Et pourtant ces mêmes astronomes savent que le Grand Nuage de Magellan est une petite galaxie satellite de la nôtre, distante de cent soixante-dix mille années de lumière environ. Une chronologie absolue montrerait sans peine que l'éventuel pulsar enfanté par SN 1987a voici cent soixante-dix mille ans est bien plus vieux que le pulsar du Crabe, dont l'âge « absolu » est d'environ sept mille ans.

Faute de ce nouveau spécimen – les astronomes parviendront-ils un jour à le détecter ? –, le pulsar du Crabe reste le plus

---

11. Le « a » qui suit le millésime indique que cette supernova fut la première observée au cours de l'année 1987.

jeune connu. C'est aussi celui qui tourne le plus vite sur lui-même, plus de trente-trois tours par seconde. Bien sûr, certains pulsars – dit « ultrarapides » – tournent beaucoup plus vite encore, jusqu'à près de mille tours par seconde. Mais il s'agit là de vieilles étoiles à neutrons, remises en rotation rapide par transfert de matière à partir d'une étoile proche [12]. Le pulsar du Crabe est surtout celui dont la vitesse angulaire diminue le plus vite : trente-trois tours par seconde aujourd'hui, deux fois moins dans mille ans !

Vous concevez que freiner ainsi une aussi monstrueuse toupie doit dégager une fabuleuse quantité d'énergie. Surtout si la toupie pèse une fois et demie la masse du Soleil, et tourne sur elle-même trente-trois fois par seconde ! Sans vouloir vous étourdir avec trop de chiffres, je me permets quand même de vous signaler que ce freinage continuel libère des millions de fois plus d'énergie par seconde que le Soleil. Étonnant quand même qu'une étoile à neutrons puisse ainsi tirer toute son énergie de l'inexorable ralentissement de sa vitesse de rotation ! Cela ne vous rappelle-t-il pas cette prime enfance du jeune Soleil, quand tout son éclat provenait de sa lente contraction ?

Il me revient aussi en mémoire ce curieux projet de véhicule, le gyrobus, dont un lourd volant de fonte en rotation rapide fournirait la puissance motrice. Cet engin aurait pu apporter une réponse extrêmement originale au problème lancinant du stockage de l'énergie à bord d'un véhicule qui se veut non polluant. Il aurait été d'un usage comparable à celui d'une voiture électrique alimentée par un lot de batteries au plomb : avant que le gyrobus quitte son dépôt, il aurait suffi d'imprimer au volant de fonte la plus grande vitesse de rotation possible. Ainsi gorgé d'énergie rotatoire, le gyrobus aurait été en mesure de parcourir son trajet avant de regagner son port d'attache pour relancer la machine. Un tel véhicule exista-t-il vraiment, ou ne fut-il que le fruit de l'imagination d'un de mes professeurs de physique ? Je ne l'ai jamais vraiment su... Toujours est-il qu'il reste pour moi la parfaite illustration du parti qu'un corps dense et compact

---

12. J'aurai l'occasion de revenir sur ces transferts de matière quand il s'agira d'expliquer comment certains trous noirs parviennent à susciter un rayonnement dans le domaine gamma.

comme une étoile à neutrons peut tirer de sa grande vitesse angulaire.

Le Crabe aux pinces gamma

Le pulsar du Crabe puise donc dans cette fabuleuse source d'énergie rotatoire pour rayonner dans le domaine radio. Il ne s'agit là que d'une infime ponction, à peine un milliardième de l'énergie fournie par le freinage de l'étoile à neutrons. En fait, c'est bel et bien pour briller dans le domaine gamma que le pulsar du Crabe se montre le plus prodigue. Pour y parvenir, il doit faire jouer une autre de ses fantastiques particularités, l'extraordinaire intensité de son champ magnétique.

Un champ magnétique que vous connaissez tous, c'est celui qui se trouve à l'origine de la force qui maintient l'aiguille aimantée d'une boussole en direction du pôle Nord magnétique. Pour calibrer l'intensité d'un champ magnétique, les physiciens utilisent le tesla. Le champ terrestre vaut un peu moins d'un dix-millième de tesla, tandis que celui qui règne à la surface d'une jeune étoile à neutrons y atteint cent millions de teslas ! Et toujours la même question : comment la nature s'y prend-elle pour réaliser une telle performance, alors que les ingénieurs sont incapables d'obtenir dans leurs laboratoires des champs magnétiques dépassant quelques dizaines de teslas ?

La réponse est toujours du même tonneau. Lors de l'effondrement de l'étoile, tout se passe en effet comme si le champ magnétique, resté prisonnier de la matière, était à son tour fortement comprimé. Pour chiffrer ce phénomène, il suffit de se souvenir que le produit de l'intensité du champ magnétique par la surface de l'étoile – le flux magnétique – ne change pas lors de l'effondrement. De même que la conservation du moment cinétique justifie l'extraordinaire vitesse angulaire des étoiles à neutrons, la conservation du flux magnétique explique l'intensité fabuleuse des champs magnétiques qui règnent à leur surface.

Revenez une fois de plus sur le cas du Soleil. Rayon : toujours sept cent mille kilomètres, champ magnétique : environ un dix-millième de tesla à sa surface. Rétrécissez le Soleil jusqu'aux dimensions d'une étoile à neutrons, dont le rayon est presque cinquante mille fois plus petit. Pour conserver son flux magnétique, le Soleil devrait alors exhiber un champ magnétique deux milliards de fois plus intense : deux cent mille teslas ! Ce n'est pas encore les cent millions de teslas d'une jeune étoile à neutrons, mais on s'en approche. Aucun doute : l'effondrement d'une étoile provoque un accroissement considérable du champ magnétique à sa surface.

Et maintenant, le bilan. Un pulsar, c'est donc une sorte d'aimant qui tourne très vite, exactement comme la dynamo d'une bicyclette. Mais quelle dynamo ! S'agissant du générateur électrique de votre vélo, on parle en volts. À la surface d'une étoile à neutrons, il s'agit plutôt de dix millions de milliards de volts ! Champs électriques démesurés, champs magnétiques qui le sont tout autant, le cocktail est redoutable. Les physiciens l'utilisent d'ailleurs sur Terre sans le moindre scrupule. Ne mettent-ils pas en œuvre les champs électriques les plus intenses pour mieux accélérer des particules, elles-mêmes confinées par de non moins intenses champs magnétiques ? Pour en juger, voyez le Cern, avec son synchrotron géant, capable de communiquer aux particules des énergies atteignant quatre cents gigaélectronvolts.

C'est à peu près la même chose à la surface d'une étoile à neutrons, sauf qu'il faut s'exprimer en millions de gigaélectronvolts pour qualifier l'énergie des particules que l'on y rencontre. Canalisés aux pôles magnétiques de l'étoile par d'intenses champs magnétiques qui en courbent les trajectoires, des faisceaux d'électrons y rayonnent des flots de lumière synchrotron. Vous savez déjà que l'on désigne ainsi une lumière de même origine que celle observée dans les synchrotrons terrestres. N'y voit-on pas des électrons relativistes émettre un cône de lumière chaque fois que leur trajectoire est courbée par un aimant ? Mêmes causes, mêmes effets, aux pôles magnétiques d'un pulsar. Normal que deux cônes étroits de lumière synchrotron surgissent alors de l'étoile, un à chaque pôle.

Petit détail supplémentaire : l'axe des pôles magnétiques d'un pulsar ne coïncide pas nécessairement avec son axe de rotation. N'est-ce pas d'ailleurs le cas sur Terre, où le pôle Nord magnétique est situé au Groenland, près de Thulé, à plus de mille quatre cents kilomètres du pôle Nord géographique, ce point remarquable du globe où l'axe de rotation de la planète perce symboliquement la croûte terrestre ? Les faisceaux de lumière synchrotron, s'ils sont ainsi décalés par rapport à l'axe de giration, sont amenés à balayer l'espace alentour au rythme de la rotation de l'étoile à neutrons. C'est un peu comme un phare placé au bord de l'océan, dont le pinceau de lumière éclaire périodiquement la côte environnante.

Un pulsar, c'est donc ce que l'on fait de mieux pour illuminer périodiquement les espaces célestes. Et comme la source lumineuse est de nature synchrotron, tous les domaines de lumière sont concernés. Bien mieux, avec des électrons dont l'énergie atteint le million de gigaélectronvolts, les pulsars n'ont aucune peine à briller dans le domaine gamma. Le pulsar du Crabe ne s'en prive d'ailleurs pas, lui qui puise sans compter dans ses réserves d'énergie rotatoire pour mieux alimenter ses puissants faisceaux gamma.

Aussi, dès sa mise en service, en août 1975, *Cos B* fut sommé de chasser le pulsar, alors que ses pères fondateurs l'avaient conçu avant tout pour traquer les rayons cosmiques de la Voie lactée. En fait, rien ne le prédisposait à la recherche d'objets « ponctuels », une activité qui sera toujours pour lui un peu contre nature. Vous avez bien compris que, par objet ponctuel, j'entends un astre qui vous apparaît comme un point dans le ciel parce que vous l'observez avec un instrument dont le pouvoir séparateur est trop médiocre pour en apprécier les contours.

Voilà pourquoi votre fille est muette

Les tailles apparentes – on dit aussi les diamètres apparents – des astres se mesurent comme les angles, en degrés et en fractions de degré. C'est d'ailleurs une des rares grandeurs que le système métrique a renoncé à régenter, comme celles qui mesurent l'écoulement du temps. Cela tient sans doute au fait que l'astronomie est la fille du temps, et que pendant des millénaires le ciel fut la seule horloge vraiment précise. Il n'est donc pas étonnant que les unités de temps et d'angles portent souvent le même nom. Il faut aussi soixante secondes d'angle pour faire une minute d'angle, soixante minutes d'angle pour faire un degré, et trois cent soixante degrés pour faire un tour complet du ciel.

C'est bien sûr en unité d'angle que l'on exprime le pouvoir

séparateur d'un instrument d'astronomie, autrement dit sa capacité à séparer deux astres apparemment proches l'un de l'autre sur la voûte céleste. Prenez l'exemple de l'œil. C'est sans conteste l'instrument d'astronomie le plus fréquemment utilisé. Son pouvoir séparateur – une minute d'angle environ – est encore bien insuffisant pour apprécier les contours des planètes les plus proches. Comme disent les astronomes, l'œil est incapable de *résoudre* les planètes. En fait, l'œil ne résout pas grand-chose dans le ciel, hormis la Voie lactée, une poignée de galaxies voisines, et bien sûr la Lune et le Soleil, qui tous deux présentent curieusement la même taille angulaire : trente minutes d'angle. Si l'on s'en tient à l'œil humain, presque tous les astres sont donc à ranger dans la catégorie des objets ponctuels.

La situation est quelque peu différente si l'on utilise jumelles, lunettes astronomiques et télescopes. Des centaines de milliers d'objets célestes sont alors résolus sans peine. Mais la plupart des autres restent et resteront à jamais d'apparence ponctuelle, les étoiles en premier. Dans leur grande majorité, elles sont beaucoup trop lointaines pour être un jour résolues, même quand les astronomes disposeront des fabuleux télescopes dont ils osent à peine rêver aujourd'hui. Quant à *Cos B*, c'était beaucoup plus simple. Son pouvoir séparateur était si médiocre, environ cinq degrés, que, la Voie lactée mise à part, tous les astres du ciel n'étaient pour lui que des points. Pourquoi diantre avoir bâti un appareil si limité ?

Cos B, souvenez-vous, avait été d'abord conçu pour remonter aux sources des rayons cosmiques. Il fut lancé en 1975, plus de sept ans après la découverte des pulsars. Cette surprenante découverte, vous l'avez constaté, avait complètement relancé l'intérêt pour les étoiles effondrées, étoiles à neutrons et pulsars. Alors pourquoi ne pas avoir tenu compte de cette nouvelle donne lors de la réalisation de l'appareil ? Cela peut vous paraître extravagant, mais un grand projet spatial est une opération tellement lourde et complexe qu'il lui est impossible de suivre les derniers développements de l'actualité scientifique.

L'astronomie spatiale est une redoutable école de patience. Il vous faut d'abord persuader un comité scientifique d'évaluation, composé en général d'une douzaine de spécialistes, que votre idée est scientifiquement meilleure que celle de vos chers collègues. Même si c'est vrai, le comité ne s'en rend pas toujours compte, surtout quand vous abordez des thèmes – l'astronomie gamma par exemple – très éloignés des préoccupations habituelles des astronomes. Malheureusement, l'approbation du comité ne suffit pas. Car, si merveilleux qu'il soit, l'appareil de vos rêves doit être impérativement mis sur orbite pour accomplir sa mission scientifique.

Vous devez donc convaincre les ingénieurs que la réalisation de votre projet ne pose pas de problèmes techniques insurmontables. Même si c'est le cas, ils ne vous croient pas. Et vous avez enfin – et surtout – la lourde tâche de trouver un financement. Dans le meilleur des cas, tous ces préliminaires ne vous prendront pas moins de trois ou quatre ans, heureux de ne pas avoir été jeté en cours de route !

C'est alors que les vraies difficultés commencent. Votre beau télescope, il s'agit de le construire, et surtout de le faire marcher. Il faut désormais assumer les carences de votre étude, ces petits défauts que vous n'avez pas su découvrir à temps, ou que vous avez soigneusement dissimulés pour ne pas effaroucher ingénieurs et financiers. C'est au moins cinq nouvelles années de tensions permanentes et d'orages soudains qu'il faut vivre avant de toucher au but. Voilà pourquoi le premier satellite européen d'astronomie gamma, défini dès 1966, fut si peu qualifié pour observer des étoiles dont ses pères fondateurs ignoraient jusqu'à l'existence.

Mais la vraie raison de la confondante myopie de ce premier détecteur gamma est en fait beaucoup plus simple, et vous la connaissez déjà : les premiers astronomes gamma n'étaient pas des astronomes ! Au fond, rien de plus normal. Entamée à un rythme effréné dès la mise en orbite du premier Spoutnik en octobre 1957, la course à l'espace avait rendu accessible du jour au lendemain l'ensemble des domaines ultraviolet, X et gamma. Pour les astronomes, ces nouveaux domaines spectraux paraissaient si vastes et si loin de leurs bases qu'ils se contentèrent d'en aborder les rives les plus proches, celles du domaine ultraviolet. Leurs techniques traditionnelles de détection y étaient *grosso modo* encore bien adaptées, et les astres qui s'y manifestent encore assez familiers.

Ce faisant, ils laissèrent à d'autres le soin d'explorer les mondes plus lointains des domaines X et gamma. Des physiciens étrangers aux préoccupations traditionnelles des astronomes monopolisèrent alors les premières missions d'astronomie spatiale organisées loin du visible. Ces excellents physiciens s'étaient lancés avec fougue dans leurs nouvelles activités célestes, mais il manquait à la plupart d'entre eux cette culture astronomique de base qu'il est fort difficile d'assimiler quand on n'est pas tombé dedans étant petit, et que la vocation vous vient trop tardivement.

Tant et si bien qu'en concevant leurs appareils, je n'ose pas dire leurs télescopes, ils en vinrent même à négliger que toute lumière – y compris la lumière gamma – se propage en ligne droite. Exemple typique de cette première génération de détecteurs inspirés par les physiciens nucléaires, *Cos B* mettait en œuvre un dispositif couramment rencontré à l'époque dans tous les grands accélérateurs. Il s'agit d'une chambre à étincelles, un appareil conçu pour visualiser ces bouquets de particules qui fleurissent quand on bombarde une cible à grands coups de protons ou d'électrons ultrarelativistes.

Au prix de modifications mineures, les physiciens astronomes de la fin des années 1960 s'employèrent donc à rendre ces chambres à étincelles aptes à estimer la direction d'origine des photons gamma cosmiques. Je vous invite maintenant à voir tout cela d'un peu plus près. Auparavant, permettez-moi de vous proposer une petite pincée de physique récréative.

Les gamma font des étincelles

Dès qu'il est question du domaine gamma, vous savez déjà qu'il convient de considérer plutôt la lumière sous son aspect corpusculaire. Un rayon gamma n'en est pas moins une onde, et c'est le moment de vous en souvenir pour comprendre pourquoi les rayons gamma sont les seuls à pouvoir se faufiler entre les atomes qui composent la matière. Comparée à sa taille, la distance qui sépare un atome de ses voisins peut sembler énorme, même dans les matériaux les plus denses. Et pourtant, si vous considérez la lumière comme une onde, seule la lumière gamma, celle dont la longueur d'onde est inférieure aux distances entre les atomes, parviendra à se propager peu ou prou dans la matière.

C'est un peu comme écouter la radio en voiture sur le boulevard périphérique de Paris. Branchez-vous par exemple sur Europe 1. Vous avez le choix entre la bande GO (ou LW) et la bande FM. Si vous choisissez la bande GO, la qualité n'est pas terrible. Chaque fois que vous passez sous un pont – et ils sont nombreux – la transmission est perturbée. Par contre, comme disent les spécialistes, le confort d'écoute est bien meilleur sur la bande FM. C'est bien connu, mais savez-vous pourquoi ? La cause en est la longueur d'onde des rayonnements radio qui véhiculent les programmes d'Europe 1.

Comme son nom l'indique, la bande GO est réservée aux grandes longueurs d'onde, mille huit cent quarante-sept mètres dans le cas d'Europe 1. Quant à la bande FM, elle est attribuée à des émissions à beaucoup plus courtes longueurs d'onde. Vous y trouverez Europe 1 à la fréquence de cent quatre point sept mégahertz, ce qui correspond à un peu moins de trois mètres de longueur d'onde. Et tout est là : trois mètres, c'est bien moins que la distance entre les deux piles d'un pont, mille huit cent quarante-sept mètres, c'est beaucoup plus. Seules les ondes radio de la bande FM parviennent à se faufiler entre les piles qui soutiennent les ponts du boulevard périphérique.

De la même façon, seuls les rayonnements dont la longueur d'onde est inférieure aux distances entre les atomes sauront se glisser au plus profond de la matière. Et c'est précisément le cas des rayons gamma. Parmi toutes les lumières, seules celles du domaine gamma sont ainsi capables de traverser la matière, même la plus dense. C'est d'ailleurs ce pouvoir de pénétration qui rend les rayons gamma si utiles et si dangereux. Ils sont tout aussi aptes à venir détruire une cellule cancéreuse au plus profond d'un organisme qu'à y provoquer les plus graves dégâts.

Alors, comment s'y prendre pour détecter ce rayonnement gamma si pénétrant ? Pour le savoir, revenez-en à l'aspect corpusculaire de la lumière gamma et suivez avec moi la course d'un photon entre les atomes de la matière. Peut-être vous est-il arrivé de faire ce cauchemar où vous courez à toute vitesse, dans une forêt, avec les yeux bandés. Si les arbres ne sont pas trop gros, s'ils sont suffisamment clairsemés, vous gardez une petite chance de vous en sortir, surtout si le massif d'arbres n'est pas trop profond. Par contre, aucun espoir de traverser ainsi une sombre et belle forêt de mon Jura, avec ses sapins aux troncs si massifs. Au bout de quelques dizaines de mètres, le choc devient inévitable. Votre course est arrêtée net, et vous avez la tête en sang.

C'est un peu la même épreuve qui attend un photon gamma tenu de traverser une plaque de matière. Si les atomes ne sont pas trop massifs, s'ils sont suffisamment espacés, le photon garde une petite chance de s'en sortir, surtout si la plaque n'est pas trop épaisse. Par contre, aucun espoir de traverser ainsi une forte plaque de plomb, avec ses lourds atomes si rapprochés. Au bout de quelques millimètres, l'interaction entre le photon et un atome du milieu devient inévitable. La course du photon est arrêtée net, et s'il est suffisamment énergétique, il disparaît pour donner naissance à une paire de deux particules, un électron et un positon, l'antiparticule de l'électron.

Lors de cette véritable matérialisation, une partie de l'énergie du photon se retrouve dans la masse de l'électron et du positon – merci Einstein. Le reste est réparti plus ou moins équitablement entre ces deux particules, sous forme d'énergie cinétique. Notez qu'il s'agit du phénomène inverse de l'annihilation des positons, celui-là même que vous avez vu à l'œuvre au premier temps du cycle proton-proton, contribuant à enrichir le flux de photons gamma rayonné par la chaudière solaire.

Pour identifier et estimer la direction d'arrivée des photons gamma tombant du ciel, la chambre à étincelles de *Cos B* tirait parti de cette faculté à se matérialiser. Afin de bien comprendre le fonctionnement de cet appareil, je vous propose d'en construire un modèle simplifié. Prenez une enceinte cylindrique hermétique, de la taille d'une grosse cocotte minute. Empilez à l'intérieur une quinzaine de plaques métalliques assez minces, quelques dixièmes de millimètre, en prenant soin de maintenir entre elles un intervalle d'un bon centimètre. Chaque plaque doit être en tungstène, un métal encore plus dense que le plomb, et dont les atomes sont presque aussi massifs. Quand je vous ferai signe, débrouillez-vous pour appliquer un courant électrique de plusieurs milliers de volts à une plaque sur deux, les autres étant mises à la masse. Remplissez enfin cette chambre d'un gaz rare, du néon par exemple.

Imaginez qu'un photon gamma tombant tout droit du cosmos se présente à l'entrée de la chambre, face à l'empilement. Il s'agit d'un photon d'assez grande énergie, soixante-dix méga-électronvolts, par exemple. Les plaques ne sont pas trop épaisses, le photon en traverse quelques-unes sans problème. Mais la chance ne peut quand même pas le favoriser éternellement. Il se trouve toujours une plaque où le photon se matérialise en une paire électron-positon. Dotées d'un bon paquet d'énergie cinétique, ces deux particules se trouvent alors animées d'une vitesse comparable à celle de la lumière, mais, contrairement à celui du photon, leur parcours est loin d'être rectiligne, car chacune d'elles emporte une charge électrique.

Il suffit en effet que l'électron ou le positon se propagent non loin d'un atome pour s'écarter un tant soit peu du droit chemin que le photon suivait avant de se matérialiser. Ces légères déviations de trajectoire – ces diffusions – que les deux particules subissent plaque après plaque ont pour effet de les écarter peu à peu l'un de l'autre. Qui pis est, en frôlant ainsi les atomes des milieux où ils se propagent, les deux particules parviennent à en éjecter un des électrons. L'énergie nécessaire à de telles ionisations est bien sûr prélevée sur l'énergie cinétique des deux particules rapides.

À l'intérieur des plaques, ces ionisations successives n'ont pas d'autre effet que de diminuer l'énergie cinétique des deux particules. Les ions – autrement dit les atomes ainsi amputés d'un électron, donc porteurs d'une charge électrique positive – se combinent promptement avec les électrons libres qui abondent dans ces matériaux de nature métallique. Il n'en va pas de même entre les plaques de la chambre. L'ionisation des atomes qui s'y pressent contribue à créer un cordon d'ions électrisés tout le long du parcours des particules.

C'est à ce moment précis qu'il convient d'appliquer la haute tension. Tous ces cordons d'atomes ionisés agissent alors comme autant de courts-circuits entre les plaques portées à haute tension et celles à la masse. Une étincelle jaillit aussitôt, là justement où les particules viennent de passer. S'alignant le long des trajectoires suivies par l'électron et le positon depuis le point même où le photon vient de se matérialiser, les étincelles tracent alors une sorte de grand V inversé qui signe à coup sûr la détection d'un authentique photon gamma. Pour faire savant, dites plutôt un Λ, puisque la forme de la onzième lettre de l'alphabet grec, le lambda majuscule, schématise assez bien le parcours de la paire électron-positon dans une chambre à étincelles.

Il ne vous reste plus qu'à enregistrer les positions de ces

étincelles. Ce ne sont pas les moyens qui manquent. Vous pouvez par exemple les photographier à travers un hublot, c'est la méthode la plus simple. Elle était d'ailleurs couramment utilisée dans les grands accélérateurs de particules. Bien sûr, à bord d'un satellite artificiel, il vous faudra employer des procédés un peu plus compliqués, qu'importe, le principe est le même. Vous voilà en mesure de visualiser l'interaction d'un photon gamma céleste de haute énergie.

Pourquoi faire simple quand on peut faire compliqué ?

Dès qu'un événement déclenche ainsi la chambre à étincelles de *Cos B*, l'émetteur radio du satellite transmet au sol l'image complète de l'interaction. À vous maintenant de procéder aux indispensables formalités d'accueil. La première, la plus importante : vérifier l'identité de l'événement. L'espace fourmille en effet de particules susceptibles de déclencher la chambre à étincelles. Il est toutefois assez simple de séparer le bon grain de l'ivraie car les interactions de photons gamma sont les seules à tracer dans la chambre le fameux Λ, signature incontestable des interactions mettant en jeu un photon gamma de haute énergie.

Reste maintenant à déterminer la direction d'origine du photon, et c'est là que tout se complique. À en croire les lois de la physique, l'électron et le positon se propagent presque exactement le long de la route empruntée par le photon gamma avant sa fatale interaction. Malheureusement, les diffusions dans les plaques les éloignent progressivement de leur direction initiale. Intuitivement, on peut penser que si l'électron s'écarte d'un côté, et le positon d'un autre, la trajectoire du gamma doit être quelque part entre les deux. Tracez donc une droite qui passe par le sommet du Λ, donc par le point d'impact du photon, et maintenez-la à égale distance des deux branches du Λ. À coup sûr, cette droite ne sera pas très écartée de la direction d'origine du photon gamma.

En raffinant un peu ce procédé, vous parviendrez à reconstituer la direction d'origine du photon gamma avec une précision de quelques degrés, et même mieux dans le cas des photons les plus énergétiques. C'est sûrement très satisfaisant pour un physicien des particules, car lui connaît bien la source de ces photons : c'est soit la cible même qu'il bombarde, soit une interaction secondaire dont il a déjà localisé le site. Une telle imprécision est par contre totalement inacceptable pour un astronome. Il y a tellement d'étoiles dans le ciel !

Vous connaissez donc maintenant la cause de cette incurable myopie, cette tare originelle de *Cos B* et d'autres dispositifs semblables mis en orbite par ces physiciens qui voulaient jouer les astronomes. Cela doit vous paraître ahurissant que toute une génération de chercheurs se soit ainsi cassé les dents à vouloir faire de l'astronomie avec des instruments aussi mal adaptés à l'étude des cieux. Mais de grâce, ne surestimez pas les scientifiques ! Même les plus brillants d'entre eux portent le poids de leur culture scientifique et des traditions de leur discipline. Pensez qu'au début des années 1950, les astronomes les plus aventureux eurent déjà bien du mal à se muer en radioastronomes. Investir ce nouveau domaine ne leur demandait pourtant qu'une révolution culturelle des plus limitées, si on la compare à celle qu'exige la pratique de l'astronomie gamma.

Premier traumatisme, et de taille, il faut pratiquer votre discipline favorite à bord de véhicules spatiaux. L'atmosphère a beau n'être qu'un gaz, avec des atomes fort éloignés les uns des autres, surtout à haute altitude, un photon gamma cosmique devrait quand même s'y propager sur des dizaines de kilomètres avant d'espérer rejoindre le sol. C'est une épreuve insurmontable. En effet, dès qu'il aborde les premières couches de la haute atmosphère, un photon gamma a toutes les chances de percuter l'un des atomes de l'air. Si vous prenez place à bord d'un ballon stratosphérique, il vous faudra vous élever à plus de trente-cinq kilomètres d'altitude pour espérer détecter des rayons gamma vraiment cosmiques.

Mais l'aspect le plus révolutionnaire du domaine gamma provient de l'inaptitude des photons de haute énergie à se prêter aux jeux de miroirs dont les astronomes usent et abusent pour observer le ciel. Dirigez un faisceau de rayons lumineux vers une surface réfléchissante, une plaque de métal poli, par exemple. Pas de problème, ce miroir doit renvoyer le rayonnement dans la direction que vous désirez. C'est vrai pour toutes les lumières, sauf pour celles du domaine gamma. Ça passe ou ça casse, mais les photons gamma ne repartent pas en sens inverse. Pas de miroir pour les rayons gamma !

À cette idée, même les astronomes les plus téméraires se découragèrent, eux qui ne savent faire des télescopes qu'en combinant des miroirs, grands ou petits. Pourtant, la solution existe, mais il faudra des décennies pour qu'elle s'impose peu à peu, sous l'impulsion de ces jeunes astronomes que les pères fondateurs de l'astronomie gamma avaient fini par recruter pour mettre en œuvre leurs prétendus télescopes à étincelles. À cette époque, je me comptais bien sûr parmi ces jeunes loups aux dents longues. Et plus je m'escrimais à repérer sur la voûte céleste le point d'origine des photons gamma détectés par *Cos B*, plus grandissait en moi ce désir impérieux d'observer un jour le ciel gamma avec un télescope vraiment fait pour ça.

Je ne voudrais surtout pas vous laisser croire que mes premiers pas dans le monde de l'astronomie gamma furent un long calvaire, bien au contraire. L'exaltation de la découverte compensait largement les piètres performances de *Cos B*. Prenez par exemple cette fin de l'été 1975, quand je jouais les astronomes dans le sous-sol du bâtiment principal de l'Esoc, à Darmstadt. Je vous ai déjà signalé que j'y étais alors fort occupé à mesurer la direction d'arrivée des photons gamma détectés à bord de *Cos B*, alors que ce dernier pointait en direction de la nébuleuse et du pulsar du Crabe.

Tout marchait comme sur des roulettes. En orbite à plus de cent mille kilomètres de la Terre, le satellite transmettait sans rechigner les positions des étincelles qui venaient de claquer dans la chambre. Les informations étaient reçues par une station de réception de l'Esa, installée à Redu, dans les Ardennes belges. Aussitôt convoyées vers l'Esoc, à Darmstadt, les données y subissaient toute une série de traitements infligés par les ordinateurs les plus puissants de l'époque.

Ces opérations étaient avant tout destinées à identifier les bons événements, puis à déterminer la direction d'arrivée de chacun des photons reconnus comme d'origine cosmique. Quant à moi, je me contentais de marquer sur une carte de la voûte céleste les points d'où semblaient jaillir tous ces photons. Et vous ne pouvez pas imaginer à quel point je jubilais. Rendez-vous compte, je réalisais enfin ce vieux rêve d'enfance, je bâtissais la carte d'une contrée inconnue !

Mettre le ciel en carte

Au premier coup d'œil, le ciel nocturne vous semble parfaitement sphérique, en dépit de l'extrême variété caractérisant la distance des astres. Il n'en fallait pas plus pour asseoir dans l'esprit des anciens astronomes cette notion de voûte céleste où seraient accrochées les étoiles « fixes ». Ce terme de fixe s'entend par opposition au Soleil et à la Lune, qui, vus de la Terre, semblent suivre un parcours prévisible dans le champ des étoiles. Il se justifie également vis-à-vis des planètes, ces astres dont les errances sur la voûte céleste, connues depuis l'aube de l'astronomie, ne devinrent intelligibles que grâce aux géniales intuitions de Johannes Kepler.

À cause de la rotation du globe terrestre autour de l'axe des pôles, qui s'effectue à raison d'un tour en vingt-trois heures et cinquante-six minutes, la voûte céleste semble animée d'un vaste mouvement giratoire en sens inverse. La sphère des étoiles fixes constitue donc le canevas idéal pour y broder les cartes du ciel. Et c'est ainsi qu'astronomes et géographes se retrouvent avec le même problème sur les bras : comment se repérer à la surface d'une sphère ? Les géographes s'en sortent au moyen d'un système de coordonnées, la latitude et la longitude, dont les repères sont deux grands cercles imaginaires, tracés perpendiculairement l'un à l'autre à la surface du globe terrestre dont l'un est l'équateur et l'autre le méridien de Greenwich. Et tout naturellement les astronomes se sont efforcés de mettre en œuvre la même recette pour se repérer dans le champ des étoiles.

Les systèmes en usage ont pour but l'estimation de la position des astres par rapport à deux grands cercles tracés sur la voûte céleste. Les jalons célestes sont toutefois si nombreux que les astronomes n'ont pas encore réussi à se mettre d'accord sur un seul et unique système de coordonnées. Le favori des radio-astronomes, rejoint en la matière par les observateurs gamma, a pour base l'équateur galactique, un grand cercle aligné le long de la Voie lactée. Un autre grand cercle, tracé perpendiculairement à l'équateur galactique, complète ce système de coordonnées. Il passe par un point remarquable de l'équateur galactique, là où les astronomes estiment que se situe le centre de notre galaxie, quelque part dans la constellation du Sagittaire.

Dans ce système de coordonnées galactiques, la position d'un point dans le ciel se définit par sa latitude galactique et sa longitude galactique, deux arcs mesurés l'un par rapport à l'équateur galactique, et l'autre par rapport au méridien passant par le centre galactique. Les unités de mesure de ces deux arcs constituent une autre originalité de ce système de coordonnées. Rompant avec une tradition millénaire, les radioastronomes, en vrais champions de la modernité, ont instillé un peu de système à base dix. Finies les subdivisions sexagésimales en minutes et secondes d'angle, les coordonnées galactiques se mesurent en degrés et fractions de degré. Par exemple, le pulsar du Crabe se situe très exactement à moins 5,79 degrés de latitude galactique et à 184,56 degrés de longitude galactique.

Les cartographes des cieux éprouvent les mêmes difficultés que les géographes à mettre à plat une surface sphérique à l'origine. L'exercice reste toutefois encore assez simple quand il s'agit de lever la carte d'un petit secteur de la sphère céleste. Une feuille de papier quadrillé suffit. C'est ainsi que j'ébauchais ma première carte du ciel gamma, celle de la région où se trouvent la nébuleuse et le pulsar du Crabe. L'ordinateur chargé de tous les calculs me sortait chaque jour une longue liste de photons, chacun étant assorti des coordonnées galactiques de son point d'origine. Je n'avais plus qu'à les reporter un par un sur une feuille de papier millimétré, et à attendre que le satellite observe assez longtemps pour que ma carte finisse par faire apparaître les sources gamma peuplant la région.

Cos B avait été ajusté pour détecter les photons gamma de cinquante à trois cents mégaélectronvolts émis par les chocs entre le rayonnement cosmique et la matière interstellaire. Le même appareil était donc tout à fait capable de découvrir les astres propres à accélérer les faisceaux de particules relativistes aptes à rayonner de tels photons gamma de haute énergie. Mais, à puissance rayonnée égale, un astre émet beaucoup moins de photons de haute énergie pour la simple raison que chacun d'eux emporte un beaucoup plus gros paquet d'énergie. La détection des étoiles rayonnant ce genre de photons nécessite donc des temps de pose exorbitants, surtout pour un appareil de petite taille comme l'était *Cos B*, avec sa surface sensible d'à peine cinq cents centimètres carrés.

Tout n'était pas pourtant si négatif, car la myopie de *Cos B* était compensée par un champ de vision considérable pour un instrument d'astronomie. Grâce à sa technique de détection par chambre à étincelles, son regard englobait d'un seul coup un champ du ciel d'un diamètre angulaire de plusieurs dizaines de degrés. *Cos B* pouvait ainsi balayer toute la Voie lactée en moins d'une douzaine de pointés. Il ne s'en priva d'ailleurs pas, et parvint à produire la première carte digne de ce nom de l'émission gamma de la Voie lactée, apportant ainsi la preuve que les protons du rayonnement cosmique sont largement répandus dans tout le disque de la Galaxie.

En cet été finissant de 1975, *Cos B* entamait donc sa série d'observation le long de la Voie lactée en pointant la région du Crabe. Au bout d'un mois, l'appareil n'avait recueilli que quelques milliers de photons gamma. Et encore, une fois reportées sur ma feuille de papier millimétré, les directions d'origine de ces photons se répartissaient à peu près uniformément dans tout le champ couvert par cette observation initiale. Mais à examiner d'un peu plus près ma première carte du ciel, je parvins quand même à discerner deux zones distinctes de la carte où les points d'origine des photons gamma semblaient s'agglutiner en plus grand nombre.

En coordonnées galactiques, le premier de ces deux petits tas se concentrait à environ moins six degrés de latitude et cent quatre-vingt-cinq degrés de longitude, à proximité immédiate de la position déjà bien connue du pulsar du Crabe. Dans les mois qui suivirent, l'examen précis du temps d'arrivée de chacun de ces photons démontra qu'ils provenaient bien du pulsar du Crabe. Ces photons gamma étaient en effet émis périodiquement, en phase avec les rayonnements recueillis dans le domaine radio. Aucun doute, il s'agissait bien de l'émission gamma à haute énergie produite par le pulsar du Crabe.

Le Crabe et son double

Ce n'était pas en soi une découverte majeure : cinq ans auparavant, j'avais fait mes premières armes dans une équipe franco-italienne qui s'était illustrée en découvrant l'émission périodique du pulsar du Crabe dans le domaine gamma. Cette équipe utilisait alors un dispositif expérimental assez semblable à celui de *Cos B*, à savoir une chambre à étincelles avec enregistrement photographique des événements. L'appareillage avait été conçu pour être embarqué à bord d'un ballon stratosphérique, et il avait fallu une demi-douzaine de vols à très haute altitude pendant toute l'année 1969 pour détecter la poignée de photons gamma permettant de mettre en évidence la périodicité de l'émission gamma du Crabe.

Ce résultat ne fut pas toujours apprécié à sa juste valeur, en dépit de sa publication dans *Nature*, la prestigieuse revue scientifique anglaise. Il faut dire qu'à cette époque ce type d'astronomie était la chasse gardée des Américains. Un résultat obtenu par de simples Européens devait être alors diablement persuasif pour faire parler de lui en dehors des frontières du vieux continent. Le résultat de l'équipe franco-italienne était pourtant assez convaincant, en dépit du faible nombre de photons gamma recueillis. Il ne manquait donc plus que la bénédiction américaine pour que les astronomes soient définitivement persuadés de l'aptitude du pulsar du Crabe à émettre des photons gamma de haute énergie. Ce fut chose faite quelques années plus tard, à la mise en service du satellite américain *S.A.S. 2*[13].

Le sigle *S.A.S.* désignait une série de satellites américains lancés au début des années 1970. Je vous reparlerai plus loin du numéro un de la série, qui révolutionna le domaine des rayons X. Le numéro deux, lancé en 1972, aurait dû être un concurrent redoutable pour l'européen *Cos B*. Équipé comme lui d'une chambre à étincelles, comme lui destiné à l'astronomie gamma à haute énergie, il aurait dû écumer trois ans avant lui les sites les plus prometteurs de la Voie lactée. Mais il tomba en panne au bout de quelques mois, laissant le champ libre à *Cos B* qui œuvra sept ans sans la moindre défaillance.

En dépit de sa courte durée de vie, *S.A.S. 2* n'en réussit pas moins quelques observations remarquables, à commencer par celle du pulsar du Crabe, confirmant d'une manière éclatante la découverte prémonitoire de l'équipe franco-italienne. Il inscrivit aussi un autre pulsar gamma à son tableau de chasse, repéré

---

13. Sigle pour *Small Astronomical Satellite*.

dans la constellation des Voiles. Encore plus brillant que celui du Crabe, le pulsar des Voiles s'avéra la source ponctuelle la plus resplendissante du ciel dans la bande des rayons gamma de haute énergie. Notez que ce résultat fut confirmé par *Cos B* dès la troisième pose du satellite européen.

Mais je n'en ai pas encore fini avec ma feuille de papier millimétré. La direction du pulsar du Crabe n'était pas le seul endroit de la carte où les points d'origine des photons gamma s'agglutinaient en plus grand nombre. Un autre petit tas, d'allure presque identique, apparaissait de l'autre côté de l'équateur galactique, à une quinzaine de degrés du Crabe, à plus quatre degrés de latitude et cent quatre-vingt-quinze degrés de longitude. Tout se passait comme si une autre source gamma, d'un éclat comparable à celui du pulsar du Crabe, pointait dans le même champ du ciel.

Là encore, ce ne fut pas vraiment une surprise. Quelques jours avant l'observation de *Cos B*, les astronomes de *S.A.S. 2* avaient annoncé la découverte de cette même source à l'occasion de la conférence de Munich sur les rayons cosmiques. Contrairement au cas du pulsar du Crabe, cette nouvelle source ne semblait pas coïncider avec un astre particulièrement remarquable. Faute d'identification sûre, la source reçut donc le nom de code G 195+4, où la lettre G, pour gamma – le domaine où elle semble la plus brillante –, est suivie des coordonnées galactiques de la source.

CHAPITRE V

L'affaire Geminga

Elle n'est pas là !

Vous imaginez sans peine la frustration qui fut la mienne de découvrir ainsi une source aussi mystérieuse et d'en rester là, faute d'un positionnement précis ! La faute en revenait à la myopie congénitale de ces appareils dotés de chambre à étincelles. Mais il y avait une cause encore plus pernicieuse : le petit nombre de photons disponibles pour préciser la position de la source. Pensez qu'à l'issue de ce premier mois d'observation, *Cos B* avait détecté à peine plus de cent photons gamma en provenance de G 195+4 ! C'était vraiment très peu, surtout pour un appareil incapable de mesurer avec précision la direction d'arrivée de chacun de ces photons. Pour concrétiser l'incertitude sur la position d'une source, les astronomes – ceux du domaine gamma en particulier – ont introduit la notion de boîte d'erreur.

Il s'agit du petit morceau de ciel, au contour plus ou moins circulaire, à l'intérieur duquel la source en question a les meilleures chances de se trouver. Avec la grosse centaine de photons recueillis en 1975, la boîte d'erreur de G 195+4 était énorme : un cercle de trois degrés de diamètre ! C'est à peu près l'angle sous lequel vous apparaît une pièce de cinq francs que vous tenez de face à bout de bras. Bien sûr, le temps passant, *Cos B* fut à nouveau braqué en direction de G 195+4. Et quand la mission s'acheva, c'était plus de neuf cents photons gamma dont les directions d'origine correspondaient *grosso modo* à celle de la source. Le flou sur la position de G 195+4 ne fut plus alors que d'un degré et demi. C'était encore beaucoup trop pour détecter à coup sûr son empreinte dans les autres domaines spectraux.

A priori, la boîte d'erreur de G 195+4 ne contenait aucun astre susceptible de rayonner dans le domaine gamma. Les radioastronomes n'y avaient détecté ni pulsar, ni vestige de supernova. Raison de plus pour exciter au plus haut point l'imagination des astrophysiciens, dont on sait qu'elle est quasiment sans borne. Dès que la découverte de G 195+4 fut rendue publique, certains l'identifièrent sans vergogne avec une étoile massive de la constellation des Gémeaux. D'autres – et j'en fus – proposèrent son association avec une galaxie naine, très proche de la Voie lactée, que les radioastronomes venaient juste de repérer.

À dire vrai, chercher ainsi un candidat source gamma à l'intérieur d'un cercle d'un degré et demi de diamètre – neuf fois la surface couverte par le disque lunaire – est un exercice encore plus vain que la recherche de la fameuse aiguille dans la fichue botte de foin. Dès que vous y regardez de plus près, vous constatez que des multitudes d'astres se pressent dans ce petit coin de ciel. Des étoiles, bien sûr, par milliers, mais aussi des galaxies, par dizaines. Alors, comment s'y retrouver ? En fait, c'est impossible. Ne vous étonnez donc pas que le découragement se soit peu à peu emparé de toute l'équipe *Cos B*, fatiguée de courir après une telle chimère.

Par dérision, G 195+4 fut affublée du nom de Geminga. Je vous invite à le prononcer *gué-min-ga*, car ce nom est bien plus que la simple contraction de *Gemini gamma* : « la source gamma de la constellation des Gémeaux ». C'est surtout la transcription phonétique de l'exclamation en dialecte milanais *(el) gh'é minga*, littéralement : « (elle) n'est pas là », proférée par les astronomes milanais travaillant sur *Cos B*, à l'encontre de cette mystérieuse source gamma, qui nous semblait à la fois partout et nulle part. Ce nom fut hélas prémonitoire, car il faudra près de vingt ans d'effort à une poignée d'astronomes pour percer le secret de Geminga.

À *la recherche du chaînon manquant*

Voilà donc une belle source de rayons gamma, une des plus brillantes du ciel dans la bande de cinquante à trois cents mégaélectronvolts, et dont on ne savait toujours rien, quatre ans après sa découverte. Est-ce une étoile ? Peut-être. Est-ce même une étoile à neutrons ? Pourquoi pas ! N'est-ce pas plutôt un trou noir ? C'est bien possible. Mais non ! C'est une galaxie. Ce serait même un quasar. Ah bon ! Puisque vous le dites... Une telle cacophonie faisait vraiment désordre, et le préjudice était certain pour l'astronomie gamma dans son ensemble. À quoi bon vous escrimer à observer dans un domaine spectral aussi exotique, si vous n'êtes même pas capable de savoir à quel type d'astre vous avez affaire ?

Mais comment dénicher la partie de Geminga émergeant dans le visible, alors que des milliers d'astres se pressent dans la boîte d'erreur de la source gamma ? Cette situation n'était pas sans rappeler celle qui prévaut chez les paléontologues chargés de décrire les étapes de l'évolution conduisant aux espèces qui peuplent aujourd'hui les mers, les terres et les airs. Ces spécialistes ont popularisé sous le nom de *chaînon manquant* ces éléments susceptibles d'établir une filiation claire entre les espèces animales actuelles – l'espèce humaine comprise – et leurs lointains ancêtres.

Prenez par exemple le cœlacanthe, ce curieux poisson, considéré comme un fossile vivant, et dont certains spécimens survivent encore dans les parages de Madagascar. Avec ses nageoires, qui ressemblent à des ébauches de membres locomoteurs, c'est l'illustration même de ce maillon qui permet de comprendre comment les salamandres, crapauds et autres amphibiens terrestres à quatre pattes ont évolué à partir de leurs ancêtres poissons.

De la même manière, nous autres astronomes gamma de la fin des années 1970 éprouvions ce besoin impérieux de jeter un pont entre le visible, si familier et si riche de moyens d'observation extraordinairement précis, et le domaine gamma, aux possibilités encore si limitées. Ce chaînon manquant, nous comptions sur l'astronomie X pour nous l'apporter. Cousine germaine de l'astronomie gamma, celle des rayons X connut les mêmes débuts difficiles, puisque comme les gamma cosmiques les X sont bloqués par la haute atmosphère. Leur détection est toutefois nettement plus aisée : à puissance rayonnée égale, une étoile X disperse cent mille fois plus de photons qu'une étoile gamma active dans la bande de cinquante à trois cents méga-électronvolts, comme c'est justement le cas de Geminga.

L'astronomie X connut de ce fait un développement beaucoup plus rapide que sa parente pauvre, condamnée au défrichage de l'impénétrable domaine gamma. Comme cela semble la règle pour les nouvelles astronomies, la première grande découverte dans le domaine des rayons X fut le fruit du hasard. Au début des années 1960, des physiciens spatiaux, qui n'osaient pas encore se qualifier d'astronomes, avaient installé un détecteur de rayons X à bord d'une fusée sonde. Leur but : détecter les photons X que le sol lunaire doit émettre en abondance, bombardé qu'il est par les protons et noyaux du rayonnement cosmique.

Comme vous l'avez déjà deviné, ils ne détectèrent pas la moindre émission X de la Lune [1]. En revanche, ils découvrirent tout à fait par hasard une source intense de rayons X, située quelque part dans le Scorpion. Ils l'affublèrent alors du nom de Sco X-1, signifiant ainsi qu'il s'agit de la source X la plus brillante de la constellation du Scorpion. Dans les années qui suivirent, quelques tirs de fusées dévoilèrent plusieurs autres sources brillantes. Les positions de ces sources sur la voûte céleste n'étaient toutefois pas mesurées avec une précision suffisante pour les apparenter avec des astres connus.

Les pionniers de l'astronomie X réussirent quand même un beau coup avec Tau X-1, la source X la plus brillante de la constellation du Taureau, localisée avec grande précision à la suite de son occultation par le disque lunaire. Je ne vous surprendrai pas en vous révélant que Tau X-1 fut aussitôt reconnue comme la version X de Tau A, la source radio la plus brillante

---

1. Découvrir le rayonnement X et gamma du sol lunaire produit par les rayons cosmiques est loin d'être une vue de l'esprit, c'est au contraire une technique de télédétection très efficace pour analyser la composition du sol des planètes et autres satellites du système solaire dépourvus d'atmosphère. De larges bandes de la surface lunaire furent ainsi étudiées par des détecteurs X placés à bord de sondes spatiales mises en orbite autour de la Lune.

de la constellation du Taureau, alias Messier 1, alias la nébuleuse du Crabe.

À la fin des années 1960, les radioastronomes révélaient l'existence des pulsars. Les tirs de fusées sondes se multiplièrent alors pour mettre en évidence l'éventuelle lumière X périodique que pourrait émettre le célèbre spécimen niché au sein de la nébuleuse du Crabe. Une équipe de Saclay participait à cette course au pulsar. Elle profitait alors de Véronique, une modeste fusée sonde, ancêtre lointaine d'Ariane, que le Cnes [2] nouveau-né lançait au profit des scientifiques depuis le pas de tir d'Hammaguir. Ce site saharien était en effet resté quelque temps à la disposition de la France après l'indépendance de l'Algérie, en attendant que les activités spatiales nationales se déplacent vers la Guyane et la base de Kourou, aujourd'hui au service du Cnes et de l'Esa.

En dépit d'une observation parfaitement réussie, mes collègues de Saclay furent malheureusement coiffés sur le poteau par les Américains. Sachez que les mythes propres à la société américaine – la lutte pour la vie, la loi du plus fort – n'épargnent pas le monde scientifique, au contraire. Ils y aiguisent ce redoutable esprit de compétition qui déroute tant les chercheurs européens, les Français en particulier, bien à l'abri dans le douillet cocon tissé par des siècles d'État providence et des décennies de corporatisme syndical. L'équipe de Saclay fut donc la première... à confirmer la découverte des Américains. Une bonne leçon que je n'oublierai jamais quand je me lancerai à mon propre compte dans le grand cirque de l'astronomie spatiale.

En seulement quelques années, l'astronomie X avait gagné ses premières lettres de noblesse. Assurément, le domaine X est loin d'être aussi rébarbatif que celui des rayons gamma. Les photons y sont beaucoup moins pénétrants, une mince feuille de métal peut les bloquer, mais ils sont surtout pléthoriques. Voyez, par exemple, le pulsar du Crabe. Il rayonne en gros la même énergie en X qu'en gamma. Mais un photon X d'un kiloélectronvolt emporte cent mille fois moins d'énergie qu'un photon gamma de cent mégaélectronvolts. Un détecteur X placé à bord d'une fusée sonde reçoit donc cent mille fois plus de photons du

---

2. Acronyme de Centre national d'études spatiales, l'agence française de l'espace.

Crabe par centimètre carré et par seconde que les modestes chambres à étincelles de *S.A.S. 2* et de *Cos B.*

Devenir astronome X en dix leçons

Pour détecter tous ces photons, il suffit d'un dispositif expérimental des plus primitifs. Prenez une enceinte cylindrique, assez large mais pas trop haute. Une grosse boîte de thon au naturel – vide, bien sûr – fera parfaitement l'affaire. Remplacez le couvercle de la boîte par une mince feuille de plastique transparent aux rayons X, après avoir pris soin de tendre à l'intérieur un fil métallique, l'anode, isolé électriquement des parois. Remplissez l'enceinte d'un gaz neutre, puis procurez-vous une batterie d'une centaine de volts. Reliez la borne + à l'anode, et complétez le circuit en connectant la borne − à la paroi métallique de l'enceinte. Vous disposez d'un appareil connu sous le nom de *chambre d'ionisation* [3], à peine modifié pour les besoins de l'astronomie X.

Le photon X qui se présente face à la fenêtre de la chambre n'éprouve aucune difficulté à franchir cet obstacle trop tendre pour lui. Il se retrouve alors dans l'enceinte où il court le risque de subir l'absorption photoélectrique, risque d'autant plus grand que la pression du gaz est élevée. En cas d'interaction, le photon X arrache à l'un des atomes du gaz un électron auquel il communique l'essentiel de son énergie. Poursuivant son parcours dans le gaz jusqu'à son absorption finale, cette particule chargée électriquement – donc ionisante – laisse derrière elle une traînée d'ions et d'électrons. Promptement collectées par le champ électrique qui règne entre l'anode et la carcasse métallique de l'enceinte, toutes ces charges se manifestent par un bref courant électrique parcourant le circuit.

Chaque absorption de rayon X dans la chambre provoque en définitive une impulsion électrique dont l'amplitude est proportionnelle au nombre de charges collectées, donc à l'énergie du photon ainsi détecté. Reste à déterminer la direction d'origine du photon. Comme les rayons X sont facilement bloqués

---

3. Pierre et Marie Curie utilisèrent un dispositif somme toute assez semblable pour mener à bien la préparation du polonium et du radium.

par les métaux, il vous suffit de disposer face à la fenêtre de la chambre un ensemble de petits tuyaux métalliques serrés les uns contre les autres. Seuls les photons se propageant plus ou moins parallèlement à ces petits tubes parviennent jusqu'à l'enceinte de détection. Muni d'un tel dispositif, dénommé *collimateur*, l'appareil est alors prêt à observer le ciel à bord du véhicule spatial de votre choix, fusée sonde ou satellite.

Pour repérer les sources de rayons X cosmiques, la méthode la plus simple consiste à faire pivoter le détecteur de telle façon que l'axe du collimateur balaye régulièrement la voûte céleste. Tout accroissement brutal du nombre des impulsions électriques dans le circuit d'alimentation du détecteur dénote le passage d'un astre émetteur de rayons X dans le champ du collimateur. Il est alors possible de localiser la source avec une précision d'autant plus grande que l'ouverture du collimateur est étroite. C'est ainsi qu'au début des années 1970 le satellite américain *S.A.S. 1* entreprit le premier inventaire complet du ciel X.

Ce premier exemplaire de la série des *S.A.S.* fut mis en orbite le 12 décembre 1970 par une fusée américaine *Scout*, lancée depuis San Marco, une base italienne installée à proximité de l'équateur, sur une plate-forme pétrolière au large des côtes du Kenya. Dans un bel élan de passion tiers-mondiste, tout à fait à la mode chez les intellectuels américains dont la grande majorité était alors en pleine révolte contre la guerre du Vietnam, *S.A.S. 1* fut rebaptisé *Uhuru*, ce qui signifie « liberté » en swahili [4]. Quelques années plus tard paraissait le catalogue 4U, la quatrième et dernière révision du dénombrement des sources X bâtie à partir des observations de *Uhuru*. Ce recensement était fort de plus d'une centaine d'astres actifs dans le domaine X, mais aucun d'eux ne pointait à l'intérieur du cercle d'erreur de Geminga.

Stimulés par les découvertes de *Uhuru*, les astronomes X mirent à profit la propriété qu'ont les rayons X de pouvoir être réfléchis sous faible incidence pour préparer une nouvelle génération de télescopes X. Comme les rayons gamma, les X parviennent sans grande peine à se faufiler entre les atomes d'un milieu matériel. Cependant, si les rayons X abordent le milieu

---

4. Les promoteurs du satellite entendaient ainsi fêter l'indépendance du Kenya, célébrée le jour même où l'appareil fut mis en orbite.

matériel sous un très petit angle – on parle alors d'incidence rasante –, ils sont réfléchis comme de vulgaires rayons visibles. Comment justifier un tel comportement ?

Imaginez-vous au volant d'une voiture, roulant à grande vitesse sur une belle route du midi de la France, bordée de platanes aux troncs noueux. Malgré le plaisir que vous procure la conduite sous cette fraîche voûte de verdure, il vous faut redoubler d'attention. La moindre faute peut vous être fatale, car si votre voiture s'écarte un tant soit peu de la route, l'alignement des arbres se révèle aussi infranchissable qu'une véritable muraille. Les troncs sont pourtant espacés les uns des autres d'une distance telle que votre voiture doit pouvoir largement se faufiler à travers eux. Encore faudrait-il vous présenter face à l'alignement des arbres, et non l'approcher sous un si petit angle.

Pour les rayons X qui abordent sous incidence rasante une plaque métallique idéalement lisse, l'alignement des atomes qui en constituent la surface semble aussi infranchissable que les platanes qui bordaient la route de vos vacances. Dans ces conditions, le rayonnement X est tout bonnement réfléchi par le métal poli, comme le serait un rayonnement du domaine visible.

Dès qu'il fut possible de réaliser des miroirs aussi parfaitement polis, les astronomes X furent les premiers à profiter de l'aubaine. Finis les collimateurs et les détecteurs de grande surface : la collecte des photons X cosmiques est désormais décuplée par de vastes miroirs qui focalisent le rayonnement sur de petits récepteurs, une pratique en usage dans tous les autres domaines spectraux – hormis bien sûr celui des rayons gamma. Avec les miroirs à incidence rasante, l'astronomie X pouvait enfin rejoindre le giron de l'astronomie traditionnelle.

Américain d'origine italienne, Roberto Giacconi, un des pionniers de l'astronomie X, fut le maître d'œuvre incontesté de cette évolution technique. L'aventure *Uhuru* à peine terminée, la Nasa lui confiait un des trois gros satellites de la série *H.E.A.O.* [5] pour mettre en orbite le premier télescope X à miroirs. Afin d'en accroître encore la surface de collection, les promoteurs du satellite avaient imaginé d'emboîter les uns dans les autres des dizaines de miroirs à incidence rasante, un peu à la manière de ces poupées gigognes que les touristes dignes de

---

5. Sigle pour *High Energy Astrophysical Observatory*.

ce nom rapportent de Russie. Chaque miroir devait en outre être poli avec un soin extrême, puis aligné avec une précision inouïe. Vous imaginez sans peine que cette entreprise fut avant tout un formidable défi technologique.

Mais la Nasa était encore richement dotée et ses ingénieurs très compétents. Ce premier grand télescope à rayons X – d'une masse de plus de trois tonnes pour six mètres et demi de longueur et deux mètres et demi de diamètre – fut mis en orbite le 13 novembre 1978. Il était alors affublé d'un nom de code anonyme, *H.E.A.O. 2*, censé rappeler qu'il était le deuxième de la série à rejoindre l'espace. Dès sa mise en service, il fut promptement rebaptisé du nom du père de la relativité générale, à l'occasion du centième anniversaire de sa naissance. La fantaisie du début des années 1970 cédait la place à un conformisme de bon aloi. Il faut reconnaître que *Einstein*, ça fait quand même plus sérieux que *Uhuru* !

Les mystères s'emboîtent

La vraie différence, c'étaient les performances : *Einstein* était cinq cents fois plus sensible que *Uhuru*. Une poignée de minutes lui suffisait pour détecter n'importe laquelle des sources du catalogue 4U ! Et ne croyez pas que tous ces miroirs si bien emboîtés se contentaient uniquement de collecter le rayonnement X. À l'instar de n'importe quel télescope opérant dans le domaine visible, *Einstein* était capable de former des images d'une finesse remarquable. Un petit détecteur enregistrait donc un par un les photons X focalisés par les miroirs à incidence rasante. Au bout d'un quart d'heure de pose, vous pouviez ainsi recueillir une image du ciel X couvrant un champ d'environ un degré.

La finesse de ces images était telle que l'on pouvait y évaluer la position de chacune des sources ponctuelles de rayons X détectées par *Einstein* avec une précision de quelques secondes d'angle. Quand vous pensez que les boîtes d'erreur des sources détectées par *Uhuru* se mesuraient, dans le meilleur des cas, en dizaines de minutes d'angle ! Vous vous doutez bien qu'un appareil aux performances aussi extraordinaires ne pouvait rester la propriété exclusive de ses seuls promoteurs, aussi prestigieux fussent-ils. Le programme d'observation d'*Einstein* fut donc peu à peu ouvert à des « observateurs invités », choisis en fonction de l'intérêt scientifique des cibles qu'ils envisageaient de pointer. Pour la première fois, des dizaines d'astronomes non spécialistes pouvaient accéder aux joies de l'astronomie X.

Il n'en fallut pas plus pour reprendre l'affaire Geminga. Giovanni (Nanni) Bignami et Patrizia Caraveo, mes amis milanais de l'équipe *Cos B*, se mirent aussitôt sur les rangs pour explorer avec *Einstein* le cercle d'un degré et demi de diamètre où se terrait la mystérieuse Geminga. Quatre pointages furent suffisants pour couvrir la boîte d'erreur de la source gamma et pour y révéler la présence de plusieurs sources de rayons X. Jusquelà, rien d'étonnant. *Einstein* était tellement fabuleux – je parle du télescope, bien sûr – que chacune de ses poses révélait au moins une source de rayons X.

Il est vrai que le ciel abonde en astres capables de briller dans le domaine X, à commencer par les étoiles les plus banales, qui comme le Soleil sont nimbées d'un plasma à très haute température, la couronne. Chauffé à plus d'un million de degrés, un tel milieu doit surtout rayonner dans le domaine X, même si la couronne solaire apparaît également dans le visible, du moins quand la Lune a le bon goût d'éclipser l'astre du jour. Vous ne serez donc pas étonnés que les sources repérées par *Einstein* dans la boîte d'erreur de Geminga fussent toutes, sauf une, promptement identifiées avec des étoiles proches.

Une seule source restait sur le carreau, la plus brillante. Sans hésiter, le comité de sélection des observateurs invités accorda une deuxième chance à ces incorrigibles fouineurs célestes qui, cinq ans après la découverte de Geminga, en grattaient encore la boîte d'erreur dans l'espoir d'en percer le secret. Cette nouvelle observation, la plus longue, fut menée en janvier 1980. Tirant le meilleur profit des exceptionnelles qualités du télescope *Einstein*, Nanni et Patrizia parvinrent à réduire à l'extrême l'incertitude sur la position de cette source X non identifiée. Pas de doute, ainsi cernée par les limites étroites que matérialisaient un cercle de quelques secondes d'angle de diamètre, la source en question ne devait pas tarder à en dire plus sur ses origines.

Pour repérer un astre dans le ciel, les astronomes disposent d'un atlas de base : les « plaques » du Palomar. Il s'agit d'une série de photographies de la voûte céleste obtenue avec un appareil à grand champ installé à proximité du célèbre télescope de cinq mètres. Chaque photo couvre un champ de plusieurs degrés. Un simple coup d'œil sur l'une d'elles suffit à vous convaincre à quel point le ciel est encombré d'étoiles ! Et pour peu que vous poussiez l'examen jusqu'à la magnitude dix-neuf [6], à la limite de sensibilité des plaques du Palomar, vous comprenez très vite que la multitude des étoiles répertoriées dans le visible rend extrêmement aléatoire la reconnaissance d'un astre repéré avec trop peu de précision dans un autre domaine spectral.

C'était loin d'être le cas d'*Einstein*, lui qui détectait les sources de rayons X avec une telle acuité que les identifier n'était plus qu'un jeu d'enfant. En effet, même en poussant les plaques du Palomar dans leurs derniers retranchements, il ne reste plus beaucoup de candidats à l'intérieur d'un cercle d'erreur de quelques secondes d'angle de diamètre. C'était même bien pire dans le cas de cette étrange source X qui pointait son nez au beau milieu de la boîte d'erreur de Geminga. Impossible de lui associer la moindre étoile ! Pour Nanni, ce fut à la fois un échec et un succès. Un échec, car il n'avait toujours pas trouvé dans le visible la trace de cet astre X qui ne fait peut-être qu'un avec la mystérieuse Geminga. Un succès quand même, car, parmi les milliers de sources détectées par *Einstein*, seules quelques-unes restaient ainsi sans parenté dans les cartes du Palomar.

Conclusion de cette première tentative pour découvrir la vraie nature de Geminga : la boîte d'erreur de la source la plus mystérieuse du ciel gamma renfermait l'une des sources les plus étranges du ciel X ! Était-ce le fruit du hasard ? Difficile à démontrer sur la base d'arguments purement statistiques. Restait l'intuition, une arme à double tranchant dans le monde scientifique. Si vous en manquez, vous laissez à d'autres les joies

---

6. L'échelle des magnitudes est une survivance des premiers âges de l'astronomie, quand les étoiles les plus brillantes du ciel étaient de première grandeur, tandis que celles de sixième grandeur, à peine visibles à l'œil nu, arboraient un éclat cent fois plus faible. L'échelle des magnitudes généralise cette classification aux étoiles invisibles à l'œil nu. Elle est définie de manière à respecter un rapport de cent entre l'éclat d'une étoile de magnitude un et celui d'une étoile de magnitude six. L'éclat d'une étoile de magnitude dix-neuf, à la limite des plaques du Palomar, est donc près de cent millions de fois plus faible que celui de Véga de la Lyre, l'incontestable star qui se produit au zénith des chaudes soirées d'été.

de la découverte. Mais gare à vous si vous lui faites trop confiance ! La nature est sans pitié, toujours prête à endormir votre sens critique avec de somptueux résultats préliminaires, conformes à vos intuitions, avant de vous assener avec une brutalité inouïe la preuve irréfutable de vos erreurs de jugement.

À l'aube des années 1980, ils étaient bien peu à croire qu'un seul et même astre pouvait être à l'origine de deux sources aussi mystérieuses l'une que l'autre, même si toutes deux cohabitaient dans un unique petit coin de ciel, quelque part dans la constellation des Gémeaux. Vous pensez bien que j'étais du nombre, aux côtés de mes amis milanais. Mais quelle galère ! Pas moins de douze longues années s'écoulèrent encore avant que notre intuition se révélât juste, avant que tout d'un coup le rideau se déchirât sur un astre qui s'avéra finalement si proche de nous, comme un dernier pied de nez à ces astronomes dont il défia si longtemps l'entendement.

La main de Frau von Röntgen

Pourquoi diable tant de scepticisme chez les astronomes ? Deux énigmes qui s'emboîtaient aussi parfaitement ne parvenaient donc pas à éveiller leur curiosité ? Eh bien, non ! Il leur en fallait encore plus. En étudiant minutieusement les données recueillies par *Einstein*, Nanni et son équipe firent en effet une découverte insolite, grâce à laquelle l'affaire Geminga rebondit vers de nouvelles voies de recherche. Ils diagnostiquèrent que cette mystérieuse source de rayons X, que faute de mieux ils avaient dénommée 1E 0630+178 [7], ne devait pas être très éloignée du Soleil, pas plus de cinq cents années de lumière !

Pour un astronome, cinq cents années de lumière – cinq millions de milliards de kilomètres – c'est la porte à côté, le voisinage galactique. Voyez Proxima Centauri : comme son nom l'indique, c'est l'étoile la plus proche du Soleil. Et pourtant, elle en est déjà éloignée de quatre longues années de lumière [8]. Alors

---

7. Les astronomes attribuent souvent aux sources de rayonnement qu'ils découvrent un matricule qui comprend un caractère rappelant le nom du télescope utilisé – ici E pour *Einstein* – suivi des coordonnées de la source exprimées dans le système de coordonnées célestes favori des astronomes : le système équatorial.

8. 4,3 années de lumière pour être précis.

cinq cents années de lumière, c'est encore à deux pas, deux à trois fois plus près que Rigel et Bételgeuse, les deux merveilles d'Orion.

À propos, vous vous demandez à juste titre comment estimer l'éloignement d'un astre à partir d'une simple observation dans le domaine X, alors que la détermination des distances reste l'une des tâches les plus ardues de l'astronomie ? Il suffit de se souvenir de la propriété essentielle des rayons X, celle qui les rendit célèbres dès l'annonce de leur découverte par Wilhelm von Röntgen, à la fin de cette année 1895, quand il fit de la main qu'il avait demandée en mariage une des plus célèbres de par le vaste monde.

Comme tant d'autres à l'époque, Röntgen se livrait à toute une série d'expériences pour étudier les décharges électriques dans les gaz. C'est ainsi qu'il avait entrepris de reprendre une « manip » dont il avait eu vent, et qui consistait à susciter la fluorescence d'un écran de platinocyanure de baryum en le plaçant à proximité immédiate d'un tube à décharge. Alors qu'il faisait chauffer ses appareils, Röntgen observa non sans surprise que l'écran, pourtant laissé loin à l'écart sur une chaise de son laboratoire, brillait autant que s'il était au contact du tube à décharge.

Comme tous les grands esprits, Röntgen sut saisir la chance au bond. Multipliant les tentatives, il découvrit en quelques jours le subtil pouvoir de pénétration de cette nouvelle sorte de rayons, capables de traverser le carton mais bloqués par le cuivre. Enfin quelques jours avant de rendre publics ses résultats, il demanda à son épouse de placer sa main entre le tube et l'écran. La photographie de l'écran qu'il obtint alors après un quart d'heure de pose restera tellement célèbre qu'en janvier 1995 elle fit encore la couverture de *Nature*, à l'occasion du centième anniversaire de la découverte des rayons X.

J'ai cette photo sous les yeux. On y dénombre un par un tous les os de la main. Le contour des chairs est plus flou, mais on le suit quand même sans peine. En revanche, l'empreinte en négatif d'une bague apparaît distinctement sur la quatrième phalange de Frau von Röntgen. D'un seul coup d'œil, on comprend tout : les rayons X sont peu absorbés par les tissus les plus mous, nettement plus par les os, et totalement par l'anneau métallique. L'épaisseur n'est pas en cause : Herr von Röntgen menait une existence sans doute fort respectable de professeur à l'Institut de Würtzburg, et sa femme n'était certainement pas du genre à s'exhiber avec une énorme bague au doigt.

En fait, ce qui compte, ce sont les éléments qui composent les milieux placés sur le parcours des rayons X. Les tissus mous renferment beaucoup de molécules d'eau, soit deux atomes légers d'hydrogène associés à un seul atome d'oxygène, un peu plus lourd. Les rayons X s'y glissent sans grande peine. Les os sont plus compacts et calcifiés, plus riches en atomes de calcium nettement plus lourd. Apparemment, ils bloquent mieux les rayons X. J'ose enfin croire que la bague était en or, un élément dont les atomes sont parmi les plus massifs. Et on voit très bien sur la fameuse photo qu'un mince anneau d'or est un écran total pour le rayonnement X. La règle est donc des plus simples : pour arrêter efficacement les rayons X, il faut leur opposer des éléments dont les atomes sont les plus massifs possible.

Pour être complet, sachez enfin que les photons X « mous », ceux dont l'énergie vaut moins de deux ou trois kiloélectronvolts, sont beaucoup moins pénétrants que les X plus « durs ». Qu'en est-il maintenant dans les espaces interstellaires ? Comme dans le corps humain, les ingrédients ne manquent pas entre les étoiles pour absorber les rayons X, à commencer par les nuages interstellaires. Outre beaucoup d'hydrogène et pas mal d'hélium, ces milieux, bien que très dilués, renferment aussi quelques atomes plus lourds – carbone, azote, oxygène et même une pincée de fer – aptes à bloquer les photons X les plus mous. Peu ou pas absorbés, les X plus durs éprouvent beaucoup moins de difficulté à se propager sans encombre, même sur de très longues distances.

Si une source céleste de rayons X s'avère particulièrement riche en photons mous – comme ce fut le cas de 1E 0630+178 –, vous pouvez sans grand risque affirmer qu'un tel astre est sans doute assez proche. Pour être plus précis, il faudrait connaître en détail la distribution des milieux absorbants au voisinage du Soleil. Malheureusement, la structure du gaz dans la Galaxie évoque irrésistiblement celle d'un fromage de gruyère, avec beaucoup de trous. Pour peu que la ligne de visée joignant 1E 0630+178 et le satellite *Einstein* traverse un maximum de régions vides de gaz, les photons les plus mous sont épargnés, même sur cinq cents années de lumière. Impossible alors d'assigner à la source une distance moindre. Si par contre le rayonnement se propage dans des zones mieux remplies, la survivance des photons les plus mous implique une distance bien inférieure.

Quoi qu'il en soit, la campagne d'observation menée avec *Einstein* démontra sans conteste que 1E 0630+178 est bien située quelque part à l'intérieur de ce trou du gruyère galactique qu'il est convenu d'appeler la « bulle locale ». Les astronomes désignent ainsi une zone aux contours imprécis, s'étendant de cent cinquante à cinq cents années de lumière tout autour du Soleil, où la densité du gaz interstellaire est particulièrement raréfiée.

Grâce à la main de Frau von Röntgen, les enquêteurs du ciel venaient de dénicher un troisième indice : l'étrange 1E 0630+178, non détectée dans le visible jusqu'à la dix-neuvième magnitude, et qui était, du moins pour certains, à l'origine d'une puissante émission de photons gamma de haute énergie, s'avérait donc située à moins de cinq cents années de lumière du Soleil. Il n'en fallut pas plus pour relancer l'affaire Geminga.

Bonne pioche à Hawaii

Les résultats des observations X du champ de Geminga, la découverte de 1E 0630+178 et l'estimation, même grossière, de la distance limite de cette source X furent rapidement portés à la connaissance des astronomes. Le point d'orgue fut un article soumis par Nanni à *The Astrophysical Journal* [9]. Ce long papier fut publié en mai 1983. La renommée de Geminga s'étendit alors peu à peu au-delà du cercle fermé de l'astronomie X et gamma. Cette notoriété grandissante incita donc les astronomes à poursuivre la recherche d'indices qui parviendraient rapidement – c'est du moins ce que j'espérais à l'époque – à légitimer les liens entre Geminga et 1E 0630+178.

Sachant qu'un astre mystérieux se cachait quelque part à l'intérieur d'une petite cellule de ciel dont le diamètre se mesure en secondes d'angle, les astronomes des meilleurs observatoires

---

9. *The Astrophysical Journal* est publié depuis un siècle par la Société astronomique américaine. Placé dix-neuf ans sous la direction éditoriale quelque peu dictatoriale de Subrahmanyan Chandrasekhar, il est devenu l'une des trois ou quatre revues que les astrophysiciens apprécient le plus.

terrestres mirent leur point d'honneur à en découvrir l'empreinte dans le visible. La traque débuta au CFH, le superbe instrument mis en œuvre par la Société du Télescope Canada-France-Hawaii sur le Mauna Kea, dans l'île d'Hawaii. Le sommet aride et désolé de ce volcan éteint depuis des millénaires culmine à plus de quatre mille mètres au-dessus du Pacifique. Une demi-douzaine d'observatoires astronomiques de toutes nationalités s'y pressent pour profiter des excellentes conditions d'observation – absence de nuage, atmosphère très pure, air raréfié et peu turbulent – que procure une haute montagne en bord de mer.

Rebaptisé depuis peu Service d'astrophysique, le laboratoire de Saclay où je travaillais alors – et où je travaille encore – s'était lancé dans un programme d'observation dans le visible, loin des domaines X et gamma où il avait connu ses premiers succès. Sous l'impulsion de Laurent Vigroux, le Service avait développé un nouveau détecteur bâti autour de minuscules composants électroniques, les CCD [10]. Propres à décupler la sensibilité des récepteurs placés au foyer des télescopes, les caméras à CCD confèrent à un modeste appareil d'un mètre de diamètre la même sensibilité que celle affichée par le télescope de cinq mètres installé au sommet du mont Palomar lors de sa mise en service en 1948.

Le cocktail qui consista à mettre un doigt de CCD dans un grand tube de CFH se révéla particulièrement efficace. Dès 1983, une première observation montra que le cercle d'erreur de 1E 0630+178 n'était pas aussi vide d'étoiles que le laissaient croire les cartes du Palomar. En janvier 1984, profitant de conditions exceptionnelles de visibilité au sommet du Mauna Kea, Vigroux réussit une série d'images au piqué exceptionnel. Nanni fouilla alors la boîte d'erreur de la source X avec une telle vigueur qu'il parvint à y déceler peu à peu trois étoiles baptisées G, G' et G'' – G comme Geminga, vous l'aviez deviné. Toutes trois sont trop peu lumineuses pour figurer sur les plaques du Palomar ; G'', en particulier, est l'astre le plus pâle du lot, avec sa magnitude de vingt-cinq et des poussières.

Au long des années 1980, d'autres observatoires terrestres parmi les plus huppés fouillèrent à leur tour le cercle d'erreur

---

10. Sigle pour *Charge Coupled Device*, littéralement : « Dispositif à transfert de charge ».

de 1E 0630+178 pour approfondir les trouvailles de Vigroux. Mais aucun astre nouveau n'y fut découvert. On en resta donc à G, G' et G". Vous pensez bien que chacune de ces trois étoiles fut examinée avec un soin extrême pour deviner laquelle pouvait être la trace de 1E 0630+178 dans le visible. En dernière analyse, c'est G", la plus faible des trois, qui décrocha le pompon, pour la simple raison qu'elle semblait nettement plus vivace dans le bleu que dans le rouge.

L'argument peut paraître bien faible, mais c'était le seul disponible à l'époque. Pour bien le comprendre, je vous propose d'abord une petite énigme, celle-là même que 1E 0630+178, en bon adepte du sphinx, soumettait aux astronomes des années 1980 : « Je suis un astre, je suis tout petit et je brille dans le domaine X. Que suis-je ? » Si j'en crois Tchekhov, les gens intelligents aiment apprendre, et les imbéciles enseigner. Dans ces conditions, les pages qui précèdent vous ont fourni la clé de l'énigme. Pas d'hésitation possible en effet, il ne peut s'agir que d'un astre extrêmement compact, une étoile à neutrons, notamment.

À température de surface égale, la loi de Stefan condamne en effet une étoile à neutrons à briller deux milliards de fois moins que le Soleil, et cela en raison de sa petite taille. Mais la même loi de Stefan lui permet de resplendir tant et plus à la seule condition d'accuser une température de surface beaucoup plus élevée. À un million de kelvins par exemple, sa luminosité serait voisine de celle du Soleil ! Mais elle rayonnerait alors en plein dans le domaine X. Conséquence : elle ne serait presque pas détectable dans le visible. Vous voyez donc qu'en vertu des seules lois de l'émission thermique, un même astre peut briller en abondance dans le domaine X, comme 1E 0630+178, tout en restant à la limite de sensibilité du CFH, comme l'étoile G".

Une telle étoile n'a pas le choix : puisque sa température de surface l'oblige à briller préférentiellement dans le domaine X, elle doit maintenir un semblant d'éclat dans cette bande du visible qui donne du côté des X, donc du côté bleu. Or G" est la plus bleue des trois étoiles repérées dans le cercle d'erreur de 1E 0630+178. C'était donc bien la seule du lot qui méritait d'être considérée comme la contrepartie visible de la source X.

Il n'en reste pas moins qu'à la fin des années 1980, en dépit de ces résultats encourageants sur la recherche de 1E 0630+178 dans le visible, Nanni et les fidèles zélateurs de Geminga n'avaient pas progressé d'un iota dans leur recherche d'indices pour légitimer les liens entre G″, 1E 0630+178 et la mystérieuse source gamma. Mais foin de tout découragement, le dénouement s'approche...

Du rififi chez les gamma

Pendant toutes ces années, l'astronomie gamma était curieusement restée à l'écart de cette traque tous azimuts. Et les données de *Cos B* ? me direz-vous. En avait-on vraiment tiré le maximum ? Il est vrai que Geminga avait été observée à six reprises pendant les sept années de fonctionnement du satellite européen. Mais en 1982, quand l'écoute du satellite dut prendre fin – non qu'il tombât en panne, mais faute de subsides pour en poursuivre l'écoute [11] ! –, les servants de *Cos B* avaient grappillé en tout et pour tout un petit millier de photons gamma censés provenir de Geminga. Ça n'est vraiment pas beaucoup, c'est même très peu. Et pourtant Geminga est l'une des sources les plus brillantes dans la bande des rayons gamma de haute énergie.

En observant 1E 0630+178, l'éventuelle contrepartie de Geminga dans le domaine X, une source assez modeste au demeurant, *Einstein* avait recueilli *grosso modo* le même nombre de photons au bout de seulement quelques heures de pose ! Il faut décidément une bonne dose d'obstination pour être un astronome gamma ! Que pouvait-on tirer de ce paquet de photons pour en savoir plus sur Geminga ? Affiner la position, réduire la boîte d'erreur ? On gagna quelques dixièmes de degré, mais rien de décisif. Restait la recherche d'une éventuelle variabilité temporelle. Geminga ne partageait-elle pas, avec le pulsar du Crabe et celui des Voiles, le privilège d'être un astre essentiellement gamma ? Pourquoi ne serait-elle pas un pulsar ?

---

11. Bien qu'un satellite comme *Cos B* eût été conçu pour survivre seul dans l'espace, il nécessitait quand même le support d'ingénieurs et de techniciens chargés d'en recueillir les données et de lui transmettre les télécommandes aptes à le pointer dans la bonne direction. Au début des années 1980, l'Esa déboursait ainsi chaque année la bagatelle de dix millions de francs pour payer tout ce petit monde. L'intérêt scientifique s'étant quelque peu émoussé, l'Agence décida un beau jour d'arrêter les frais.

Normal qu'une telle idée se mît à germer dans l'esprit des radioastronomes. Dès qu'ils eurent pris connaissance des premiers résultats gamma, les chasseurs de pulsars s'empressèrent de scruter la boîte d'erreur de Geminga. En vain. Même les meilleurs firent chou blanc ! Ce ne fut pourtant pas faute d'utiliser le plus grand radiotélescope du monde, celui d'Arecibo, dont l'immense antenne de plus de trois cents mètres de diamètre tapisse une vaste cuvette naturelle dans l'île de Porto Rico. Cruauté supplémentaire de la nature : si Geminga est un authentique pulsar, il est curieusement muet dans le domaine radio.

Restaient les mille photons recueillis par *Cos B*. Dans le domaine gamma, surtout à haute énergie, les observations durent très longtemps, les photons sont extrêmement rares. Il est donc quasiment impossible de déceler une quelconque périodicité – comme celle des pulsars – sans connaître à l'avance la période et la position précise de la source. Mais si vous voulez devenir un bon astronome gamma, il faut absolument bannir le mot « impossible » de votre vocabulaire. Les plus audacieux s'évertuèrent donc à chercher des signes de périodicité dans les données de *Cos B*, sans grand succès d'ailleurs. Néanmoins, quel travail !

Vous observez en effet quatre ou cinq photons par jour en direction de Geminga, et il vous faut ausculter les temps d'arrivée de ces photons pour savoir s'ils sont en phase avec une éventuelle émission cyclique, dont vous ignorez non seulement la période, mais aussi l'évolution. Vous voyez, c'est une affaire très risquée. À force de couper ainsi les photons de Geminga en quatre, on en vint à leur faire dire un peu n'importe quoi. Il en résulta quelques fausses notes, dont les échos eurent un effet des plus fâcheux sur la crédibilité des observations gamma. Pas de doute, sans aide extérieure, *Cos B* ne pouvait rien apporter de plus. Alors, que faire ? De meilleures observations gamma, bien sûr.

Je m'y employai au long des années 1980, en me consacrant, avec mes amis de Saclay et de Toulouse, à la mise au point du télescope Sigma. À n'en pas douter, les déboires de *Cos B* dans l'affaire Geminga furent déterminants pour convaincre les décideurs de l'astronomie spatiale qu'il fallait à tout prix accroître la finesse des observations dans le registre gamma. Mais l'appareil dont j'entrepris alors la réalisation était plutôt orienté vers la chasse aux trous noirs. Son domaine spectral s'avéra très mal adapté au rayonnement émis par Geminga. Sigma eut beau pointer la source, l'image recueillie par le télescope se révéla fort décevante : Geminga n'est pas active dans le domaine des rayons gamma de basse énergie, là justement où Sigma excelle.

Restait la bande des rayons gamma de haute énergie. *Cos B* avait bien un successeur, l'expérience Egret [12], fruit d'une collaboration entre les anciens de *S.A.S. 2* et les Munichois de *Cos B*, rejoints par des physiciens nucléaires de l'Université de Standford, en Californie. Il ne faut donc pas s'étonner d'y retrouver une chambre à étincelles, beaucoup plus grosse que celle de *Cos B* ou de *S.A.S. 2*, mais toujours affligée – dans une moindre mesure, toutefois – de cette myopie congénitale propre aux appareils issus de la physique nucléaire.

L'appareil était fin prêt en 1986, quand le désastre de *Challenger* cloua au sol pour cinq longues années le satellite de la Nasa à bord duquel Egret devait rejoindre son poste de travail dans l'espace. En avril 1991 enfin, la soute de la navette spatiale *Atlantis* s'ouvrait sur les seize tonnes de l'observatoire américain à rayons gamma que les astronautes s'empressèrent de déployer. Mise en orbite sous le nom de *Compton*, cette énorme plate-forme spatiale emportait une batterie d'appareils destinés à visiter presque toute le domaine gamma, avec Egret pour couvrir les hautes énergies.

Une fois *Compton* déclaré bon pour le service, Egret fut pointé sans tarder en direction de Geminga. Avec son imposante surface de détection, plus de dix fois celle de *Cos B*, Egret détecta Geminga avec une aisance insolente. Beaucoup plus de photons, un pouvoir séparateur un peu moins médiocre, il n'en fallait pas plus pour mesurer la position de la source avec une bien meilleure précision. À cette occasion, certains n'hésitèrent pas à mettre à bas l'édifice patiemment édifié par Nanni, sous le prétexte que 1E 0630+178 se trouvait maintenant presque exclue de la nouvelle boîte d'erreur de Geminga !

Il faut savoir que la triple identification entre Geminga, 1E 0630+178 et G″ était depuis des années l'objet d'une querelle dont l'âpreté dépassait largement les bornes de la courtoisie

---

12. Acronyme pour *Energetic Gamma Ray Experiment Telescope*, dont la traduction libre serait : « télescope à rayons gamma de haute énergie ».

scientifique. Les plus virulents de ses détracteurs se recrutaient surtout parmi les anciens de *Cos B*, avec en pointe un quarteron hétéroclite d'astronomes siciliens et munichois. Ces parangons de vertu scientifique n'avaient pas cessé de traîner dans la boue les travaux de Bignami et consorts, au nom d'une prétendue rigueur qui ne parvenait même pas à dissimuler leur insondable manque d'imagination.

Le plus obtus d'entre eux était justement à l'origine de cette analyse des données Egret, qui remettait en cause l'identité Geminga = 1E 0630+178. Vous pensez bien qu'il s'empressa d'en divulguer les résultats préliminaires ! En mars 1992, lors d'un congrès organisé à Toulouse pour présenter les premiers résultats de Sigma et de *Compton*, on le vit donc, carte du ciel à l'appui, décréter que 1E 0630+178 n'avait vraiment rien à voir avec Geminga ! Émoi dans l'assistance ! Il n'eut malheureusement pas le temps de s'enfoncer plus en avant dans le ridicule : quelques semaines plus tard, le satellite allemand *Rosat* [13] découvrait enfin la pièce à conviction qui manquait pour garantir le lien de parenté entre Geminga et 1E 0630+178.

Le Röntgen Sattelit déterre le chaînon manquant

L'ère *Einstein* s'était achevée trop vite. Un an avant la fin de *Cos B*, le premier grand observatoire du domaine des rayons X mettait la clé sous la porte, ses gyroscopes stabilisateurs étant tombés en panne l'un après l'autre. Les astronomes X n'eurent pourtant pas à entreprendre la même traversée du désert que leurs collègues gamma avant de retrouver le chemin les cieux. De 1983 à 1986, la succession du premier observatoire X digne de ce nom fut assurée par le satellite *Exosat* de l'Esa. Équipé lui aussi de miroirs à incidence rasante, *Exosat* ne manqua pas de pointer 1E 0630+178, confirmant si besoin était les observations d'*Einstein*.

Puis à partir de 1990, ce fut le tour de *Rosat*, un satellite observatoire du type *Einstein*. Sa gamme spectrale délibérément orientée vers les rayons X les plus mous s'avéra décisive dans

---

13. Contraction de *Röntgen Satellit*, en hommage au physicien allemand qui découvrit les rayons X en 1895.

l'affaire Geminga. Pendant les six premiers mois de sa vie orbitale, *Rosat* entreprit un balayage systématique de la voûte céleste, afin de produire l'équivalent des cartes du Palomar dans le domaine des rayons X mous. Succès complet : plus de cinquante mille sources de rayons X dûment détectées et repérées, presque autant que de photons gamma recueillis par *Cos B* ! Ça vous donne une idée de l'abîme qui sépare les astronomies X et gamma !

Son inventaire du ciel X terminé, *Rosat* mit son superbe jeu de miroirs à incidence rasante à la disposition d'observateurs invités, dans la grande tradition des observatoires X. Vous pensez bien que Nanni se mit aussitôt sur les rangs en proposant un pointage de 1E 0630+178. Mais en raison de la participation américaine à la mission *Rosat* – la Nasa avait mis le satellite en orbite –, la sélection des observateurs invités accordait une priorité certaine aux astronomes d'outre-Atlantique, et c'est Jules Halpern qui profita de l'aubaine. Il avait de bons arguments à faire valoir : au milieu des années 1980, déjà passionné par l'affaire Geminga, Jules Halpern avait entrepris lui aussi l'exploration de la boîte d'erreur de 1E 0630+178 avec le télescope de cinq mètres du mont Palomar.

Du 14 au 17 mars 1991, *Rosat* pointa la source X à dix reprises, recueillant près de huit mille photons X en quatre heures de pose. Le calcul est simple : un photon détecté toutes les deux secondes en moyenne ! Dans ces conditions, il devrait être beaucoup plus simple de repérer les signes d'une éventuelle périodicité dans le domaine des rayons X mous que dans celui des gamma de haute énergie, où *Cos B* ne dénichait qu'un malheureux photon toutes les six heures. Et c'est exactement ce qu'il advint. En avril 1992, les premières rumeurs commencèrent à filtrer : l'émission X de 1E 0630+178 serait bel et bien affectée de pulsations cohérentes, dont la période serait d'environ un quart de seconde.

Aussitôt informés de la mesure précise de cette période [14], Nanni et Patrizia s'empressèrent de dépoussiérer la base de données où ils avaient rangé les temps d'arrivée des quelque neuf cents photons gamma enregistrés par *Cos B* dans la direction de Geminga. Ils découvrirent en un tournemain que la période

---

14. Très exactement 237 millisecondes.

trouvée dans le domaine X s'ajustait à merveille aux données gamma. La boucle était enfin bouclée ! La plus insolite des sources X et la plus énigmatique des sources gamma ne sont qu'un seul et même astre, un banal pulsar, serais-je tenté de dire. Enfin, pas si banal que cela puisqu'il s'est avéré étrangement muet dans le domaine radio.

Après treize ans de difficulté, Nanni touchait enfin au but. Ils avaient bonne mine, ses détracteurs, les anciens de *Cos B* en tête, forcés de constater que la période découverte par *Rosat* s'accordait avec le même bonheur aux temps d'arrivée des photons gamma qu'Egret venait de détecter par milliers dans la direction de Geminga. Les anciens de *S.A.S. 2* exhumèrent aussi leurs données vieilles de vingt ans. Ils confirmèrent sans hésiter que l'astre gamma qu'ils avaient découvert deux décennies auparavant présentait déjà à l'époque tous les stigmates d'un authentique pulsar gamma.

Curieux printemps 1992 ! En quelques semaines, la vie secrète de Geminga s'étalait en pleine lumière. On apprit d'abord que la période de rotation de Geminga, comme celle de tous les pulsars de bonne facture, s'allongeait progressivement avec le temps. Normal, me direz-vous, puisque c'est justement ce freinage qui la nourrit d'énergie ! Notez surtout que la mesure d'un tel effritement de période, entreprise sur près de deux décennies, donc avec une remarquable précision, ouvrit une nouvelle voie pour estimer l'éloignement de Geminga.

Coincée entre la limite de Chandrasekhar et celle de Landau-Oppenheimer, une étoile à neutrons ne peut pas se permettre de trop grands écarts de masse : entre une fois et demie et trois fois celle du Soleil. Il en va de même pour son rayon, une quinzaine de kilomètres. Dans ces conditions, il est assez facile de fixer la perte d'énergie rotatoire dont dispose un pulsar pour rayonner dans le domaine gamma. C'est ainsi qu'une étoile à neutrons tournant sur elle-même environ quatre fois par seconde – comme Geminga – et dont la période de rotation augmente de six millionièmes de seconde en vingt ans – toujours comme Geminga – fournit une puissance d'environ trois millions de milliards de milliards de kilowatts [15].

----

15. Pour mieux vous représenter une telle puissance, sachez qu'elle équivaut à cent fois celle que les réactions thermonucléaires libèrent au sein du Soleil.

Reste à connaître la fraction de cette fabuleuse énergie que Geminga ponctionne pour rayonner dans le domaine gamma. *A priori*, personne n'en sait rien. Le seul moyen pour estimer ce qu'il conviendrait d'appeler le « rendement gamma » de Geminga consiste à le mesurer chez d'autres pulsars du même type. Pas facile toutefois d'en trouver un qui lui ressemble, sachant que les pulsars aptes à rayonner des photons gamma de haute énergie se comptent encore sur les doigts des deux mains, même si grâce à *Compton* la liste s'est allongée de quelques nouveaux spécimens.

En fait, le seul pulsar dont le comportement rappelle celui de Geminga est PSR 0833-45, mieux connu sous le nom de pulsar des Voiles. Animé d'une période de rotation du même ordre de grandeur, le pulsar des Voiles convertit environ un pour cent de son énergie rotatoire en rayon gamma de haute énergie. Si Geminga fait de même, elle répand donc dans le domaine gamma la bagatelle de trente mille milliards de milliards de kilowatts. Et si je vous précise que les détecteurs gamma pointés vers Geminga collectent, bon an, mal an, une puissance d'environ deux millièmes de milliardième de watt par mètre carré, il ne vous sera pas trop difficile d'estimer la distance de Geminga : environ trois cents années de lumière !

Mais l'avalanche de résultats ne s'arrêta pas là. Faisant fi de toute galanterie, les astronomes s'empressèrent de révéler l'ultime secret de Geminga : son âge. Jour après jour, Geminga tourne de moins en moins vite sur elle-même. Aucun doute à ce sujet, vingt ans d'observations gamma en témoignent. En projetant le film à l'envers, vous vous retrouvez peu à peu à l'époque où Geminga tournait beaucoup plus vite. Vous voilà donc en mesure de dater *grosso modo* l'âge du pulsar : à peine trois cent soixante-dix mille ans ! Et comme les étoiles à neutrons sont produites lors d'une explosion de supernova, vous en déduisez immédiatement qu'à cette époque, somme toute pas si lointaine, une étoile explosa pour donner naissance à Geminga.

Et pourtant, elle bouge !

Je vous laisse imaginer la jubilation qui fut la nôtre, nous les fervents de Geminga ! Toutes nos prophéties du début des années 1980 confirmées l'une après l'autre ! Bien sûr, la sagesse populaire n'a pas tout à fait tort de prétendre qu'il ne faut pas avoir raison trop tôt – treize ans trop tôt, en l'occurrence. Et pourtant, l'affaire Geminga n'était pas encore terminée. Bien des zones d'ombre subsistaient encore. Qu'en était-il par exemple de cette fameuse étoile G″ ?

En raison de sa surprenante couleur bleue, nous en avions fait, peut-être bien imprudemment, la contrepartie dans le visible de 1E 0630+178, alias Geminga. N'allez pas croire que, grisé par le succès, Nanni avait perdu G″ de vue. Bien au contraire. Profitant du nouvel accès de notoriété dont profitait le nom de Geminga, il avait convaincu le directeur général de l'Eso [16] qu'il serait judicieux d'observer le champ de G″ avec le NTT [17], la dernière petite merveille des astronomes, qui venait d'être installée au sommet d'un pic désolé de la Cordillère des Andes, au Chili.

Le NTT observa donc Geminga au début de novembre 1992, dans d'excellentes conditions de visibilité. Les astronomes de service en profitèrent pour accumuler une dizaine de poses d'un quart d'heure chacune qu'ils s'empressèrent de réunir en une image unique. Cette image fut aussitôt transmise vers Milan par les bons soins d'*Internet*. Dès qu'ils furent en possession de l'image NTT, Nanni et ses collaborateurs la comparèrent sans tarder avec l'image CFH obtenue en janvier 1984, huit ans plus tôt. Et là, nouvelle surprise, et de taille : G″ avait bougé par rapport aux autres étoiles du champ.

En compulsant toutes les images obtenues depuis huit ans, Nanni estima que G″ avait dérivé à une vitesse angulaire apparente d'environ une seconde d'angle en cinq ans. Cela peut vous sembler très lent : à cette vitesse il lui faudrait presque dix mille ans pour couvrir un trajet angulaire égal au diamètre apparent de la Lune ! Sachez pourtant qu'un tel déplacement, que les astronomes dénomment *mouvement propre*, est plutôt incongru dans le monde figé des étoiles. Elles sont très peu à se mouvoir aussi rapidement sur la voûte céleste. Pour y parvenir, l'astre

---

16. Acronyme de *European Southern Observatory*.
17. Sigle de *New Technology Telescope*. Cet appareil révolutionnaire est équipé d'un miroir de trois mètres soixante, assez mince pour être encore flexible, ce qui permet un contrôle actif de sa surface grâce à une batterie de petits supports pilotés par ordinateur, d'où une exceptionnelle qualité d'image.

doit être très proche, ou animé d'une très grande vitesse, ou encore mieux, les deux à la fois.

Il ne me sera pas trop difficile de vous convaincre que Geminga doit à coup sûr présenter un mouvement propre appréciable. Souvenez-vous : les astronomes ont de bonnes raisons de croire que les pulsars sont éjectés à grande vitesse – plusieurs centaines de kilomètres par seconde – des sites où ils ont été formés. En bon pulsar, Geminga n'a aucune raison d'échapper à la règle commune. Inutile non plus de vous rappeler que Geminga est l'une des étoiles à neutrons les plus proches jamais détectées. Vitesse élevée et grande proximité, tous les ingrédients sont donc réunis pour que Geminga accuse un mouvement propre parmi les plus significatifs du monde stellaire. Plus aucune hésitation : G'' et Geminga ne font qu'un. Victoire sur toute la ligne et le prix Rossi [18] pour Nanni.

Alors, la messe est dite ? Certainement pas, tant que la question cruciale de sa distance n'est pas définitivement réglée, même si plus personne ne doute que Geminga soit une proche voisine du Soleil, du moins à l'échelle de la Galaxie. En témoignent l'absence de toute trace d'absorption interstellaire dans son émission X, la puissance limitée dont elle disposerait pour rayonner dans le domaine gamma, et pour finir ce mouvement propre décelé dans le visible. Geminga n'est donc pas bien loin, quelques centaines d'années de lumière tout au plus. Mais comment s'en assurer ?

La seule solution consiste à tirer parti de l'illusion dont chaque usager SNCF est victime en regardant par la fenêtre de son compartiment. C'est bien connu : en dépit de la rapidité du train, le paysage lointain vous semble tout à fait immobile, tandis que les poteaux plantés le long de la voie paraissent défiler à grande vitesse. Passagers d'un même wagon cosmique, la Terre, les astronomes voient donc les étoiles les plus proches défiler sur l'arrière-plan que constituent les étoiles plus lointaines. Et comme la Terre fait des ronds autour du Soleil, les étoiles proches semblent ainsi osciller sur la voûte céleste, au rythme d'un aller et retour par an.

---

18. Ce prix est attribué chaque année par la Société astronomique américaine, en mémoire de Bruno Rossi, pionnier du rayonnement cosmique, pour récompenser un travail original dans le domaine de l'astrophysique des hautes énergies.

Dans ces conditions, il ne devrait pas être si difficile d'estimer la distance d'une étoile proche. Il vous suffit de mesurer l'amplitude de ses oscillations annuelles par rapport aux étoiles du fond, puis de résoudre un problème de géométrie. Pas de panique, c'est très simple. Il s'agit en effet de déterminer la longueur des deux côtés semblables d'un triangle isocèle très allongé, connaissant la longueur du troisième côté et la valeur de l'angle au sommet. Élémentaire, n'est-ce pas ? Vous avez deviné que les deux grands côtés du triangle isocèle, c'est justement la distance Terre-étoile, que le troisième côté du triangle isocèle, c'est le diamètre de l'orbite terrestre – environ trois cents millions de kilomètres. Quant à l'angle au sommet, il mesure l'amplitude des oscillations annuelles de l'étoile par rapport au fond.

Inutile aussi de vous cacher plus longtemps que la demi-valeur de cet angle s'appelle la *parallaxe annuelle* de l'étoile en question. Plus la parallaxe d'une étoile est petite, plus sa distance est grande. À propos, la distance qui correspond à une parallaxe d'une seconde d'angle, distance à laquelle on voit donc le rayon de l'orbite terrestre sous un angle d'une seconde, est devenue l'unité d'éloignement la plus prisée des astronomes. Connue sous le nom de *parsec*, contraction de parallaxe-seconde, ce mètre étalon des arpenteurs célestes vaut un peu plus de trois années de lumière, soit la bagatelle de trente mille milliards de kilomètres !

Les distances stellaires étant démesurées, les parallaxes des étoiles sont infimes. Pensez que celle de Proxima Centauri, l'étoile la plus proche du Soleil, n'atteint même pas une seconde d'angle ! Et c'est là que le bât blesse, car en raison des turbulences qui agitent l'atmosphère terrestre il est très difficile d'estimer des écarts angulaires inférieurs à un dixième de seconde d'angle, et donc de mesurer la distance des étoiles au-delà d'une dizaine de parsecs. Alors, que faire ? Mesurer depuis l'espace, une mission que les astronomes européens menèrent à bien avec le satellite *Hipparcos* et ses merveilleux agencements optiques, capables d'estimer la parallaxe de centaines de milliers d'étoiles avec une précision de quelques millièmes de seconde d'angle.

Malheureusement, pas question de mesurer la parallaxe de Geminga avec *Hipparcos*, l'éclat dans le visible de la source gamma est beaucoup trop faible. En dernier recours, Nanni tenta l'exploit avec le télescope spatial *Hubble*. L'entreprise s'annonçait des plus difficiles, en dépit de l'extrême finesse des images produites par le télescope spatial corrigé de sa myopie. N'oubliez pas que, dans le cas Geminga, il s'agit de mesurer l'amplitude d'un mouvement de va-et-vient qui se rajoute au mouvement propre affectant l'étoile. Sur la voûte céleste, les deux effets se combinent pour conférer à la trajectoire de l'étoile un profil tourmenté, dont il est fort malaisé de démêler les deux composantes. Mais il en aurait fallu plus pour décourager mon vieil ami de Milan qui réussit finalement à évaluer la véritable distance de Geminga : environ cent cinquante parsecs du Soleil, soit quatre cent cinquante années de lumière...

La supernova du paléolithique

La distance actuelle de Geminga étant connue, reste à deviner où diable se trouvait ce monstrueux caillot de neutrons quand il fut mis au monde par une supernova toute gonflée de violence. Seule certitude : connaissant l'âge de l'étoile à neutrons – trois cent soixante-dix mille ans – ainsi que la direction de son mouvement angulaire sur la voûte céleste et son amplitude – un cinquième de seconde d'angle par an –, je peux vous affirmer sans risque de me tromper que l'événement s'est produit quelque seize degrés au sud-ouest de la position actuelle de Geminga. Le lieu de naissance de la célèbre étoile gamma se situe donc largement au-delà des frontières que l'UAI [19] assigne à la constellation des Gémeaux. Certains puristes pourraient alors remettre en cause le nom même de Geminga, l'astre gamma de la constellation des Gémeaux. Le ciel y perdrait son seul astre affublé d'un patronyme issu d'un authentique dialecte !

Même si je connais bien la direction du lieu de naissance de Geminga, j'aurai plus de mal à vous fournir une estimation crédible de la distance qui la sépare du Soleil. Pour y parvenir, il me faudrait savoir si Geminga s'éloigne ou s'approche. Notez que c'est exactement la même question que le commandant de

---

19. Sigle pour Union astronomique internationale.

bord d'un avion long courrier ralliant New York à Paris pose à son navigateur, quand, au beau milieu de la nuit, en plein Atlantique Nord, il voit au loin les feux d'un autre appareil qui semble se déplacer dans la même direction que lui. Vous comprenez sans peine que le pilote veuille aussitôt savoir si ces feux signalent un avion qui s'éloigne ou s'approche, sachant que, dans cette dernière éventualité, le risque d'une collision n'est pas du tout à exclure.

Vous n'êtes pas sans savoir que les appareils modernes sont équipés de tout un arsenal électronique pour prévenir ce genre de collision, à commencer par un radar dont l'antenne est logée dans le nez de l'avion. Mais même sans l'assistance des instruments de bord, le navigateur peut savoir si l'appareil suspect s'éloigne ou s'approche. Comme tout aéronef de quelque importance, ce dernier est équipé de feux de position montés aux extrémités de ses ailes, un vert à droite, un rouge à gauche. Il suffit alors au navigateur de déterminer dans quel ordre s'alignent les deux feux de position : si par exemple le rouge semble précéder le vert, aucun doute, il s'agit bien d'un avion qui s'approche.

Les pulsars disposent d'un puissant gyrophare, mais ils sont dépourvus de feux de position. Il est donc très difficile de déterminer si Geminga s'éloigne ou s'approche, et donc de savoir à quelle distance du Soleil survint l'explosion de supernova d'où surgit cette étoile à neutrons si véloce qui, depuis lors, illumine le ciel gamma. Pour ma part, je me plais à croire que l'événement s'est produit tout près, disons à deux ou trois dizaines de parsecs, soit moins de cent années de lumière, une distance plausible, au demeurant. Et pour vous permettre de souffler un peu, je vous propose un petit intermède de préhistoire-fiction, avec comme personnage principal cette formidable explosion de supernova qui, voici trois cent soixante-dix mille ans à peine, aurait donc embrasé le voisinage du Soleil.

En ce temps-là, au paléolithique inférieur, les ancêtres éloignés des astronomes gamma se frayaient patiemment leur voie dans le maquis de l'évolution des espèces. Imaginez alors un campement d'hominiens établi sur les rives escarpées d'un de ces fleuves côtiers, dont les profondes vallées façonnaient déjà cette contrée connue aujourd'hui sous le nom de Côte d'Azur [20]. Comment pensez-vous que réagirent ces habiles chasseurs quand l'horizon s'illumina du côté de la mer ? Est-il possible de leur prêter les émotions qui s'empareraient des hommes de ce XXe siècle finissant, si d'aventure ils étaient confrontés au même phénomène ?

Comment leur est apparu cet événement d'où sortit Geminga ? Souvenez-vous de SN 1987a, la supernova la plus brillante des temps modernes, la seule visible à l'œil nu depuis celle suivie par Kepler en 1604. SN 1987a explosa pourtant très loin de la Terre, dans le Grand Nuage de Magellan, une petite galaxie satellite de la nôtre, distante de cent soixante-dix mille années de lumière environ.

En dépit d'un tel éloignement, SN 1987a fut aisément détectée. À son maximum d'éclat, elle présenta en effet une magnitude de quatre et demi. Ramenée à moins de cent années de lumière – la distance que j'envisage pour Geminga à sa naissance –, elle afficherait une magnitude de moins treize. Elle serait alors cinquante mille fois plus resplendissante que Sirius, l'étoile la plus brillante du ciel, et même deux fois plus éblouissante que la pleine Lune !

En quelques instants, l'explosion d'une supernova libère plus d'énergie que le Soleil pendant toute sa vie. Mais, si fulgurant qu'il soit, son éclat n'emporte qu'une infime fraction de cette incroyable force agissante. Dilapidant presque tout son capital énergétique sous forme de neutrinos, une supernova de bonne facture consacre en effet l'essentiel des forces qui lui restent à expulser l'enveloppe de l'étoile – au moins dix fois la masse du Soleil s'il s'agit de l'explosion d'une étoile massive – à des vitesses atteignant près de vingt mille kilomètres par seconde. Conséquence : dans les années qui suivent l'explosion, la supernova développe ainsi un immense cocon de débris stellaires.

Balayant tout l'espace alentour, cette formidable bulle amasse peu à peu la matière interstellaire qu'elle repousse

---

20. Le gisement préhistorique de Terra Amata, découvert à Nice en creusant les fondations d'un immeuble, montre effectivement les traces d'un campement auquel les préhistoriens ont attribué un âge d'environ trois cent quatre-vingt mille ans. Les occupants venaient s'y installer vers la fin du printemps. Ils avaient choisi de s'établir sur une petite plage abritée, à proximité d'une source, où ils avaient érigé de spacieuses cabanes en bois.

devant elle avec la plus extrême violence. À la longue, le vestige de supernova se ralentit peu à peu, mais il se passera encore des centaines de milliers d'années avant qu'il ne se dissolve complètement dans le milieu ambiant. À supposer que le lieu de naissance de Geminga soit distant de moins de cent années de lumière, la coquille soufflée par la supernova du paléolithique a balayé le système solaire quelques milliers d'années seulement après l'explosion.

Première conséquence : le système solaire se retrouve aujourd'hui au beau milieu de la gigantesque bulle de gaz très dilué et très chaud que tout vestige de supernova abandonne sur son passage. La supernova du paléolithique serait-elle donc à l'origine de la fameuse « bulle locale », cette zone du disque galactique aux contours imprécis, s'étendant de cent à cinq cents années de lumière autour du Soleil, où la densité du gaz interstellaire est si raréfiée ? Nombre d'astrophysiciens en sont maintenant convaincus.

Vous pensez bien que le passage d'un vestige de supernova encore si jeune et actif ne fut pas sans conséquence sur l'environnement. La planète eut ainsi à subir une pluie diluvienne de rayons cosmiques, drapant les cieux de lourdes tentures pourpres tissées par les aurores boréales, et perturbant le fragile équilibre de la haute atmosphère. La pauvre couche d'ozone dut être méchamment trouée aux mites ! S'y ajoutèrent des retombées radioactives encore très virulentes, propagées par les débris stellaires sévèrement contaminés lors de l'explosion du fourneau thermonucléaire...

Comme vous le voyez, il n'est pas recommandé de se trouver trop près d'une étoile qui explose. Comment faire autrement, coincés sur une planète ouverte à toutes les humeurs du cosmos, comme l'étaient ces humbles chasseurs du paléolithique ? La naissance de Geminga fut-elle un dernier coup de pouce pour l'espèce humaine ? À supposer qu'ils fussent placés aux premières loges d'un tel désastre cosmique, nos lointains aïeux en subirent les inévitables éclaboussures. Alors pourquoi ne pas envisager que l'événement marqua profondément l'*homo erectus* du paléolithique inférieur, au point de susciter je ne sais quelle mutation décisive ?

Et si l'ultime évolution de la lignée des hommes avait été déclenchée par cette virulente manne céleste ? Impossible de ne pas évoquer ici *2001, l'Odyssée de l'espace*. Tout comme moi, vous avez sans doute vu et revu ce film sublime de Stanley Kubrick. Alors vous vous souvenez certainement de cette scène du prologue où un homme préhistorique, métamorphosé par une mystérieuse création extraterrestre, lance aux cieux le gros fragment de mandibule avec lequel il vient d'exterminer ses ennemis, juste avant qu'un subtil fondu enchaîné métamorphose cette arme primitive en un magnifique vaisseau spatial...

Rien ne prouve que l'*homo sapiens* doive ses éclairs d'intelligence à l'éclat cosmique qui atteignit les hominiens voici trois cent soixante-dix mille ans. Par contre, tout le monde sait que l'homme n'est que poussière d'étoile, c'est Hubert Reeves qui l'a dit – et Isaac Asimov avant lui. Alors pourquoi une explosion d'étoile – le cataclysme le plus violent qui soit dans l'univers – n'aurait-elle pas mis son grain de sel dans l'évolution de l'espèce humaine ? Ce serait d'autant plus plausible s'agissant de la naissance de Geminga. L'événement ne s'est-il pas produit dans ce petit coin de Voie lactée où la Terre fait la ronde ?

À propos, je suis profondément convaincu du droit des astres à s'ingérer dans le cours des événements terrestres. Ce fut peut-être le cas, lors de la chute d'un gros aérolithe, quelque part au nord du Yucatan. On pense en effet que cette catastrophe cosmique supprima d'un seul coup les deux tiers des espèces vivantes – les dinosaures, entre autres – qui grouillaient alors à la surface de la planète. Les petites musaraignes qui survivaient si difficilement entre les pattes des monstres n'en demandaient sans doute pas tant. Il n'empêche que quelques dizaines de millions d'années plus tard, leurs lointains descendants, les hommes, sont les maîtres du monde. Jusqu'à quand ? L'humanité peut bien sûr s'autodétruire, le thème est à la mode. Mais l'homme n'est pas totalement maître de son destin. À tout instant, le ciel peut lui tomber sur la tête...

Vingt ans, c'est trop !

Et maintenant, la morale de l'histoire. Voilà donc une source gamma exceptionnelle, observée depuis 1972, l'une des plus brillantes dans la bande des photons gamma de haute énergie, et dont la vraie nature resta un mystère jusqu'en 1992. Assurément, vingt ans, c'est trop ! Pas besoin de chercher bien loin la raison de ce fâcheux contretemps : c'est bien sûr l'inqualifiable myopie des appareils opérant dans le domaine gamma. Si d'entrée de jeu la source gamma avait été localisée ne serait-ce qu'à une minute d'angle près, tout aurait été dit dès 1979, dès la première observation d'*Einstein*.

Vous pensez bien qu'à cette époque j'avais déjà réalisé qu'à force de négliger les fondamentaux de l'astronomie, les pionniers du domaine gamma s'étaient fourvoyés dans une impasse. Fondant leur stratégie sur la mesure des rayonnements diffus induits par les rayons cosmiques dans la Voie lactée, les pères fondateurs de l'astronomie gamma avaient trop misé sur la bande des photons gamma de haute énergie. Les pulsars, que personne n'attendait vraiment, avaient permis de faire illusion quelque temps. Il n'en reste pas moins qu'un appareil dont les étoiles gamma serait l'objectif principal devrait opérer à beaucoup plus basse énergie, à la limite du domaine gamma – de cinquante kiloélectronvolts à quelques mégaélectronvolts –, domaine spectral où les plasmas denses confinés au voisinage des étoiles à neutrons et des trous noirs sont susceptibles de rayonner en abondance.

Certains l'avaient compris, à commencer par Pierre Mandrou, mon vieux complice de Toulouse. Mais, s'inspirant des techniques propres à l'astronomie X, les premiers qui observèrent le ciel à la frontière du domaine gamma en étaient restés à la méthode dite du *va-et-vient* [21]. Je m'explique. Comme cela se pratiquait dans le domaine X avant *Einstein*, vous pouvez toujours limiter le champ de vue d'un détecteur gamma en le disposant au fond d'un collimateur, une sorte de tuyau aux parois aptes à bloquer les photons gamma. Il vous suffit alors de communiquer à ce collimateur un mouvement régulier de va-et-vient, en le dirigeant alternativement en direction d'une étoile donnée et en direction d'un champ voisin réputé vide de toute source gamma. Si vous enregistrez un taux plus élevé de photons gamma en pointant l'étoile en question, vous avez gagné : c'est une authentique source gamma.

---

21. C'est ce que j'ai trouvé de mieux comme traduction pour *on-off*, une expression typiquement anglo-saxonne, donc compacte et explicite, où se mêlent intimement les deux antinomies « allumé-éteint » et « dedans-dehors ».

Une telle méthode vous impose de choisir votre cible à l'avance. Tout au long des années 1970, la méthode du va-et-vient permit ainsi de savoir si un astre donné brillait ou non dans le domaine des rayons gamma de basse énergie. Avec d'ailleurs quelques succès : on découvrit l'émission gamma de la nébuleuse et du pulsar du Crabe, ainsi que d'une dizaine d'autres sources parmi les plus connues du domaine X. Mais tous ces sondages étaient loin de constituer une véritable exploration du ciel. Pourquoi se limiter ainsi aux seuls astres connus pour leur activité dans le domaine X ? L'affaire Geminga n'est-elle pas là pour vous rappeler qu'une authentique source gamma peut fort bien s'avérer d'une rare discrétion dans tous les autres domaines spectraux ?

La pratique du va-et-vient n'est donc pas vraiment recommandée si vous voulez partir à la recherche de nouvelles étoiles gamma. Surtout que cette méthode ne vous épargne pas les déconvenues qui affectent tant les explorateurs de la bande des rayons gamma de haute énergie : toujours aussi difficile de mesurer la position des astres avec une bonne précision ! À cela, une très bonne raison : même à basse énergie, les rayons gamma sont beaucoup plus pénétrants que les rayons X. Un collimateur fin et léger, apte à restreindre le champ de vue d'un détecteur X, est totalement transparent dans le domaine gamma. Seuls des matériaux denses et massifs parviennent à y limiter efficacement l'ouverture des appareils.

Et puis n'oubliez pas que, à puissance égale, un astre qui rayonne des photons gamma, même de basse énergie, dégage beaucoup moins de photons qu'une étoile X. Pour le détecter, un appareil gamma doit donc présenter une surface utile beaucoup plus grande. Et même si vous mettez en œuvre des solutions très encombrantes et très massives, difficilement acceptables à bord d'un véhicule spatial, vous ne parviendrez pas à restreindre à moins de quelques degrés l'ouverture d'un collimateur efficace dans le domaine gamma. Résultat : si d'aventure vous découvrez une source nouvelle, vous serez incapable de la localiser à mieux d'un ou deux degrés près. La galère de Geminga recommence ! Sans compter que la méthode du va-et-vient est bien sûr frappée d'impuissance quand plusieurs sources se présentent dans le champ du collimateur.

Comment faire de la vraie astronomie avec des engins aussi

frustes ! Des chambres à étincelles irrémédiablement myopes pour explorer la bande des rayons gamma de haute énergie, des collimateurs beaucoup trop ouverts pour travailler à plus basse énergie... Et quelle maigre moisson : la sempiternelle nébuleuse du Crabe, deux ou trois pulsars, la mystérieuse Geminga, quelques sources X... Moi qui vous avais promis de participer à la chasse aux trous noirs ! Quelle sombre situation pour les pauvres astronomes gamma à l'aube des années 1980 ! Les astronomes X parvenaient déjà à faire des images du ciel avec leurs miroirs à incidence rasante, tandis que nous autres, les inconditionnels du ciel gamma, nous en étions encore à chasser le photon avec un arc et des flèches...

CHAPITRE VI

Du rêve à la réalité

Le mystère de la chambre noire

Mars 1981. Comme à son habitude, le Cnes tentait de remettre un peu d'ordre dans ses actions de soutien aux sciences pratiquées depuis l'espace, comme l'astronomie, la planétologie, la géophysique, interne et externe, et bien d'autres... Les instances dirigeantes de l'agence française de l'espace avaient donc entrepris de solliciter l'avis de ce qu'il est convenu d'appeler pompeusement la communauté scientifique nationale. Afin d'y susciter la plus saine des émulations, le Cnes avait lancé un appel à idées devant déboucher sur le choix d'un grand programme scientifique national qu'il s'engageait à mettre en œuvre dans les années à venir.

Les astronomes gamma que comptait cette fameuse communauté scientifique nationale, rassemblés au Service d'astrophysique à Saclay et au CESR à Toulouse, devaient absolument participer à ce grand débat. Plongé au plus fort de l'affaire Geminga, j'avais à cette époque de très bons arguments à faire valoir pour relancer l'astronomie gamma. Mais comment ? Je n'avais qu'une certitude, il fallait faire du neuf. *Einstein* était en train de révolutionner l'astronomie spatiale avec ses images du ciel dans le domaine des rayons X. Aux astronomes gamma d'en tirer la leçon.

La compétition prit un tour nouveau après le mois de mai. Fort du triomphe de son candidat, le gouvernement socialiste s'évertuait à tenir les promesses électorales de François Mitterrand, parmi lesquelles figurait un soutien accru à la recherche scientifique. Cette nouvelle donne eut pour effet d'exacerber les appétits d'une communauté scientifique longtemps privée de grands desseins. Avec Pierre Mandrou, qui à Toulouse partageait l'essentiel de mes vues sur l'avenir de notre discipline, j'entrepris alors de rassembler les forces des astronomes français des hautes énergies autour d'un projet assez enthousiasmant pour emporter l'adhésion de tous : un dispositif apte à former des images à haute résolution à la limite du domaine gamma, la plus favorable à la chasse aux étoiles à neutrons et aux trous noirs.

Comment diable y parvenir, puisqu'en raison de leur grand pouvoir de pénétration, les rayons gamma, même de basse énergie, ne se prêtent pas à ces jeux de miroirs qui font les délices des astronomes opérant dans les autres domaines spectraux ? Même un miroir à incidence rasante, apte pourtant à réfléchir les rayons X, est totalement inutilisable avec les rayons gamma. Il y a pourtant une amorce de solution : la *caméra à trou d'épingle*. Derrière ce nom, au demeurant assez explicite, se dissimule un principe très simple, celui grâce auquel une chambre noire forme une image sans lentille ni miroir.

Pour apprécier la rusticité d'un tel dispositif, je vous invite à fabriquer votre propre caméra à trou d'épingle. Prenez une simple boîte en carton, façon boîte à chaussures. Ôtez le couvercle, posez la boîte bien à plat devant vous. Découpez soigneusement un des deux petits côtés de la boîte, puis remplacez-le par une large bande de papier calque dont vous collez les deux extrémités sur les parois restées en place. Replacez le couvercle et fixez-le solidement avec un bon gros élastique. Percez ensuite l'autre petit côté de la boîte de ce fameux trou d'épingle. Voilà, c'est fini. Votre caméra est prête à l'emploi.

Saisissez alors la boîte à deux mains, comme s'il s'agissait d'un gros appareil photo, en plaçant la feuille de papier calque à une vingtaine de centimètres de vos yeux. Dirigez-la vers une scène bien lumineuse, cette belle maison par exemple, là-bas, en plein soleil, avec son mur si blanc et son toit de tuiles rouges. Fixez avec attention la feuille de papier calque. Aucun doute, c'est bien la même scène, mais projetée à l'envers.

Que conclure de cette petite expérience ? Il est tout à fait possible de produire une image sans lentille ni miroir, avec un simple trou percé dans la paroi d'une chambre opaque à la lumière. Et c'est d'ailleurs pour fixer durablement les images d'une telle chambre noire que Louis Daguerre fit appel aux talents de Joseph Niepce. C'était en 1829, et ils venaient d'inventer la photographie. Si vous voulez en faire autant, rien n'est plus facile. Après avoir pris soin de munir votre caméra d'un simple obturateur, il vous suffit de remplacer le papier calque de votre caméra à trou d'épingle par une plaque photographique, non sans avoir pris quelques petites précautions pour éviter les fuites de lumière.

Inutile de vous préciser que le principe de la caméra à trou d'épingle ne se limite pas à la lumière visible. Cet appareil convient aussi bien aux autres domaines spectraux, à condition de percer le fameux trou dans un matériau opaque à la lumière en question. Prenez, par exemple, le cas du domaine gamma. Vous savez fort bien qu'une bonne plaque d'un matériau très dense, et dont les atomes sont les plus lourds possible, constitue un obstacle infranchissable pour les photons gamma. Même les plus pénétrants d'entre eux – ceux dont l'énergie vaut quelques mégaélectronvolts – sont dans leur grande majorité bloqués par une plaque de deux centimètres de tungstène [1].

L'ouverture codée

Il suffirait donc de construire une caméra à trou d'épingle en tungstène puis de la monter à bord d'un satellite pour former des images du ciel gamma. Puisque c'est si facile, pourquoi ne pas l'avoir fait ? En réalité, c'est loin d'être aussi simple. De par son principe même, la caméra à trou d'épingle est en effet victime d'un handicap suffisamment grave pour que les photographes du XIXᵉ siècle l'aient abandonnée au profit de chambres dotées d'objectifs à lentilles, à l'instar de votre appareil photo.

La caméra à trou d'épingle ne fait d'ailleurs aucun mystère de son péché originel. Son nom même en dénote déjà les limites

---

1. Cet élément métallique, presque aussi dense que le platine, mais nettement moins cher, est composé d'atomes d'une masse fort respectable.

en affichant à quel point ce fameux orifice doit être minuscule. Je m'explique : plus le trou est petit, plus l'image est nette. Meilleur est le piqué, diraient les photographes. Mais plus le trou est petit, moins l'image est claire. Au siècle dernier, les photographes étaient donc condamnés à des poses interminables pour impressionner leurs plaques sensibles. Voilà pourquoi ils abandonnèrent le principe du trou d'épingle au profit d'un dispositif optique – un jeu de lentilles – apte à former une image d'un piqué comparable, mais plus lumineuse puisque collectant la lumière par une ouverture beaucoup plus grande.

Et c'est bien là le hic. Dans le domaine gamma, pas question d'objectif ni de jeu de lentilles. Pour former une image dans une chambre en tungstène, les photons gamma n'ont pas d'autres possibilités que de se propager par ce minuscule trou d'épingle. Et vous savez très bien à quel point les sources gamma sont avares de leurs photons. Dois-je vous rappeler que *Cos B*, en dépit de ses quelque cinq cents centimètres carrés, ne recueillait de Geminga que quatre ou cinq photons par jour ? Et même si l'on opère à plus basse énergie, là où les photons sont plus abondants, il resterait illusoire de vouloir observer le ciel gamma par la minuscule ouverture d'une caméra à trou d'épingle.

Alors, que faire ? Vous pouvez toujours essayer de multiplier les trous pour accroître l'ouverture de l'appareil. À n'en point douter, l'idée est séduisante, mais dans ces conditions la caméra produit autant d'images que de trous. Pour démêler un tel salmigondis, je vous conseille de percer tous ces trous en respectant un code extrêmement précis. L'image finale est toujours totalement brouillée, mais comme c'est vous qui l'avez codée, vous êtes capable de la déchiffrer.

Bravo, beau résultat ! Vous êtes parvenu à vaincre le signe indien qui affectait tant la luminosité des caméras à trou d'épingle. Et comme vous avez réussi à percer un bon millier de trous, vous voilà donc capable de reconstituer une image aussi fine que celle formée par un unique petit trou, tout en étant mille fois plus lumineuse ! Sachez cependant que ce dispositif n'est pas nouveau. Il commençait même à faire parler de lui au début des années 1980 sous le nom évocateur de *masque à ouverture codée*, ou, tout simplement, *d'ouverture codée*.

En définitive, les utilisateurs d'une chambre à ouverture

codée doivent se comporter comme de vulgaires espions. Je fais bien sûr allusion à ces grands enfants qui s'ingénient à coder mille et un messages supposés secrets, avant de les transmettre par la voie des ondes aux services de renseignements qui les emploient. Dans toutes les officines de contre-espionnage, à Moscou comme à Langley, et même boulevard Mortier, les spécialistes du chiffre tentent alors de décoder ces dépêches que tous captent sans la moindre vergogne. Mais seuls ceux qui détiennent le bon code reconstituent sans peine les textes de leurs honorables correspondants, tandis que les services rivaux s'évertuent à casser le code de messages totalement indéchiffrables pour eux.

Avec une chambre à ouverture codée, c'est du pareil au même. Supposez, par exemple, que vous braquiez un de ces dispositifs en direction d'un quelconque champ de la voûte céleste. Toute l'information que transporte le rayonnement émis par ce petit coin de ciel se retrouve codée par le masque. Il forme alors une image des plus confuses, mais qu'il vous suffit de décoder pour reconstituer une image limpide du secteur céleste en question. Vous voilà donc en possession d'une véritable image du ciel, à la fois fine et lumineuse, formée par un appareil apte à fonctionner dans le domaine gamma pourvu que l'ouverture codée soit pratiquée dans une plaque de tungstène. Un rêve pour tous les astronomes gamma du début des années 1980 !

Pas de doute, c'est avec une chambre à ouverture codée que la petite famille gamma française devait répondre à l'appel lancé par le Cnes. Aussitôt dit, aussitôt fait. Un projet s'ébaucha en ce sens. Les quelques enthousiastes que j'avais rassemblés avec mon ami Pierre le soutinrent sans réserve. Il faut dire que les performances d'une chambre à ouverture codée paraissaient alors proprement fabuleuses. Faire l'image du ciel gamma avec un pouvoir séparateur de quinze minutes d'angle, mesurer la position des sources gamma avec une précision d'une à deux minutes d'angle, c'était un progrès d'un facteur dix à cent par rapport à *Cos B*.

Un progrès aussi brutal n'est pas chose courante en astronomie. Pensez qu'en mettant l'œil à l'oculaire des premières lunettes astronomiques, les astronomes de la Renaissance améliorèrent la finesse de leurs observations d'un facteur à peu près comparable ! Mais avant de jouer les Galilée du domaine gamma, il nous restait à résoudre un petit problème : comment fixer les images gamma formées par la chambre à ouverture codée ?

La médecine nucléaire soigne l'astronomie gamma

Comme je viens de l'évoquer, la photographie est née de la rencontre d'une chambre noire et d'une plaque sensible, seule capable de fixer les images formées par une caméra à trou d'épingle. De la même manière, pour soumettre au Cnes un projet crédible en réponse à son appel, il nous fallait absolument un détecteur capable de saisir les images gamma pour qu'une chambre à ouverture codée devienne un instrument apte à examiner le ciel. Mais où diable trouver un tel appareil ? Fallait-il en créer un de toutes pièces, ou chercher à savoir si des dispositifs du même type étaient disponibles sur le marché ?

À vrai dire, les moyens propres à retenir les images des domaines invisibles existaient depuis belle lurette. Souvenez-vous de la main de Frau von Röntgen, et de son image formée dans le domaine des rayons X, que Herr von Röntgen avait saisie pour l'éternité en photographiant l'écran où l'image X s'était reconvertie dans le visible grâce aux propriétés du platinocyanure. Voilà donc bien la preuve que, depuis cent ans et plus, on sait fixer sur le papier l'image de l'invisible. Les médecins en profitèrent d'ailleurs très largement, du moins en ce qui concerne le domaine des rayons X.

Mais telle que pratiquée depuis l'origine, la radiographie du corps humain laissait dans l'ombre – c'est bien le cas de le dire – l'examen de nombreux organes. Bien sûr, la radiographie classique aux rayons X parvient sans peine à saisir l'image d'une belle fracture : les os, plus riches en atomes massifs aptes à bloquer les rayons X, apparaissent fortement contrastés par rapport aux autres tissus, beaucoup plus transparents. C'est autrement plus difficile dans le cas d'un organe mou. Tout aussi transparent aux rayons X que les tissus environnants, l'organe en question apparaît sur les radiographies avec un contraste trop faible pour qu'il soit possible d'en discerner les contours.

Quand ils sont confrontés à une telle situation, les radiologues ont parfois recours à un artifice consistant à accroître artificiellement le contraste d'un organe donné. S'ils désirent radiographier certaines parties de l'appareil digestif, ils font ingurgiter à leurs patients une solution barytée. Il s'agit d'une composition riche en baryum, un élément aux atomes assez massifs, propres à bien intercepter les rayons X. Sur la radiographie, les radiologues discernent alors sans la moindre difficulté les contours du tube digestif, car une fois lesté d'une telle solution, il est devenu opaque aux rayons X.

Comment faire dans le cas d'organes où il n'est pas possible d'introduire une quelconque substance faisant écran aux rayons X ? La solution consiste à y fixer des isotopes radioactifs émetteurs de rayons gamma de basse énergie. Grâce à leur pouvoir de pénétration, les rayons gamma traversent sans problème les autres tissus. Devenus littéralement radioactifs, les organes en question peuvent parfaitement être observés de l'extérieur, à condition de disposer à proximité du patient une plaque sensible aux rayonnements se manifestant à la limite du domaine gamma.

Prenez le cas de la thyroïde, cette glande située en haut du cou, en avant du larynx, et qui cause parfois tant de soucis. Connaissant la capacité de cet organe à fixer l'iode, il suffit d'injecter un isotope radioactif de cet élément au patient dont on doit examiner la glande thyroïde. Devenu aussitôt lumineux dans le domaine gamma, l'organe peut être perçu de l'extérieur, du moins tant que les isotopes d'iode qui ont été injectés ne sont pas tous désintégrés. Dans ces conditions, vous comprenez pourquoi les médecins réclamèrent dès les années 1950 la mise au point de dispositifs propres à enregistrer les images gamma d'organes ainsi rendus radioactifs. Connus sous le nom de gamma-caméras, ces instruments sont d'un usage courant depuis des décennies dans les services hospitaliers de médecine nucléaire.

C'était précisément un appareil de ce type qu'il nous fallait pour compléter notre projet de chambre gamma à ouverture codée. Une visite au Service de médecine nucléaire de l'Institut Gustave-Roussy [2] avait d'ailleurs suffi à nous convaincre de l'excellente aptitude des équipements médicaux à résoudre le

---

2. Centre de lutte contre le cancer, situé à Villejuif, dans la banlieue sud de Paris.

problème que nous posait la saisie des images gamma. Quelle ne fut pas alors ma surprise de découvrir que le prototype de ces gamma-caméras médicales avait été développé par le CEA, au sein même du service qui m'avait accueilli ! Rendez-vous compte : la gamma-caméra et l'ouverture codée, les deux ingrédients de base propres à saisir les détails les plus fins du ciel gamma, étaient déjà disponibles avant même les débuts de *Cos B* !

Cartes gamma en noir et en couleurs

Une gamma-caméra n'a rien d'une chambre photographique, comme pourrait le laisser croire ce nom tout à fait impropre de caméra. Ce n'est en fait qu'une simple plaque sensible au rayonnement gamma de basse énergie, de la même manière qu'une plaque photographique n'est qu'une surface sensible à la lumière visible. Une plaque d'iodure de sodium, épaisse d'un bon centimètre, constitue en général la couche active d'une gamma-caméra. Ce cristal lourd et transparent est d'une nature somme toute assez semblable à celle du sel de cuisine, le chlorure de sodium, à la seule différence que l'atome de chlore y est remplacé par un atome d'iode, près de quatre fois plus massif.

Une plaque aussi dense et composée pour moitié d'atomes aussi lourds est donc apte à bloquer les photons gamma de basse énergie qui abordent la face avant de la caméra. Chaque fois qu'un photon gamma interagit ainsi avec la plaque d'iodure de sodium, il arrache à l'un des atomes du cristal un électron à qui il communique tout ou partie de son énergie. Le parcours de l'électron est des plus brefs, quelques centaines de microns. Tout au long de sa course, l'électron consume en effet son énergie fraîchement acquise à faire naître par scintillation une brève bouffée de lumière visible.

Pour estimer la position de ce point d'impact, il suffit de repérer l'éclair qui surgit précisément là où le photon gamma vient d'interagir. C'est pourquoi les concepteurs des gamma-caméras ont pris soin de tapisser l'autre face du cristal avec une nappe de *photomultiplicateurs*, petites ampoules qui convertissent les bouffées de lumière visible en impulsions électriques. Il suffit alors de manipuler avec astuce les impulsions électriques fournies par tous les photomultiplicateurs pour repérer le point d'impact du photon gamma.

Une gamma-caméra s'utilise de la même manière qu'une banale plaque photographique : pour obtenir une image suffisamment contrastée, il faut l'exposer un temps d'autant plus long que l'éclairement est faible. Reste à enregistrer l'image. Dans ce but, il convient de diviser virtuellement la surface sensible de la gamma-caméra en une multitude de petites cellules carrées d'un millimètre de côté – les pixels [3] – disposées en lignes et colonnes. Un dispositif permet par ailleurs d'enregistrer les points de mesure de la gamma-caméra dans un tableau organisé lui aussi en lignes et colonnes, chaque case de ce tableau correspondant à un des pixels de la gamma-caméra.

Maintenant, à vous de jouer. Au début de la pose, mettez à zéro toutes les cases du tableau. Chaque fois qu'un photon gamma fait naître une petite bouffée de lumière dans un pixel donné, vous n'avez plus qu'à augmenter d'une unité le nombre inscrit dans la case correspondante. À la fin de la pose, vous obtenez un tableau dont chaque case contient le nombre de photons détectés par chaque pixel. Programmez alors un ordinateur pour qu'il affiche ce tableau sur son écran. Pas de problème, les ordinateurs ont été justement conçus pour manipuler les tableaux remplis de nombres bien alignés en lignes et en colonnes.

Demandez-lui par exemple de colorier à l'écran les cases de la manière suivante : en noir pour les cases vides, en blanc pour les mieux garnies, et par un échelonnement de couleurs s'étageant du bleu foncé jusqu'au jaune en passant par le bleu clair, le vert, le rouge et l'orange pour les intermédiaires. Vous obtenez ainsi une de ces images dites en « fausses couleurs », aujourd'hui très largement répandues pour rendre palpable l'inaccessible, que ce soit la carte des fonds océaniques ou une image du ciel dans le domaine gamma.

L'astronomie gamma prend de la hauteur

Une chambre photographique pour cieux gamma, c'était cela qu'il fallait pour répondre à l'appel d'offre du Cnes. Telle

---

3. Contraction de *picture element*, littéralement : « élément d'image ».

fut d'ailleurs l'une des conclusions exprimées par les spécialistes spatiaux français réunis en concile aux Arcs, la célèbre station savoyarde que ses estivants traditionnels avaient quittée en masse à la fin de ce mois de septembre 1981 pour raison de rentrée des classes. Cafés aux terrasses tragiquement désertes, bars lugubres et sans âme, les malheureux experts rassemblés par l'agence française de l'espace n'avaient d'ailleurs pas d'autre alternative que de contribuer aux débats suscités par le Cnes pour éclairer ses choix.

Notre projet visant à produire les premières images du ciel gamma fut donc placé en première priorité aux Arcs, à égalité avec une mission très ambitieuse dans le domaine infrarouge. Face à ce redoutable compétiteur, la force de la petite communauté gamma fut de présenter un projet certes très séduisant sur le plan scientifique, mais sans risque avéré, du moins en ce qui concerne sa réalisation. L'appareil que nous soutenions de nos vœux se présentait en effet comme un assemblage d'équipements déjà disponibles, à commencer par les gamma-caméras elles-mêmes, d'un usage courant dans de nombreux services hospitaliers. Point fort supplémentaire : tous les éléments de la chambre à ouverture codée semblaient assez simples à « spatialiser ».

Les ingénieurs du monde spatial usent – et abusent trop souvent – de ce néologisme pour exprimer l'ensemble des modifications qu'ils doivent apporter à un appareil avant sa mise en orbite. Avant de flotter sans heurt dans l'espace, un équipement spatial est soumis au cours du lancement à une succession de chocs et de vibrations extraordinairement sévères. Prenez un brave téléviseur du commerce, maltraitez-le sans ménagement en lui infligeant de brutales secousses, entrecoupées de quelques séries de coups d'une rare violence. Au bout de quelques secondes d'un tel régime, votre téléviseur est totalement pulvérisé.

C'est pourtant un tel traitement qui sera infligé à tout équipement embarqué à bord d'un véhicule spatial, depuis le moment même où la fusée porteuse est mise à feu jusqu'à la mise en orbite. Et même si l'appareil a été renforcé au point qu'il résiste aux affres du lancement, il faut maintenant qu'il fonctionne en dehors de l'atmosphère, ce qui n'est pas sans causer d'autres désagréments. Imaginez par exemple qu'il se met à chauffer, comme le moteur de votre voiture lorsque vous grimpiez le Tourmalet l'été dernier en plein soleil. Pour refroidir votre moteur, il y a un ventilateur. Mais dans l'espace, pas question de ventilateur, ses pales ne brasseraient que du vide !

Et pourtant, mettre en œuvre dans l'espace un appareil associant un cristal scintillant, une nappe de photomultiplicateurs et quelques circuits électroniques n'était déjà plus considéré en 1981 comme un exploit. Les astronomes gamma en avaient déjà lancé une bonne demi-douzaine du même acabit ! Tout en étant consciente de ne pas courir trop de risques, la direction des programmes du Cnes décida de réaliser notre chambre à ouverture codée, qui prit alors le nom de Sigma [4]. L'astronomie infrarouge ne fut pas oubliée pour autant, mais un programme aussi ambitieux dépassait largement les moyens d'un pays comme la France. Et c'est au sein de l'Esa que le programme Iso [5] trouva finalement sa place...

Fin 1981, ce fut alors l'effervescence dans les deux laboratoires associés autour de Sigma. À Saclay comme à Toulouse, certains se mettaient en quête des ressorts intimes d'une gamma-caméra, tandis que d'autres tentaient de percer les mille et un secrets des masques à ouverture codée. Une certaine animation était également perceptible au Centre spatial du Cnes chargé d'étudier tous les aspects du programme Sigma. Notez que les ingénieurs français avaient l'ambition d'être à la fois les maîtres d'œuvre de la chambre à ouverture codée et de la plate-forme apte à l'emporter dans l'espace.

Côté véhicule spatial, pas de problème. Les ingénieurs du Centre spatial de Toulouse avaient dans leurs cartons les plans de quelques engins certes conçus pour d'autres objectifs, mais pouvant sans trop de mal s'adapter à une mission d'astronomie. C'était le cas d'*Arabsat*, un satellite que l'Aérospatiale [6] avait

---

4. Acronyme pour Système d'imagerie gamma à masque aléatoire. C'est un nom qui sonne bien, facile à retenir, mais qui ne reflète pas vraiment la réalité puisque nous avions choisi de doter notre appareil d'un masque de type URA – sigle pour *Uniformly Redundant Array*, littéralement : « réseau uniformément redondant » – en raison de son aptitude à former des images d'une remarquable fidélité.

5. Acronyme pour *Infrared Space Observatory*, littéralement : « Observatoire spatial dans l'infrarouge ».

6. Société qui rassemble les participations industrielles de l'État français dans les domaines de l'aéronautique et de l'espace et qui joue un rôle majeur dans quelques grands programmes européens comme Airbus et Ariane.

développé pour le compte des pays arabes en quête d'un système commun de télécommunications spatiales. À deux ou trois petites modifications près, cette plate-forme pouvait fournir le service minimum qu'exigeait la chambre à ouverture codée pour fonctionner dans l'espace.

Et la fusée porteuse ? Vous savez bien que la France excelle en la matière. Comment n'en serait-il pas ainsi dans un pays qui confie ses élites à une école d'artillerie ? Troisième à rejoindre le club très fermé des nations ayant réussi à mettre en orbite un satellite artificiel, la France est, depuis la création de l'Esa, le moteur du vieux continent en matière de lanceurs spatiaux. Et si la fusée Ariane existe, l'Europe le doit à la France et au Cnes... Toutefois, en cette fin 1981, alors que s'achevait l'état de grâce consécutif à l'élection du Président de la République, l'argent manquait déjà pour mettre en orbite ce fameux satellite scientifique national.

Restait le vol de démonstration de la fusée Ariane 4, que les responsables du programme Ariane envisageaient alors pour la fin de 1985. Ils voulaient à cette occasion tester les performances de la future évolution à quatre fusées d'appoint du lanceur européen. Le tir de ce premier prototype étant trop risqué pour des passagers payants, l'Esa avait offert d'embarquer gratuitement deux gros satellites pour mettre la fusée à l'épreuve. Sans plus attendre, le Cnes sauta immédiatement sur l'occasion. Mieux valait risquer un appareil scientifique pour essuyer les plâtres d'Ariane 4, que mettre en danger un quelconque satellite commercial !

Vague idée agitée au printemps par quelques astronomes en mal d'images gamma, Sigma se retrouvait à l'automne au cœur d'un programme spatial de grande ampleur. Avec le recul, je réalise aujourd'hui qu'une telle succession de bonnes fortunes tenait plus d'une série de coups gagnants au casino que d'une stratégie minutieusement élaborée. La chance sourit aux audacieux. Ai-je eu de l'audace ? Sans doute. Il en faut d'ailleurs une bonne dose pour survivre dans ce drôle de métier d'astronome spatial. Mais plus que de l'audace, il faut la déraison d'un joueur de roulette, assez fou pour remettre tous ses gains sur le rouge, alors que cette couleur vient pourtant de sortir pour la énième fois...

Sigma chez les Soviets

Juillet 1982. Cette fois, la boule a trébuché. Les socialistes voulaient changer le monde. Deux ou trois dévaluations plus tard, le monde les avait changés. Les flonflons du 14 juillet à peine retombés, il fallut bien faire les comptes et retrouver les charmes de la rigueur et de l'austérité. Adieu vaches, cochons, couvée... et satellite ! Pas plus imaginatif qu'un banal gouvernement de centre droit, celui de gauche avait en effet révisé à la baisse les budgets des établissements publics les mieux dotés, le Cnes en tête. Le projet de satellite scientifique national n'y résista pas. Et nous voilà Pierre et moi avec sur les bras un Sigma certes toujours jugé prioritaire sur le plan scientifique, mais privé de la plate-forme spatiale qui lui était destinée.

Que faire ? Il y avait une solution : profiter des relations privilégiées que le général de Gaulle avait nouées avec l'Union soviétique pour narguer les Américains. Le volet spatial de cette coopération avait pour objectif officiel de promouvoir « l'exploration de l'espace à des fins pacifiques ». Cet euphémisme aux accents lyriques, pur produit de la langue de bois diplomatique de ces années de guerre froide, masquait une réalité beaucoup plus concrète, celle d'un troc profitable aux deux parties. Grâce à cet accord, l'Union soviétique parvenait à enfoncer un coin dans le bloc des nations occidentales, tout en bénéficiant d'une certaine forme de transfert technologique. Quant à la France, cette connivence lui ouvrait sans bourse délier les portes du formidable arsenal spatial soviétique.

Depuis la fin des années 1960, la coopération avec l'Union soviétique permit à la France de participer à des missions bien au-delà de ses moyens propres, et que ni la Nasa, pour des raisons de préférence nationale, ni l'Europe spatiale, encore trop balbutiante, n'étaient en mesure de lui proposer. On lui doit par exemple le premier vol d'un Français dans l'espace, pour lequel les linguistes hexagonaux concoctèrent même la dénomination de spationaute [7]. On lui doit aussi le transport d'une foule

---

7. Pour une fois, je souscris pleinement à cette nouvelle manifestation de l'arrogance culturelle française. Le terme de spationaute est le seul en effet à

d'appareils scientifiques de tout poil vers la Lune, Mars ou Vénus.

Pour examiner les résultats déjà obtenus, et surtout mettre en œuvre d'autres projets en commun, scientifiques français et soviétiques se retrouvaient chaque année, tantôt en Union soviétique, tantôt en France, sous l'égide du Cnes et du Conseil Intercosmos. Ce dernier n'était en fait qu'une des façades du monde spatial soviétique, ouvert à ce qu'il était convenu d'appeler les pays frères, mais aussi à de rares nations occidentales bien en cour, comme l'était la France. Interlocuteur obligé des ingénieurs français impliqués dans les programmes en coopération, Intercosmos agissait comme intermédiaire avec les spécialistes soviétiques à qui tout contact était évidemment interdit avec leurs homologues occidentaux, considérés *a priori* comme de dangereux espions.

En 1982, c'était justement aux Russes d'accueillir leurs collègues français. La rencontre se tint en Moldavie, à Kichinev [8], alors capitale de l'une des plus petites des quinze Républiques de l'Union soviétique. Obéissant à un protocole aux fastes immuables, la réunion se déroula dans un climat de « reconnaissance mutuelle », ou de « franche camaraderie », suivant la terminologie en vigueur dans les relations franco-soviétiques. Comme à leur habitude, le Cnes et Intercosmos avaient arrêté par avance les termes essentiels de la négociation, laissant les scientifiques régler quelques points de détail entre la visite d'un kolkhoze viticole et une soirée à l'opéra municipal où l'on donnait *La Force du destin*.

Observer le ciel avec Sigma figurait parmi les nouveaux thèmes scientifiques inscrits au programme des rencontres de Kichinev. Les deux parrains du projet furent donc invités à y participer, en compagnie de Jacques Chêne, l'ingénieur du Centre spatial de Toulouse qui avait dirigé les études de la chambre à ouverture codée. La force du destin n'y était pas pour grand-chose : notre présence en Moldavie tenait pour l'essentiel

désigner sans ambiguïté l'état d'un individu évoluant dans l'espace. Celui de cosmonaute, choisi par les Russes, et celui d'astronaute, préféré par les Américains, sont peut-être plus poétiques, mais pas du tout spécifiques du passager d'un vaisseau spatial. Les habitants de la planète Terre, sans conteste un astre du cosmos, ne sont-ils pas tous un peu cosmonautes ou astronautes sans le savoir ?

8. À la suite de l'indépendance de la Moldavie, la ville a retrouvé aujourd'hui son nom roumain de Chisinau.

au capital de confiance que notre projet avait petit à petit constitué au sein du Cnes au long des premiers mois d'études du satellite scientifique national.

Deux mois à peine après le coup du sort qui aurait dû mettre un terme à mes espoirs d'images gamma du ciel, je me retrouvai au cœur de la Moldavie soviétisée pour enraciner Sigma dans le terreau de la coopération franco-soviétique. La délégation française avait établi ses quartiers à l'hôtel Intourist, une bâtisse moderne dont les chambres avec balcon donnaient sur un portrait géant de Brejnev. Bien encadrés par Intercosmos, les hérauts de l'astronomie gamma n'eurent pas d'autres tâches que de célébrer avec force libations les mérites de leur discipline, ce qu'ils firent d'ailleurs avec une solide assurance.

Sous les auspices de la nouvelle alliance franco-russe, la fortune de Sigma se releva sans tarder. En témoignent les nombreux séjours que nous fîmes à Moscou afin de concrétiser le programme commun décidé à Kichinev. Dans les mois qui suivirent, nous nous retrouvâmes donc dans les locaux de l'Iki, véritable pépinière du puissant complexe militaro-spatial soviétique, où sont rassemblés les meilleurs spécialistes du pays en sciences spatiales. Les astronomes X et gamma s'y regroupaient sous l'autorité de Rachid Sunyaev, vivant exemple de ce que fut la politique soviétique en matière d'éducation des masses, et dont on oublie trop souvent les mérites aujourd'hui quand tout ce qui porte le label soviétique est cloué au pilori.

D'une intelligence redoutable, Sunyaev fut l'interlocuteur désigné des Français. On était loin de l'ambiance nonchalante de Kichinev et de ses discussions suaves menées avec de cauteleux apparatchiks. Il nous fallait maintenant exhorter de véritables scientifiques à partager notre soif d'exploration des cieux gamma avec notre chambre à ouverture codée. Pas facile, d'autant plus que la plate-forme que Sigma guignait pour s'envoler dans l'espace était aussi convoitée par une forte équipe d'astronomes soviétiques pour un deuxième vol de leur télescope ultraviolet UFT [9] dont le premier exemplaire était déjà sur le champ de tir.

Lors de ces premiers entretiens de Moscou, Yakov Boriso-

---

9. Sigle pour *Oultra Fioletoviï Teleskop*, littéralement : « Télescope à ultraviolets ».

vitch Zeldovitch s'avéra le plus chaud partisan du projet français. Ce savant hors du commun fut sans conteste le véritable maître des débats. Sachant, quand il le fallait, s'exprimer dans un français fort châtié, à l'image des élites intellectuelles de l'ancienne société russe, il incarnait une tout autre facette de la société soviétique, où se mêlaient les plus fidèles zélateurs du régime et les dissidents les plus actifs. Au contraire d'Andreï Dmitrievitch Sakharov, avec qui il mit au point la bombe à hydrogène soviétique, il avait choisi de rester dans la droite ligne du Parti. Son autorité n'en était que plus affirmée, et il menait à la baguette tous nos collègues soviétiques, à commencer par Sunyaev, le plus brillant de ses élèves, qu'il persuada de collaborer sans réserve à notre projet.

Le chemin de saint Jacques

Notre programme commun prit peu à peu de l'ampleur, indifférent au funèbre jeu de massacre qui voyait tomber l'un après l'autre les despotes du Kremlin. Iouri Vladimirovitch Andropov avait succédé depuis quelques mois à Leonid Ilitch Brejnev pour diriger le Parti et l'empire, quand les scientifiques français et soviétiques se retrouvèrent à Cannes, un an après Kichinev. Dans un palais des festivals plus habitué à faire fête aux stars du cinéma, Sigma fut alors confirmée comme l'étoile montante de la coopération spatiale franco-soviétique.

L'année suivante, nouveau tour de manège avec Konstantin Oustinovitch Tchernenko, nouvel éphémère détenteur de la puissance soviétique. Réunis cette fois-ci à Samarcande, le Cnes et Intercosmos apportèrent enfin la touche finale au programme Sigma en garantissant côté français la réalisation de la chambre à ouverture codée, et côté soviétique la fourniture de la plate-forme spatiale et du lanceur. Deux ans après la déconvenue de juillet 1982, quelques mois avant la prise du pouvoir par Mikhail Sergueïevitch Gorbatchev, Sigma avait bel et bien retrouvé le chemin des étoiles.

Pour emporter notre caméra à rayons gamma, les Soviétiques nous avaient attribué le vingt-septième exemplaire d'une série de véhicules spatiaux que le NPO Lavotchkine produisait depuis la fin des années 1960. Les premiers prototypes avaient fait les beaux jours des missions vers Mars et Vénus, tandis que deux des modèles les plus récents s'apprêtaient à effectuer un étonnant voyage interplanétaire devant les conduire vers la comète de Halley, après avoir largué une sonde dans l'atmosphère de Vénus. Côté fiabilité, nous étions donc fort bien lotis. Pareil pour la fusée : le lanceur traditionnel de ce type de sonde était la robuste fusée Proton, qui affichait déjà un palmarès de plus de deux cents tirs réussis.

Face à une telle mobilisation côté soviétique, il fallait absolument que les Français fussent capables de se surpasser. Avant même les ultimes décisions de Samarcande, les équipes de Saclay et de Toulouse s'étaient lancées sans tarder dans la réalisation de la chambre à ouverture codée. Ingénieurs, techniciens et chercheurs s'étaient résolument rangés sous l'autorité de Jacques Chêne, que tous reconnaissaient comme l'indiscutable chef du projet. Par le pouvoir d'un seul homme, ce qui aurait pu n'être qu'une froide entreprise sans âme et sans passion s'était mué en une véritable aventure, nourrie de défis permanents et d'amitiés bourrues.

En insufflant ce surcroît d'enthousiasme et de rigueur professionnelle, qui mieux qu'une paperasserie tatillonne assure la qualité d'un grand projet, Jacques Chêne réussit l'incroyable pari de réaliser en un temps record, et au moindre coût, un engin aussi complexe et novateur que Sigma. Pour y parvenir, il n'hésita pas à braver les ayatollahs du monde spatial, toujours prompts à stigmatiser les prétendus manquements aux sacro-saintes règles en vigueur dans la réalisation d'équipements aptes à fonctionner dans l'espace. Il avait bien compris que mettre en œuvre un appareil scientifique à bord d'un satellite n'a pas grand-chose à voir avec la construction d'un engin spatial de série, un peu comme le développement d'un bolide de formule 1 ne s'apparente que de très loin à celui qui prévaut pour la voiture de monsieur Tout-le-monde.

Jacques Chêne se démena tant et si bien qu'à la fin de l'été 1988, quatre ans après Samarcande et le double feu vert du Cnes et d'Intercosmos, le modèle de vol de Sigma était prêt à subir les ultimes essais d'aptitude au vol spatial avant d'être convoyé vers Moscou. Dressé avec une mâle assurance dans le grand hall de montage du Centre spatial de Toulouse, notre bébé avait vraiment belle allure. Avec son objectif à ouverture codée monté au bout d'un grand tube, il avait d'ailleurs tout d'un vrai télescope, même si cette appellation peut vous paraître impropre s'agissant d'une chambre apte certes à former des images du ciel, mais sans aucun grandissement.

Haut de trois mètres et demi, large de plus d'un mètre à la base, le télescope Sigma – c'est ainsi que je le désignerai dorénavant – pesait plus d'une tonne. C'était alors – et c'est sans doute encore – la charge utile scientifique la plus considérable jamais réalisée en France. Équipé comme tout télescope qui se respecte d'un petit viseur d'étoiles, mais aussi d'un ordinateur de bord et d'un dispositif ultramoderne de stockage des données, Sigma était un engin d'une extrême complexité, constitué de plus de soixante mille composants électroniques, c'est-à-dire autant qu'un satellite de télécommunication !

Restait à démontrer que Sigma saurait supporter les contraintes propres au vol orbital. Durant l'automne 1988, ce fut pour le pauvre télescope une suite sans fin de tortures, toutes plus féroces les unes que les autres. On commença par quelques passages sur une table vibrante, censée reproduire les terribles secousses imprimées par la fusée lors des premières minutes suivant le lancement. Puis ce fut un court séjour dans une vaste chambre acoustique où l'appareil reçut de plein fouet une série de violentes gifles sonores simulant les ululements déchirants des moteurs-fusées. Le télescope acheva son examen de passage en séjournant une quinzaine de jours dans une grosse cuve du Centre spatial de Toulouse où furent recréées les conditions de vide et d'éclairement solaire proches de celles que Sigma devait rencontrer en orbite.

Rien ne semblait plus en mesure d'entraver le déroulement du programme Sigma, et les seules rumeurs qui pouvaient encore susciter un certain trouble au sein de l'équipe française faisaient écho aux premiers craquements de l'empire soviétique. Certains signes laissaient en effet entendre que le complexe militaro-industriel soviétique, poussé par les nouvelles sphères dirigeantes désireuses de tirer profit de ses immenses moyens spatiaux, serait de moins en moins enclin à jouer le jeu d'une coopération sans contrepartie sonnantes et trébuchantes. Alors que nous nous apprêtions à livrer notre télescope en Union soviétique pour le monter sur le satellite *Granat*, puisque tel est le nom que les Russes avaient choisi pour désigner la plate-forme devant emporter Sigma, les relations spatiales franco-soviétiques prenaient en effet un nouveau visage.

Les accords style Sigma/*Granat*, jugés trop favorables aux Français, faisaient place à des relations beaucoup plus mercantiles. Afin d'offrir une vitrine propre à commercialiser ses produits, le complexe militaro-spatial soviétique s'était doté pour la circonstance d'un nouvel organe, dénommé *Glavcosmos* [10]. Les nouveaux programmes alors en discussion, que ce soient les vols de spationautes à bord de la station spatiale *Mir* ou l'emport d'appareils scientifiques vers la planète Mars, allaient dorénavant être assortis de substantielles clauses financières. Il nous fallait vite achever le montage de Sigma sur sa plate-forme spatiale, avant que la nouvelle politique des chefs du Kremlin favorise des projets plus rémunérateurs !

Glasnost et perestroïka

Liberté d'expression et reconstruction, tels étaient les mots d'ordre imposés par Gorbatchev pour tenter de sauver l'empire soviétique, saigné à blanc par une course aux armements sans fin, et gangrené par la corruption et les mafias. Les premières années de règne du nouveau secrétaire général du Parti furent dans la ligne adoptée par les rénovateurs, avec un indéfinissable parfum de liberté flottant dans les rues de Moscou et l'amnistie pour certains proscrits célèbres. Il me revint ainsi à la mémoire ce jour de 1987 où tout ce que le monde comptait de spécialistes spatiaux s'était donné rendez-vous à Moscou dans les premiers jours d'octobre, pour fêter le trentième anniversaire de la mise en orbite de *Spoutnik 1*, le premier satellite artificiel de la Terre.

Un forum international avait été organisé pour la circonstance à l'hôtel Mejdounarodnaya pour faire le point sur les programmes spatiaux à caractère scientifique. L'astrophysique des hautes énergies – l'astronomie gamma en tête – y faisait l'objet d'un symposium particulier, qui se tenait dans un des nombreux salons de l'hôtel. J'avais réussi à y trouver place au premier rang, tout près de la tribune où devaient se succéder les intervenants.

---

10. Contraction de *Glavniï [komitet po] kosmossou*, littéralement : « Comité principal pour le cosmos ».

Zeldovitch, le mentor de Sigma en Union soviétique, présidait la séance. Juste au début des débats, un des participants russes l'interpella à peu près en ces termes :

– Yakov Borisovitch, pourquoi ne portes-tu pas en ce grand jour tes étoiles de l'ordre de Lénine ?

En s'inclinant vers un vieil homme usé et digne, assis au premier rang, à quelques chaises de moi, Zeldovitch répliqua en élevant bien la voix pour que toute la salle puisse entendre :

– Camarade, je serais vraiment gêné d'arborer cette distinction en présence d'un homme décoré lui aussi à trois reprises de l'ordre de Lénine, et qui en fut injustement déchu !

Je compris alors que cette mascarade, dont les Russes sont si friands, avait été organisée pour permettre à Sakharov [11] de faire publiquement son retour dans la communauté scientifique internationale à la fin de son interminable réclusion à Gorki [12], où les sinistres vieillards du Kremlin l'avaient assigné à résidence sans pourtant parvenir à le faire taire.

La politique de glasnost et de perestroïka nous fut en définitive très favorable en nous ouvrant les portes du NPO Lavotchkine. Quelques années plus tôt en effet, quand les Français livraient une expérience spatiale en Union soviétique, leur parcours s'achevait dans un laboratoire de l'Iki, où ils se bornaient à instruire les spécialistes soviétiques des mille et une particularités de l'engin qu'ils livraient. Ayant enregistré tous les tours de main propres au montage de l'appareil, les ingénieurs soviétiques l'emportaient alors quelque part dans un lieu gardé secret de la banlieue de Moscou, où ils le montaient sur le véhicule spatial. Pour désigner ce site ô combien mystérieux, où seuls les Russes étaient admis, nos collègues soviétiques n'avaient qu'un mot à la bouche : *zavod*, l'usine.

Mais en cette fin 1988, quand nous débarquâmes à Moscou avec notre télescope, il apparut très vite que la mise en œuvre de Sigma était bien trop complexe pour suivre le trajet habituel. Les responsables du Conseil Intercosmos durent donc se rési-

---

11. Enfant privilégié du régime soviétique, académicien à trente-deux ans, sa critique des essais nucléaires le rejeta peu à peu vers la dissidence. Fondateur d'Amnesty International en Union soviétique, il se vit décerner en 1975 le prix Nobel de la paix.

12. Cette ville située sur la Volga à quelques centaines de kilomètres à l'est de Moscou a retrouvé aujourd'hui son ancien nom de Nijni-Novgorod.

gner à admettre notre présence dans cette fameuse « usine ». Ce ne fut pas sans mal, car de tels contacts directs entre spécialistes français et soviétiques privaient en fait les apparatchiks d'Intercosmos de leur unique raison d'être. Cette volonté de transparence avait beau s'inscrire dans la nouvelle ligne du Kremlin, les organes traditionnels de l'appareil soviétique s'employèrent là comme ailleurs à saboter une politique qui ne visait pourtant qu'à sauver l'empire.

La direction de l'Iki voyait aussi d'un très mauvais œil les Français se ranger sous la bannière de Glavcosmos et de Lavotchkine. Les scientifiques de l'Iki craignaient de perdre ainsi l'exclusivité des relations si fructueuses avec les laboratoires français, assorties de si lucratifs voyages à l'Ouest... Pour ne rien arranger, une violente controverse se développa dans les premiers mois de 1989, à la suite de l'échec des deux sondes lancées un an plus tôt vers Mars et Phobos. Profitant de l'étonnante liberté d'expression qui régnait alors à Moscou, certains chercheurs de l'Iki mirent en cause la compétence et l'esprit de responsabilité des entreprises spatiales soviétiques, avec au premier rang le NPO Lavotchkine, en charge de la mission *Phobos*.

Après trois mois de tergiversations, et après avoir attendu la fin des festivités qui marquaient encore le 1ᵉʳ mai, nous franchîmes enfin la porte de la mystérieuse usine, où les ingénieurs et techniciens de Lavotchkine, préposés au montage du satellite *Granat*, attendaient de pied ferme la venue de Sigma. L'usine en question s'étend le long de la route de Leningrad, là où un sévère monument marque le point même où, en décembre 1941, les troupes de Joukov bloquèrent les colonnes allemandes dans la proche banlieue de Moscou, très précisément à la sortie de Khimki.

Le plus curieux, c'est que Khimki est la dernière agglomération avant la bifurcation vers Cheremetievo, l'aéroport international de la capitale soviétique. Depuis des années que nous nous rendions à Moscou, nous avions donc longé les murs décrépis ceinturant l'usine « secrète », sans imaginer le moins du monde que les plus célèbres sondes interplanétaires soviétiques avaient été montées dans cette bâtisse où nous pénétrâmes en ces premiers jours de mai 1989.

Pour éviter tout regard indiscret – la glasnost a quand même des limites –, on avait dressé un véritable mur de tentures opaques pour ceinturer le secteur du hall où le satellite *Granat* reposait sur son berceau de manutention. Une nuée de spécialistes en montage s'affairait dans ce surprenant décor. Pour manipuler les charges les plus lourdes, à commencer par le télescope Sigma lui-même, ils utilisaient de temps à autre un solide pont roulant installé dans les superstructures du bâtiment. Il avait donc bien fallu maintenir à découvert un large espace s'ouvrant sur le plafond du hangar. Par cette brèche insidieuse dans le dispositif mis en place pour prévenir toute curiosité malsaine, nous eûmes un beau jour la surprise de voir défiler au-dessus de nos têtes un superbe vaisseau spatial bardé d'antennes et de capteurs, un satellite « espion » sans doute, suspendu benoîtement au crochet du pont roulant !

Au cœur du complexe militaro-spatial soviétique

Bien sûr, en s'en tenant aux normes propres aux usines spatiales occidentales, cathédrales immaculées de béton, de verre et d'acier, le hall de montage du NPO Lavotchkine faisait vraiment triste mine. Mais pour autant les sondes et satellites qui y étaient assemblés ne tombaient pas plus souvent en panne que leurs homologues de l'Ouest. Ingénieurs et techniciens n'y travaillaient pas déguisés comme des chirurgiens opérant à cœur ouvert, mais leur disponibilité et leur savoir-faire compensaient largement ces quelques infractions aux dogmes stricts et guindés édictés par nos grands prêtres de la prétendue « qualité » spatiale.

Se couvrir le crâne d'un bonnet immaculé, envelopper ses souliers de surchausses qu'on jette après chaque usage, n'empêche pas d'oublier de débloquer les attaches des panneaux couverts de photopiles destinées à convertir les rayons du Soleil en courant électrique. Et l'on se retrouve alors avec un satellite dont les générateurs solaires refusent de se déployer ! Voici quelques années, une telle mésaventure avait réduit prématurément au silence un luxueux satellite de télévision directe. Perte sèche : un bon milliard de francs !

La quantité croissante de paperasses censées assurer la qualité des équipements spatiaux fabriqués par les grandes firmes du monde occidental n'a pas empêché les défaillances de se multiplier. Et plus les bévues sont énormes, plus elles trompent la vigilance de procédures de contrôle, trop souvent routinières et tatillonnes. Nul n'a oublié cette terrible myopie qui affecta des années durant le télescope spatial *Hubble*. C'est à peine croyable, mais cet instrument pharaonique, dont le coût total dépassa les trois milliards de dollars, avait été largué dans l'espace sans que l'on ait pris la peine de l'étalonner au sol.

Les ingénieurs les plus huppés de la Nasa avaient certifié que les pièces optiques avaient été façonnées en respectant à la lettre toutes les procédures. Alors pourquoi dépenser cent millions de dollars de plus à vérifier le comportement du télescope, comme ces « irresponsables » de scientifiques le réclamaient à cor et à cri ? Les responsables de la Nasa auraient été pourtant bien inspirés de les écouter, car les procédures elles-mêmes étaient erronées ! Résultat : un appareil au pouvoir séparateur pas meilleur que celui des télescopes terrestres, la Nasa discréditée, et les astronomes privés pour des années encore des fantastiques images que devait leur fournir ce fameux télescope spatial. Sans compter les quelques dollars de plus – quelques milliards, bien sûr – qu'il fallut débourser pour réparer *Hubble* en orbite.

Vous l'avez compris, je préfère de beaucoup le savoir-faire que les spécialistes de Lavotchkine avaient patiemment accumulé pendant des décennies à la suffisance qu'affichent bien des ingénieurs de nos grandes firmes aérospatiales. À force de sauter d'un projet à l'autre, pour le plus grand profit de leur carrière, ils se montrent au bout du compte incapables de contribuer efficacement à chacun d'entre eux. À force de participer au montage d'un satellite de la même série, le vingt-septième pour les plus chevronnés, les ingénieurs et techniciens de Lavotchkine que j'ai vus à l'œuvre sur *Granat* avaient développé un très haut degré de professionnalisme, qui leur conférait une parfaite sûreté de main assortie d'une étonnante capacité à faire face aux imprévus.

Il n'en manqua d'ailleurs pas, s'agissant de monter sur la plate-forme russe un engin aussi complexe que le télescope français, d'autant plus que son ordinateur de bord était un tout nouveau prototype, très performant mais d'un réglage très pointu. En revanche, Jacques Chêne avait rassemblé autour de lui un pack [13] indestructible, qui, en moins d'un mois, mena à bien le programme de montage et d'essais prévu au NPO Lavotchkine. Plus rien ne s'opposait donc au convoyage des équipements russes et français vers le cosmodrome – le champ de tir – de Baïkonour, au Kazakhstan, où nous retrouvâmes les spécialistes de Lavotchkine au grand complet pour conduire les ultimes phases d'étalonnage du télescope et assurer son montage final sur le véhicule spatial.

Si une légitime curiosité vous pousse à tourner les pages d'un atlas pour savoir où se situe ce champ de tir, reportez-vous à la planche Asie centrale. Juste à droite de la mer Caspienne, vous ne pouvez pas manquer une autre mer fermée nettement moins étendue, la mer d'Aral. Les deux seuls fleuves qui l'alimentent, l'Amou-Daria et le Syr-Daria, prennent leur source quelque mille kilomètres au sud-est, au-delà de ces riches contrées qui s'étendent au pied des contreforts de l'Himalaya, là justement où une irrigation intensive et désordonnée les ponctionne massivement. Le Syr-Daria, le plus septentrional des deux fleuves, affronte ensuite les steppes de l'Asie centrale où ses maigres filets d'eau parviennent à peine à se faufiler entre les sables, avant de rejoindre la mer d'Aral qui n'en finit donc pas de s'assécher.

C'est là justement que les Russes avaient édifié le plus grand complexe spatial du globe, avec ses pas de tir par dizaines et ses usines gigantesques, disséminés au nord de la ville de Leninsk, sur un territoire immense bordé par le Syr-Daria. La psychose du secret propre aux États totalitaires sévissait alors à un tel point qu'aucune carte de l'époque ne mentionne cette ville d'une centaine de milliers d'âmes, desservie par un aéroport débordant d'activité où un Tupolev 134 nous déposa en cette fin d'été 1989. Votre atlas est très probablement tout aussi mal documenté, alors pour satisfaire votre curiosité, je vous signale que Leninsk se situe sur la rive droite du Syr-Daria, à peu près à mi-distance entre la ville de Kyzyl-Orda et l'embouchure du fleuve dans ce qui reste de la mer d'Aral.

---

13. Pour ceux d'entre vous qui ne seraient pas familiers des choses du rugby, ce sport de voyous pratiqué par des gentlemen, sachez que le *pack* – terme anglais que l'on peut tout simplement traduire par « paquet » – est constitué des huit joueurs les plus costauds de l'équipe, dont les qualités essentielles sont une opiniâtreté et une abnégation à toute épreuve.

Les plus attentifs remarqueront néanmoins qu'une petite localité, située au nord-ouest de la mer d'Aral, porte le nom de Baïkonour. Mais cette bourgade n'a rien à voir avec le cosmodrome du même nom qui s'étend à plus de deux cents kilomètres de là. Je suis cependant prêt à parier que cette confusion fut savamment entretenue des années durant dans le but de tromper l'ennemi, une attitude qu'il faut bien qualifier de particulièrement puérile, à une époque où les satellites espions sont capables de compter les étoiles sur les pattes d'épaule des officiers se promenant dans les rues de Leninsk !

Sur une terrasse sablonneuse qui s'étend entre le Syr-Daria et l'ancienne Turyatam, modeste station sur la voie ferrée de Moscou à Tachkent, la ville de Leninsk s'est développée à la suite des premiers exploits spatiaux soviétiques. À quelques kilomètres de là, un beau matin d'avril 1961, Youri Alexeievitch Gagarine se réveilla dans un modeste cabanon au toit recouvert de Fibrociment. Quelques heures plus tard, il était hissé en haut d'une tour métallique avant de prendre place à bord de *Vostok 1*, la petite capsule spatiale qui devait le projeter vers les étoiles...

Depuis ces temps héroïques, les cosmonautes ont troqué la rude étoffe des héros pour le luxe feutré d'une résidence bâtie à leur intention à la sortie de la ville. Toute l'équipe Sigma y séjourna à plusieurs reprises en cette fin d'année 1989, depuis les moites soirées d'un été qui n'en finissait pas jusqu'aux premiers frimas de novembre. Comment pourrais-je oublier la maison des héros de l'espace et le charme mélancolique de son parc, avec tous ces arbres dont chacun avait été planté par un cosmonaute à son retour sur Terre ? Que sont-ils devenus sous les décombres de l'empire éclaté ?

Comment pressentir, en cette fin d'année 1989, que la chute d'un mur, là-bas à l'Ouest, serait le signe avant-coureur de l'effondrement de l'empire et de la décadence de son complexe militaro-spatial, dont le cosmodrome de Baïkonour était l'un des plus beaux fleurons ? Je suis sûr que l'arbre de Gagarine, le plus grand de tous, avec son tronc solide et vigoureux, brave encore les pires tempêtes. Mais qu'en est-il des autres ? Comment les jeunes pousses qui tentaient de prendre racine dans les sables des steppes kazakhes ont-elles résisté au vent de l'histoire ?

Le train spatial entre en gare

Comme un grand navire continue sur son erre alors que ses machines sont arrêtées depuis longtemps, l'entreprise spatiale soviétique n'en finissait pas de multiplier les mises en orbite. Le cosmodrome de Baïkonour vivait au rythme de deux ou trois tirs par mois, et c'est donc sans la moindre hésitation que les spécialistes préparaient *Granat* à un lancement qui avait été depuis longtemps fixé au 1er décembre 1989. Le véhicule spatial et son télescope avaient été regroupés dans un grand bâtiment situé à plus d'une heure d'autocar de Leninsk. Les équipes de Lavotchkine s'y affairaient déjà autour du satellite, tandis que les Français étalonnaient Sigma au moyen d'une série de sources radioactives placées dans le champ de vue de l'appareil.

Une fois que nous eûmes boulonné le télescope sur sa plate-forme spatiale, il nous fallut en vérifier à nouveau le bon fonctionnement en présence de toutes les autres expériences placées à bord de *Granat*, au tarif habituel de huit jours d'essais ininterrompus. Après avoir séjourné des jours durant dans une cuve à vide et enduré une nouvelle et dernière série d'essais, *Granat* fut finalement monté sur son module propulsif qui devait le projeter encore plus haut dans les étoiles. Ce fut pour nous l'occasion de vérifier une nouvelle fois à quel point les pratiques spatiales russes diffèrent de celles en vigueur à Kourou, à Cap Kennedy, ou ailleurs.

À l'Ouest en effet, quand il s'agit d'amarrer un vaisseau spatial sur sa fusée porteuse, il faut d'abord le hisser jusqu'au dernier étage du lanceur, déjà érigé sur le pas de tir, ou à proximité. C'est tout sauf pratique, car il faut alors faire les ultimes vérifications tout en haut d'un immense échafaudage métallique, qu'il faut ensuite escamoter juste avant le lancement. Pour pallier ces inconvénients, les Russes ont choisi de coucher les différents éléments du futur train spatial sur des affûts mobiles, munis d'essieux aptes à rouler sur de banales voies ferrées.

Bénéfice immédiat de cette façon de faire : rien n'empêche de travailler bien à l'abri sous un vaste hangar, ce que les Français de Sigma apprécièrent particulièrement dans les derniers jours de novembre ! Mais la méthode russe présente aussi l'avantage de séparer les genres, comme dans une gare de triage. Tandis que les clients du train spatial chargent leurs équipements sur le wagon – autrement dit, le satellite –, les mécaniciens s'occupent de la locomotive, à savoir les premiers étages de la fusée. Dans le cas de *Granat*, le satellite et son module propulsif furent donc assemblés dans le hangar même où nous avions déjà pratiqué nos séances d'étalonnage et d'essais, tandis que le reste de la fusée était monté dans un tout autre bâtiment, non loin du pas de tir.

Couché sur son berceau à roulettes garé sur la voie ferrée traversant « notre » hangar, l'ensemble constitué par *Granat* et son module propulsif offrait un saisissant coup d'œil sur tous les équipements montés sur le satellite. Au centre du véhicule spatial, notre télescope trônait au milieu d'appareils plus modestes, parmi lesquels nous remarquions un équipement d'astronomie X à ouverture codée réalisé par l'industrie soviétique, une batterie de caméras à grand champ livrée par le Danemark et une petite plate-forme mobile fournie par les Bulgares.

Poussée sur la voie ferrée même où stationnait notre wagon spatial, une gigantesque coiffe s'apprêtait à enfourner le satellite et sa charge utile. Cette solide pointe de fusée, qui saura protéger le satellite pendant toute la traversée des couches denses de l'atmosphère, était peinte aux couleurs de Glavcosmos et des différentes nations ayant fourni des équipements installés sur *Granat*. Au cours de ces dernières heures qui précédèrent la mise en coiffe, le hall de montage ressemblait de plus en plus à un banal quai de gare juste avant le départ d'un train.

Les Français ajustaient la belle housse en plastique doré à l'or fin qui enveloppait Sigma afin de le prémunir contre les vives déperditions de chaleur que subissent les équipements exposés au vide interplanétaire. Nous eûmes aussi la tâche délicate d'armer le dispositif pyrotechnique devant dégager le couvercle du viseur d'étoiles une fois *Granat* mis sur orbite. Pendant que nous nous activions sur le télescope, quelques couturières mettaient également la dernière main à la couverture thermique du satellite. L'une d'entre elles y cousait même une petite plaque d'identité en métal émaillé, ornée d'une effigie naïve de *Granat* et de Sigma.

Profitant de la grande accessibilité qu'offrait la position couchée du train spatial, ingénieurs et techniciens de Lavotchkine s'affairaient autour du satellite, dont tous les points de contrôle étaient signalés par un petit ruban rouge que les spécialistes détachaient un par un au fur et à mesure que leurs vérifications se poursuivaient. Juste avant que la coiffe se refermât sur *Granat*, un technicien russe éprouva le bon pliage des panneaux solaires en les secouant de la main. Ce n'était peut-être pas conforme à l'étiquette spatiale occidentale, mais il avait au moins l'assurance que les indispensables générateurs solaires pourraient se déployer sans heurt ! Et puis ce technicien, comme toute l'équipe, en était à son vingt-septième lancement d'un satellite de ce type, c'est dire à quel point son « toucher » pouvait être sensible !

Peu après la fermeture de la coiffe, la tête du train spatial, formée par le satellite et son module propulsif, fut conduite par voie ferrée vers un nouveau hangar où l'attendaient les trois premiers étages de la fusée Proton. L'arrimage final fut rondement mené et quelques jours plus tard le convoi au grand complet se dirigea vers le site de lancement. Saisie par les formidables mâchoires d'un colossal portique, la fusée fut alors dressée sur son pas de tir, juste avant le remplissage des réservoirs. Le train spatial était prêt au départ, il n'y avait plus qu'à allumer la mèche !

Sur le chemin du retour, dans le fracas strident des quatre turbopropulseurs lancés à plein régime d'un vieil Iliouchine 18 à hélices, j'avais toute confiance dans l'issue heureuse de notre entreprise. Comment en effet ne pas partager ce sentiment de force tranquille qu'affichaient les spécialistes russes...

Ce colossal savoir-faire survivra-t-il à la dislocation de l'empire ? On peut craindre que non. Le monde spatial de l'Ouest, sûr de lui et dominateur, serait toutefois bien avisé de ne pas oublier que, pour baroques qu'elles soient, les procédures russes ont fait la preuve de leur surprenante efficacité.

En route vers les étoiles

À peine rentré de Baïkonour, je m'étais rendu à Toulouse afin de vivre en ce premier soir de décembre 1989 le lancement de *Granat* en direct avec mes amis de Sigma. Le Cnes avait bien fait les choses : relayées par satellite, les images produites par la télévision soviétique chargée de couvrir l'événement s'éta-laient sur grand écran dans la salle de conférence du Centre spatial de Toulouse, pendant qu'une interprète du Cnes se char-geait de la traduction simultanée des propos du commentateur. Avec Jacques Chêne et Pierre Mandrou, je me trouvais sur scène, face à un parterre d'ingénieurs et de dirigeants du Cnes auxquels se mêlaient les représentants du CEA et quelques journalistes.

Vous ne pouvez pas imaginer à quel point il m'était cruel d'être ainsi sous le feu des projecteurs. J'avais tout à perdre en cas d'échec, alors qu'un succès du lanceur soviétique ne ferait qu'accroître ce début d'inquiétude qui m'envahissait insidieuse-ment depuis que la coiffe de Proton s'était refermée sur Sigma. Même si nous avions sans relâche multiplié jusqu'au bout les essais et les contrôles, notre confiance en la solidité de notre appareil ne pouvait que s'effriter à l'approche de la terrible série de mauvais traitements qui ne manqueraient pas de mettre à rude épreuve la robustesse de Sigma.

Le reportage de la télévision soviétique débuta par quelques explications scientifiques de Rachid Sunyaev, lui aussi très tendu à quelques minutes du lancement. Puis l'image se fixa enfin sur le pas de tir où un superbe Proton se dressait sous la lumière crue des projecteurs, là-bas, dans la solitude glacée des steppes kazakhes. Pas le moindre signe de vie sur la plate-forme d'envol. Seules quelques fumerolles suintant çà et là aux join-tures du corps de la fusée trahissaient la puissance contenue du monstre prêt à bondir.

Ultimes secondes du compte à rebours, égrenées par un impassible commentateur russe qui en avait sans doute vu beau-coup d'autres. Le cœur battant la chamade, j'étais presque inca-pable de masquer mon angoisse. Qu'étais-je venu faire dans cette galère ? Une fois de plus, j'avais encore tout misé sur un nouveau coup de dés. Quelle folle imprudence ! À la moindre anicroche, des années d'espoirs et d'efforts réduits en cendre ! Et cette maudite fusée qui n'en finissait pas de s'attarder sur son pas de tir...

En fin de compte, au jour dit et à la seconde précise annon-cée plusieurs mois à l'avance, *Granat* s'envolait vers les étoiles. Après une phase propulsive pleinement réussie, Proton mettait en orbite le dernier étage du train spatial. Un peu plus tard, quelque part entre les quarantièmes rugissants et les cinquantièmes hurlants de l'Atlantique Sud, un navire antenne soviétique télécommandait l'allumage du module propulsif attaché à *Granat*, projetant le satellite sur l'orbite très elliptique qui lui avait été assignée. Alors qu'à son périgée, le satellite s'approchait à moins de deux mille kilomètres de la surface du globe, son propulseur lui avait permis de s'envoler jusqu'à un apogée de deux cent mille kilomètres, pour que Sigma puisse fonctionner loin au-delà des ceintures de radiations qui l'auraient totalement aveuglé.

Toujours promptes à s'enthousiasmer pour un tir sans faute, fût-il le fait des autres, les autorités du Cnes firent alors partir les bouchons de champagne. Fin de soirée ambiguë, avec les félicitations des grands chefs pour une réussite qui n'était pas vraiment la nôtre. Questions des journalistes sur les objectifs de notre télescope, désormais en orbite. En accord avec Geneviève Debouzy, qui veillait alors au destin des sciences de l'univers au Cnes, nous avions choisi de présenter Sigma comme un appareil apte avant tout à traquer le trou noir.

À ma grande surprise, nos propos firent mouche. Émoustillés sans doute par le halo de mystère et d'abstraction qui nimbe ces astres sortis tout droit de la dialectique théorique des astrophysiciens, les rédacteurs en chef des grands quotidiens parisiens accordèrent au lancement de *Granat* et de Sigma une importance inaccoutumée s'agissant d'informations scientifiques. Dès le lendemain, *Le Monde* s'enthousiasmait sur : « L'univers violent de Sigma », tandis que *L'Humanité*, encore bien disposée envers le grand pays frère, consacrait quatre colonnes à un article intitulé : « À la recherche des trous noirs ». Puis, pour ne pas être en reste, *Le Figaro* enfonçait un peu plus le clou deux jours plus tard en titrant : « À la recherche du trou noir de la Voie lactée ».

Ce battage médiatique quelque peu prématuré exacerbait, s'il en était encore besoin, les hantises de l'équipe Sigma, en route quelques jours plus tard vers la Crimée et la station d'Evpatoria pour reprendre contact avec notre télescope. Comment en effet ne pas redouter l'incident imprévisible qui ruinerait à tout jamais nos ambitions scientifiques ? Les dernières nouvelles étaient pourtant des plus rassurantes : la plate-forme spatiale semblait en parfait état de marche, ses panneaux solaires s'étaient déployés sans heurt, et les spécialistes en communication spatiale d'Evpatoria en avaient déjà contrôlé les principaux organes. Quant à Sigma, c'était maintenant à nous de vérifier s'il avait survécu à la mise en orbite.

Evpatoria, vous connaissez déjà, donc pas la peine de planter le décor. Après s'être installés dans leur petite pièce avec vue sur la mer, les Français n'eurent plus qu'à définir avec le groupe opérationnel la séquence de commandes aptes à mettre en marche le télescope. Après avoir d'abord contrôlé le bon état de l'ordinateur de bord, puis celui du viseur d'étoiles, ce fut le tour de Sigma au grand complet. Jour de vérité : le 14 décembre 1989. Dès réception des données, François Lebrun activa nos ordinateurs qui ne tardèrent pas à nous livrer leur premier verdict : tout va bien à bord !

Sans attendre, nous rédigeâmes aussitôt un bref télégramme pour informer tous ceux qui, en France, étaient impatients de connaître l'état de notre télescope. En voici le texte intégral, que je reproduis sans la moindre retouche :

COMPTE RENDU DE LA SÉANCE NUMÉRO 2
BUT : PREMIÈRE MISE SOUS TENSION DU TÉLESCOPE AU COMPLET
MISE SOUS TENSION RÉALISÉE A 1741 (HEURE DE MOSCOU)
DÉBUT DE PRISE DE DONNÉES A 2008
FIN DE PRISE DE DONNÉES A 2120 (POSE 72 MINUTES)
QUALITÉ TÉLÉMESURE SÉANCE 2 PARFAITE
FONCTIONNEMENT ORDINATEUR DE BORD ET MÉMOIRE NOMINAL
FONCTIONNEMENT VISEURS D'ÉTOILE 1 ET 2 NOMINAL
ÉQUIPEMENTS CEA :
DÉTECTEUR DE PARTICULES : NOMINAL, COMPTAGE 4500 CPS
SOURCES ÉTALONNAGE : NOMINAL, IDENTIQUES AUX ESSAIS BAIKO-
NOUR
GAMMA-CAMÉRA : NOMINAL, COMPTAGE PROTONS 3500 CPS,
SPECTRES EXPLOITABLES, RAIES À 5 CANAUX DES RÉFÉRENCES
ÉLECTRONIQUE : TEMPÉRATURES 13 A 16 DEG.
ÉQUIPEMENTS CESR :
TEMPÉRATURE CRISTAUX 7 DEG.
TAUX DE COMPTAGE EN SORTIE CEINTURES VAN ALLEN UN FACTEUR 2
PLUS QU'ATTENDU DANS COSMOS (TRÈS FAVORABLE)
TOUS PMS OK, DEVRONS AJUSTER LE GAIN DE QUELQUES PMS EN RAI-
SON DES TEMPÉRATURES
PERFORMANCES TÉLESCOPE :

CARTE 00 CORRECTE
SPECTRES SURVEILLANCE CORRECTS, RAIE 241AM COMME ATTENDUE,
RAIE 511 KEV INSTRUMENTALE APPARENTE
IMAGES FINES CORRECTES
BRUIT DE FOND 200 CPS SUR TOUTE LA GAMME (EN SORTIE CEINTURES), MOINS QUE PRÉVU ! TRÈS CONFIANT POUR LA SUITE

N'ayez crainte, je n'ai pas l'intention de vous imposer la traduction de cet obscur jargon ! Vous y avez néanmoins reconnu du premier coup d'œil toutes sortes d'adjectifs comme : « correct » ou « nominal ». Plus qu'une indigeste litanie d'explications techniques, ces qualificatifs aux accents réjouissants illustrent parfaitement l'état d'esprit qui fut le nôtre quand nous fûmes enfin convaincus de la bonne santé de Sigma, moins de deux semaines après les terribles secousses du lancement.

Malgré l'heure plus que tardive, la soirée fut très chaude à l'hôtel, comme en témoignèrent les cadavres de sainte-croix-du-mont [14] que l'on pouvait dénombrer dans la chambre où j'avais fini la soirée avec Pierre et quelques autres. Il convenait maintenant de régler minutieusement l'appareil, ce qui sera fait dans les deux mois à venir. Restait aussi à démontrer son aptitude à photographier le ciel gamma, un ultime pari qui sera lui aussi gagné. Mais inutile d'en rajouter, vous savez déjà tout.

Mars 1990. Mon rêve d'enfant était devenu une réalité tangible : l'œil codé de Sigma m'offrait enfin le privilège de « voir » les mondes inconnus du ciel gamma ! Et fort des conseils du *Figaro* et de *L'Humanité*, pour une fois du même avis, l'équipe Sigma partit sans tarder à la recherche des trous noirs de la Voie lactée.

------

14. Vin blanc liquoreux du Bordelais, ayant trop longtemps souffert d'une réputation de vin pour noces et banquets. Aussi moelleux que véritablement liquoreux, ils offrent une plaisante impression de fruité.

CHAPITRE VII

Radiographie de la Voie lactée

Île ou continent ?

J'ai peine à croire qu'à l'aube du XXe siècle, mes prédécesseurs astronomes ne savaient encore presque rien de ce gigantesque amas d'étoiles, de gaz et de poussières, dénommé Galaxie, avec un *G* majuscule, et dont le Soleil n'est qu'un modeste individu. Est-il besoin de préciser que ce nom savant n'est que la version grecque de Voie lactée, censé évoquer cette giclée de lait qui se serait échappée du sein de Junon-Héra allaitant je ne sais quel demi-dieu ? Sans vouloir faire la part trop belle à la mythologie gréco-romaine, force est de constater qu'une telle désignation est des plus judicieuses, s'agissant de cette majestueuse traînée blanchâtre qui ceinture le ciel nocturne. Par une belle nuit sans Lune, loin de toute lumière parasite, comment ne pas succomber à ce fabuleux spectacle qu'offre ainsi la Galaxie vue par la tranche ?

Vous pensez sans doute que l'absence de télescope assez puissant suffit à expliquer le degré d'ignorance des astronomes de la belle époque, et vous avez sans doute raison. Mais ne souffraient-ils pas également d'une certaine forme de myopie intellectuelle, héritée de leurs maîtres ? Jusqu'au début du XIXe siècle en effet, l'attention des professionnels du ciel ne s'était aventurée que très rarement au-delà des limites du système solaire. Étudier en détail les rouages de cette belle mécanique suffisait à procurer aux plus grands astronomes de l'époque – tous de remarquables mathématiciens – l'occasion de s'illustrer par mille et un calculs plus astronomiques les uns que les autres.

Dans une certaine mesure, cette courte vue perdure encore de nos jours. Si vous avez déjà feuilleté un ouvrage d'astronomie populaire, vous avez constaté à quel point le déséquilibre est flagrant entre l'espace généreux offert au système solaire et les quelques pages concédées aux étoiles. Et ça ne fait d'ailleurs qu'empirer maintenant que les sondes interplanétaires tirent le portrait des planètes les plus lointaines comme des astéroïdes les plus minuscules. Notez qu'il s'agit là en grande partie d'un effet pervers de la civilisation médiatique : matraqués d'images par le service de presse de la Nasa, les auteurs font plus facilement la part belle au plus anodin des cailloux interplanétaires qu'à la plus majestueuse des étoiles, du moins tant qu'un vaisseau spatial ne sera pas en mesure de la photographier en gros plan, et ce n'est pas demain la veille !

À l'âge d'or de l'astronomie mathématique et de la mécanique céleste, les professionnels des observatoires ne se passionnaient pas non plus pour ces étoiles sans nombre qui fourmillaient déjà à l'oculaire de leurs lunettes astronomiques. S'user les yeux pour en faire un inventaire précis et détaillé leur semblait tâche indigne, juste bonne à meubler les loisirs d'honorables amateurs. De tous ces passionnés à qui l'astronomie doit tant, le plus fameux fut sans conteste sir William Herschel. Non content de découvrir Uranus avec un petit télescope construit par ses soins, ce musicien de métier, que rien ne prédisposait au départ à l'astronomie, consacra le plus clair de son temps à fouiller méthodiquement le ciel pour comprendre comment les étoiles sont disséminées dans l'espace.

Avant lui, quelques esprits particulièrement audacieux s'étaient déjà risqués à soutenir l'idée que la Voie lactée – on savait depuis Galilée qu'il s'agissait d'une nuée d'étoiles de faible luminosité – ne serait qu'une vaste structure contenant le Soleil et toutes les autres étoiles visibles à l'œil nu. Plus encore que la découverte d'une nouvelle planète, le mérite essentiel d'Herschel fut à mon sens de recueillir les premiers éléments d'observation en faveur d'une thèse qui n'était alors que pure spéculation de philosophes. Et bien que peu familier de la critique de la raison pure, je me permets ici de faire allusion à Emmanuel Kant, bien connu des astronomes pour avoir avancé l'hypothèse qu'il existe d'autres *univers-îles*, semblables à la Voie lactée, et renfermant comme elle des myriades d'étoiles.

Au début du XXe siècle, Harlow Shapley était quand même parvenu à se faire une assez bonne idée des vraies dimensions de la Galaxie. Il avait même réussi à en situer le centre, quelque part dans la direction de la constellation du Sagittaire. Et pourtant, en avril 1920, le même Shapley polémiquait encore avec Heber Curtis sur la nature des nébuleuses spiralées, dont les plus brillantes avaient été répertoriées près d'un siècle et demi plus tôt par Messier dans son fameux catalogue d'astres à l'apparence diffuse. C'est que beaucoup d'astronomes, à commencer par Shapley en personne, étaient persuadés que ces structures spiralées étaient de même nature que ces nébuleuses gazeuses rendues brillantes par les effets ionisants de la lumière ultraviolette rayonnée par les étoiles chaudes et massives.

Quelques années plus tard, les observations conduites avec le télescope Hooker, le premier grand télescope moderne [1] installé sur le mont Wilson, au nord de Los Angeles, donnèrent tort à Shapley en révélant que les nébuleuses spiralées étaient en fait constituées d'immenses volutes d'étoiles, ce qui en faisait des ensembles de même nature que la Galaxie. Les astronomes s'empressèrent de dénommer galaxie – avec un *g* minuscule, cette fois – ces univers-îles enfin résolus en étoiles par le télescope du mont Wilson.

Conséquence immédiate, notre univers-île n'est plus qu'une banale galaxie parmi tant d'autres peuplant le vaste cosmos. Du coup, nous ne savons même plus comment s'appelle notre galaxie à nous. Faut-il s'en tenir à Galaxie, avec un *G* majuscule ? C'est l'attitude la plus fréquemment adoptée, mais quel manque d'imagination ! Vous me permettrez donc de temps à autre l'emploi du terme « Voie lactée » pour désigner l'ensemble de la structure, et pas seulement sa seule empreinte sur le ciel nocturne.

Depuis la mise en service du télescope du mont Wilson, les

---

1. Mis en service en 1919, cet appareil, qui devait révolutionner l'astronomie, était doté d'un miroir dont le diamètre mesurait exactement 100 pouces anglais, soit 254 centimètres.

galaxies n'ont pas cessé de retenir l'attention des astronomes, au point que les spécimens les plus proches sont désormais beaucoup mieux connus que la structure dont nous sommes vous et moi les hôtes. Les galaxies spiralées ont la silhouette générale d'un disque plat, avec cette structure caractéristique en bras s'enroulant autour d'un noyau central. Le dessin des elliptiques est beaucoup plus ovoïde, parfois même sphérique. Quant aux irrégulières, elles échappent à toute classification. Et la Galaxie, me direz-vous, lequel de ces trois qualificatifs convient-il le mieux à son type ?

Les quartiers chauds de la Galaxie

Paradoxalement, c'est à force de détailler la morphologie des autres galaxies que les astronomes finirent par se faire une idée assez juste de celle qui nous abrite. Tout porte à croire que la Voie lactée est une belle galaxie spiralée aux bras musclés. Pour s'en convaincre, l'observation dans le visible s'est avérée d'emblée parfaitement décevante, et ce pour une raison dont je vous ai déjà parlé : contenues dans le gaz exceptionnellement ténu répandu entre les étoiles, de fines particules de poussière atténuent la lumière des astres lointains. Placés au sein d'un disque mince rempli de substances absorbantes, les astronomes opérant dans le visible ont donc une capacité de perception totalement différente s'ils observent une direction proche ou non des secteurs du ciel que traverse la Voie lactée.

Dans le premier cas en effet, leur regard plonge résolument en plein dans le disque de la Galaxie. L'absorption des rayonnements visibles par les poussières interstellaires limite la portée des observations à quelques milliers d'années de lumière, alors que, d'après les meilleures estimations, le diamètre du disque galactique est de cent mille années de lumière environ pour à peine mille d'épaisseur. Dans ces conditions, il est rigoureusement impossible de discerner les détails de la Galaxie, dont la majeure partie échappe aux investigations dans le visible.

Si par contre ils braquent leurs télescopes loin de la Voie lactée, seule une mince couche de gaz interstellaire subsiste devant leurs appareils. Aucun risque d'absorption : les galaxies les plus lointaines s'y contemplent sans le moindre voile. Les spécialistes du visible sont donc un peu comme un locataire condamné à ne pas quitter son appartement : il lui est très difficile d'imaginer à quoi ressemble l'immeuble où il se trouve. Il n'éprouve en revanche aucune difficulté à décrire avec précision l'aspect des autres bâtiments qu'il découvre par la fenêtre. Si seulement son regard pouvait transpercer les cloisons, peut-être serait-il en mesure de discerner la structure de l'édifice qui constitue son domaine...

Un regard qui perce les murailles, vous savez déjà qu'il s'agit là d'un privilège dont bénéficient plus que tout autre les adeptes du domaine gamma. Notez que les rayonnements propres à certains autres domaines spectraux – radio, infrarouge, X à la rigueur – sont également moins sujets à l'absorption interstellaire. Dès les années 1950, les radioastronomes en avaient d'ailleurs profité pour esquisser à grands traits la structure du disque de la Galaxie et de ses bras spiralés. Mais du fait de leur exceptionnel pouvoir de pénétration, les photons gamma sont sans conteste les plus doués pour franchir le mince rideau tendu par les poussières disséminées entre les étoiles.

Puisque le disque galactique est totalement transparent au rayonnement gamma, vous imaginez sans peine qu'un télescope comme Sigma n'éprouve aucune difficulté à repérer les sources gamma de la Galaxie, aussi dissimulées soient-elles dans les replis les plus secrets de la Voie lactée. Voilà pourquoi la première mission du télescope français fut une tournée d'inspection dans les quartiers chauds de la Galaxie. Et dès mars 1990, mise en confiance par la qualité des images du Crabe, l'équipe Sigma consacra les premières observations du télescope à la prospection du secteur le plus intime de la Voie lactée : le centre galactique, ce point remarquable autour duquel pivote toute la Galaxie, et qu'on estime aujourd'hui distant de vingt-cinq mille années de lumière environ du Soleil.

C'est en découvrant peu à peu l'architecture de la Galaxie que les astronomes réalisèrent que toutes les étoiles de la Voie lactée participent à une gigantesque sarabande. À l'instar des quelque deux cents milliards d'individus qui peuplent la Galaxie, le Soleil se joint lui aussi à la danse, à raison d'un tour en deux cents millions d'années. Mais attention ! La Galaxie est tout sauf une structure rigide : elle ne tourne pas sur elle-même comme un disque plein. Les étoiles de la Voie lactée bouclent en effet d'autant plus rapidement leur tour de piste qu'elles sont proches du noyau central. C'est ainsi qu'une étoile située deux fois plus près du centre galactique que le Soleil effectue son tour en moitié moins de temps.

Qu'y a-t-il donc au centre même de ce tourbillon d'étoiles ? Mystère ! Pour explorer ce territoire secret de la Galaxie, le regard des astronomes doit en effet s'étendre sur vingt-cinq mille années de lumière, dans l'épaisseur même du disque galactique. La matière disséminée entre les étoiles y est certes excessivement ténue : sa densité – quelques atomes par centimètre cube – est cent mille milliards de milliards de fois moindre que celle du volume que vous avez en main. Mais les distances sont telles qu'à la longue, le regard se voit opposer un milieu où les poussières forment un rideau épais comme une ou deux pages de votre livre ! Caché par cet écran opaque aux lumières du domaine visible, le cœur de la Voie lactée resta dissimulé aux yeux des astronomes jusqu'à ce qu'ils fussent en mesure de maîtriser les rayonnements propres aux autres domaines spectraux.

Partis en pionniers à la conquête des cieux invisibles, les radioastronomes furent les premiers à capter les signaux émis par le noyau de la Galaxie. Dès 1931, l'Américain Carl Jansky détectait l'émission radio du cœur de la Voie lactée, mais cette découverte ne parvint pas à émouvoir les astronomes de l'époque, qui auraient été d'ailleurs bien démunis pour en tirer un quelconque profit. Les années passant, les observations radio finirent par s'imposer comme une composante essentielle de l'astronomie. Le sondage radio du noyau galactique s'affina petit à petit, renforçant l'idée qu'une radiosource à la structure anormalement embrouillée était bel et bien tapie au cœur même de la Voie lactée. Et comme c'était la plus brillante de la constellation du Sagittaire, on lui donna Sgr A comme nom de code.

C'est alors que l'attention se porta sur les galaxies « extérieures », dont les régions centrales sont beaucoup plus faciles à observer, surtout quand la galaxie en question a le bon goût de se présenter de face. Bien des années auparavant, un astronome américain, Carl Seyfert, avait déjà remarqué l'éclat intense du noyau de certaines galaxies. La thèse de doctorat qu'il soutint en 1943, au plus fort de la Seconde Guerre mondiale, porta sur une demi-douzaine de ces galaxies se singularisant par un noyau très actif, non résolu sur les plaques photographiques, et dont

l'éclat dans le visible tire fortement vers le bleu. Guère fréquen-
tées au cours des vingt années suivantes, les *galaxies de Seyfert*
revinrent en force sur le devant de la scène après la découverte
des quasars.

Plus brillant que cent mille milliards de soleils

Bien avant celui des pulsars, l'avènement des quasars sym-
bolisa l'immense potentiel des nouvelles astronomies. Au cours
des années 1950, les radioastronomes, alors à la pointe des
observations hors du domaine visible, avaient déjà établi plusieurs catalogues de radiosources, dont l'un des plus célèbres fut
le troisième catalogue de Cambridge – 3C en abrégé – fort
d'environ quatre cents spécimens. Pour ne pas être en reste,
leurs collègues du visible s'efforcèrent d'identifier l'une après
l'autre ces radiosources avec des astres perceptibles sur leurs
archives photographiques.

L'attention se porta d'abord sur des galaxies *a priori* assez
communes, mais diablement actives dans le domaine radio. Puis
au début des années 1960, certaines radiosources furent identifiées avec des objets d'aspect stellaire, d'où ce nom de quasar [2].
Tout au long des décennies suivantes, la grande majorité des
astronomes s'accorda peu à peu pour certifier que les quasars
ne sont rien d'autre que des noyaux de galaxies prodigieusement
actifs, à l'image de ceux des galaxies de Seyfert. Ils sont toutefois
beaucoup plus lumineux puisqu'on peut les observer jusqu'aux
confins de l'univers, là où il est pratiquement impossible de
détecter les galaxies qui les abritent.

S'il en est ainsi, où les quasars puisent-ils la fabuleuse énergie qui les rend si flamboyants ? Pour qu'on puisse les repérer
si loin dans le cosmos, ils doivent être en effet des centaines de
fois plus brillants que les galaxies les plus lumineuses du ciel,
ces immenses univers-îles qui rassemblent l'éclat de centaines
de milliards d'étoiles !

Vous imaginez sans peine qu'un tel problème réclame une
solution hors du commun. De fait, l'explication à laquelle les
astrophysiciens ont fini par se rallier ne manque pas de har-

---

2. Contraction de *quasi stellar*, littéralement : « quasi stellaire ».

diesse. Figurez-vous que le colossal éclat d'un quasar témoignerait du monstrueux transfert d'énergie suscité par un trou noir ultramassif absorbant le gaz et les étoiles de la galaxie dont il est l'hôte ! Et si une thèse aussi surprenante s'est peu à peu imposée, c'est qu'elle est la seule compatible avec une particularité des quasars *a priori* assez anodine : leur éclat varie au cours du temps.

Notez que ces sautes d'humeur affectent surtout l'émission des quasars dans les domaines X et gamma où l'on a vu l'éclat de certains d'entre eux varier en moins d'un jour. Leur taille doit être inférieure à un jour de lumière [3], une dimension infime à l'échelle d'une galaxie ! À coup sûr, une telle affirmation doit vous paraître bien péremptoire. Mais rassurez-vous, j'ai une très bonne raison d'être aussi affirmatif : c'est une simple conséquence du fait que la lumière – visible ou gamma – ne se propage pas à une vitesse infinie. Et pour vous convaincre qu'il est finalement assez simple d'apprécier la taille d'un astre en mesurant ses variations d'éclat, je vous propose un petit montage. Et si je dis petit, c'est par pure modestie, car il s'agit d'une véritable étoile artificielle.

Maintenant que le complexe militaro-spatial russe commercialise la plupart de ses activités, n'importe quel milliardaire en dollars peut se payer une petite fantaisie dans l'espace. Ne me demandez pas avec quel argent, mais j'ai réussi à convaincre mes amis Russes d'aménager leur station spatiale *Mir* pour les besoins de ma démonstration. Depuis des semaines, les cosmonautes ont donc monté une multitude de lampes électriques autour de la station. Ils ont bien sûr pris grand soin de les installer toutes à égale distance [4] d'un unique interrupteur qui commande le dispositif.

Place à l'expérience. Une fois sous tension, ces lampes forment une véritable sphère lumineuse, qui, vue depuis la Terre, offre toutes les apparences d'une véritable étoile. Je vous demande maintenant de redoubler d'attention, car j'envoie la

---

3. Un jour de lumière, c'est tout simplement la distance que la lumière parcourt en un jour, soit un peu plus de cent soixante-treize fois la distance de la Terre au Soleil.

4. Exactement cent cinquante mètres, ce qui confère à mon étoile artificielle un diamètre de trois cents mètres. Mais ne le dites à personne, vous n'êtes pas censé le savoir !

commande qui coupe le courant. À bord de la station *Mir*, toutes les lampes s'éteignent au même instant. Sur Terre en revanche, un observateur attentif voit disparaître en premier l'éclat des lampes qui sont montées sur la partie du dispositif qui lui fait face, et en dernier, celui des lampes qui sont de l'autre côté. La lumière qui en provient parcourt en effet une distance supplémentaire, égale au diamètre de mon étoile à lampes.

À vous maintenant. Vous ignorez les dimensions de l'étoile artificielle, mais vous avez pris la précaution de suivre l'expérience avec un détecteur des plus précis. Vous avez ainsi réussi à mesurer l'espace de temps pendant lequel l'éclat de l'étoile artificielle a varié : un millionième de seconde. Vous pouvez alors affirmer sans hésitation aucune que sa taille est d'un millionième de seconde de lumière, c'est-à-dire la distance que la lumière parcourt en un millionième de seconde, soit trois cents mètres.

De la même manière, puisque son éclat varie en moins d'un jour, un quasar est d'une taille assez réduite pour tenir dans un espace sphérique d'un diamètre inférieur à un jour de lumière, donc pas plus grand que le système solaire. Et voilà le nœud de l'affaire, car pour rayonner dans un aussi petit volume autant d'énergie que cent mille milliards de Soleil il n'y a pas trente-six façons, il n'y en a qu'une : tirer parti de l'énergie gravitationnelle. C'est en effet la seule que la nature peut convertir en rayonnement avec un rendement supérieur à celui des réactions thermonucléaires à l'œuvre au sein du Soleil.

Avec toute sa masse rassemblée à moins d'un rayon de Schwarzschild de son centre de gravité, un trou noir est l'entité idéale pour allouer à un quasar l'énergie gravitationnelle qui lui est nécessaire pour briller avec éclat. Mais attention, il s'agit d'un trou noir bien plus massif que ceux d'origine stellaire dont je vous ai déjà conté la genèse. Les débits d'énergie qu'il lui faut garantir sont tels que seul un spécimen dont la masse vaut de un million à un milliard de fois celle du Soleil fait l'affaire.

Un quasar au centre de la Galaxie ?

Dès la fin des années 1960, avant que l'existence des trous noirs ultramassifs fût un peu plus étayée [5], certains esprits imaginatifs avaient lancé l'idée que la présence d'un tel trou noir au centre de la Voie lactée pourrait expliquer en grande partie le rayonnement radio émis par Sgr A. À force de découvrir les quasars en grand nombre aux confins de l'univers, on s'était en effet persuadé que le phénomène qui les rend si actifs devait être bref et précoce, puisque seuls les spécimens les plus lointains – donc les plus jeunes – en extériorisent les effets. Dans ces conditions, rien n'empêche les noyaux de la plupart des galaxies, y compris celui de la Voie lactée, de renfermer un quasar mort, ou du moins passablement assoupi.

Émoustillés par des prédictions aussi surprenantes, les radioastronomes scrutèrent Sgr A avec encore plus d'attention pour y déceler la trace d'un éventuel trou noir ultramassif. Au cours des années 1970, les recherches se focalisèrent sur un grumeau compact dénommé Sgr A* – prononcez : « Sagittarius A étoile » – dont les propriétés sont tout à fait évocatrices du trou noir ultramassif tant cherché, à commencer par ses dimensions fort réduites. À en croire la série de mesures entreprises pendant plus de huit ans, Sgr A* apparaît en effet dans le ciel sous un angle minuscule : quelques millièmes de seconde d'angle !

Notez qu'une observation aussi fine, le *nec plus ultra* en astronomie, n'est pas à la portée d'un radiotélescope unique, fût-il le plus grand du monde. Pour la mener à bien, les radioastronomes ont dû mettre en œuvre une demi-douzaine d'appareils, opérant simultanément au sein d'un réseau interférométrique géant, dispersé sur plusieurs milliers de kilomètres. Cette technique procure à l'ensemble du dispositif le pouvoir séparateur qu'aurait un radiotélescope unique, mais gigantesque, puisque

---

5. On ne compte plus aujourd'hui les témoignages qui corroborent l'existence de trous noirs ultramassifs. Le télescope *Hubble*, depuis qu'il a retrouvé toute son acuité, a ainsi détecté dans plusieurs noyaux de galaxies la présence d'énormes accumulations de matière – jusqu'à un milliard de fois la masse du Soleil – concentrées dans une sphère dont le rayon est inférieur à une année de lumière.

d'un diamètre égal à la base du réseau, soit plusieurs milliers de kilomètres.

Comme Sgr A* se trouve à environ vingt-cinq mille années de lumière du Soleil, son diamètre apparent – quelques millièmes de seconde d'angle – lui confère une taille telle que la radiosource tout entière tiendrait dans une sphère dont le rayon serait comparable à la distance Soleil-Saturne. Même si ce trait de caractère ne suffit pas à faire de Sgr A* un authentique candidat trou noir, reconnaissez qu'il s'agit là d'un indice troublant...

Contraste saisissant avec les années 1930 et la désaffection qui accueillit les résultats de Jansky, la découverte de cette radiosource compacte eut un retentissement considérable, d'autant plus que Sgr A* coïncide très précisément avec ce pivot imaginaire autour duquel se meuvent toutes les étoiles de la Galaxie. Tous les astronomes disposant d'appareils aptes à observer dans les domaines infrarouge, X et gamma scrutèrent alors à qui mieux mieux le centre de la Galaxie, dans l'espoir d'y trouver de nouveaux indices pour corroborer la folle hypothèse d'un trou noir ultramassif au cœur de la Voie lactée.

La rumeur ne fit que croître et embellir quand furent connus les résultats des observations conduites dans la bande des rayons gamma de basse énergie par le premier et le troisième exemplaires de la série des satellites américains d'astronomie *H.E.A.O.* lancés à la fin des années 1970 [6]. Le premier, *H.E.A.O. 1*, emportait un détecteur disposé au fond d'un collimateur, une technique dont j'ai déjà eu l'occasion de vous exprimer tout le mal que j'en pense. À force de balayer la voûte céleste, ce détecteur finit quand même par y repérer les sources les plus brillantes à la frontière des domaines X et gamma. Et comme de bien entendu, l'une d'elles fut cataloguée par mes collègues américains sous le nom de *near galactic center*, ce qui signifie littéralement « proche du centre galactique ».

Franchement, il n'y avait pas vraiment là matière à s'emballer ! De l'avis même des promoteurs de l'expérience, tout à fait conscients du piètre pouvoir séparateur de leur appareil, le

---

6. Il s'agit de cette série dont vous connaissez déjà bien le numéro deux, celui qui sous le nom d'*Einstein* avait révolutionné de fond en comble l'astronomie des rayons X.

rayon du cercle d'erreur associé à cette source réputée proche du centre galactique était plutôt de l'ordre du degré. Et quand on connaît la richesse des régions centrales de la Galaxie en astres de tout acabit, on mesure à quel point il serait hasardeux d'associer une source proche du centre galactique avec Sgr A*.

Mais quand les astrophysiciens ont une idée en tête, ils se jettent sur tout ce qui la confirme un tant soit peu. Certains n'hésitèrent donc pas à utiliser sans vergogne ces vagues observations dans le domaine gamma pour confirmer leur théorie sur l'activité du centre de la Galaxie. Et voilà comment les astronomes gamma se retrouvèrent, bon gré, mal gré, embrigadés parmi les partisans du trou noir central.

Avec *H.E.A.O. 3*, l'intrigue fut du même tonneau, mais encore plus perverse. Le troisième satellite de la série était doté lui aussi d'un détecteur monté au fond d'un collimateur, donc tout juste bon à balayer le ciel. Et comme son ouverture était nettement plus grande que celle du dispositif monté sur *H.E.A.O. 1*, il était encore moins capable que son homologue d'estimer avec exactitude la position des sources gamma. Alors, à quoi bon cette nouvelle expérience ? Qu'avait-elle de plus pour justifier les millions de dollars nécessaires à son développement ? Elle était capable de mesurer avec précision l'énergie des photons gamma.

C'est bien joli, mais pourquoi mesurer l'énergie des photons avec une telle finesse ? Il faut savoir que la nature suit deux voies bien distinctes pour émettre des photons. Il y a d'un côté une longue liste de mécanismes dit *continus*, à même d'insuffler à peu près n'importe quelle énergie aux photons qu'ils produisent. J'ai déjà eu l'occasion de vous en présenter quelques-uns, comme le rayonnement de corps noir ou le rayonnement synchrotron. Mais il ne faut pas négliger les processus qui fabriquent des photons avec une énergie bien définie, et que l'on qualifie donc de *monoénergétiques*.

Vous avez déjà vu l'un d'eux – l'annihilation des positons – à l'œuvre au cœur du Soleil. Souvenez-vous en effet du cycle proton-proton et du cortège de particules qui en jaillissent, dont la plus féconde est sans conteste le positon, l'antiparticule de l'électron, d'une même masse infime mais porteur d'une charge électrique de signe opposé. Vous avez alors sûrement noté que c'est de la rencontre de ce positon avec un électron du plasma stellaire que naissent les photons gamma qui gavent le Soleil d'énergie. Et si cette rencontre porte le nom d'annihilation, c'est parce que les deux particules disparaissent *in extenso* : la somme des énergies de masse de l'électron et du positon est cédée en totalité à deux photons gamma.

Les comptes sont vite faits : au départ, un électron et un positon. L'énergie de masse des deux particules est la même : cinq cent onze kiloélectronvolts. Après leur mutuelle annihilation, restent deux photons qui se partagent donc le butin à parts égales, soit cinq cent onze kiloélectronvolts chacun. Et si les promoteurs de l'appareil monté sur *H.E.A.O. 3* le dotèrent d'un détecteur apte à mesurer avec grande précision l'énergie des photons gamma, c'est qu'ils voulaient justement repérer parmi tous les photons produits par des mécanismes continus ceux de cinq cent onze kiloélectronvolts, c'est-à-dire ceux qui signent les processus d'annihilation électron-positon.

Après un premier balayage du ciel avec *H.E.A.O. 3*, le doute ne fut plus permis : les régions centrales de la Galaxie sont le site d'une annihilation massive d'électrons et de positons. Comme dans le cas de la source proche du centre galactique signalée par *H.E.A.O. 1*, la découverte de cette source unique en son genre fut assortie des réserves d'usage, à commencer par les grandes ambiguïtés sur sa position et sur sa taille que les spécialistes de l'astronomie gamma ne manquèrent pas de signaler.

Peine perdue. Même si son site d'origine était inconnu, la découverte d'un rayonnement d'annihilation électron-positon détecté dans la direction générale du centre galactique, s'ajoutant à celle d'une source gamma proche du centre galactique, ne fit que renforcer la conviction des astrophysiciens en faveur de la présence d'un trou noir ultramassif au centre de la Galaxie [7]. Tandis que les rumeurs de ce vif débat scientifique résonnaient

---

7. De quelle manière un trou noir ultramassif pourrait-il susciter un rayonnement d'annihilation électron-positon ? Je vous en propose une qui m'avait beaucoup plu à l'époque. Imaginez que l'orbite d'une des étoiles du noyau galactique l'amène à proximité du trou noir. Pris dans le formidable étau des forces de gravité, l'étoile se déforme au point de prendre l'aspect effilé d'un ballon de rugby, ce qui fait affleurer son cœur en y dopant les réactions thermonucléaires. L'étoile relâche alors une bouffée d'isotopes radioactifs dont un grand nombre se désintègre en libérant un nuage de positons. Pour peu que le processus se répète assez régulièrement, le noyau galactique pourrait alors renfermer assez de positons pour produire le rayonnement gamma à cinq cent onze kiloélectronvolts détecté par *H.E.A.O. 3*.

encore dans toutes les têtes, vous imaginez avec quelle fébrilité l'équipe Sigma se précipita sur les premières images du centre galactique que le télescope produisit en ce printemps 1990.

Trou noir, où es-tu ?

Inutile de faire durer le suspense plus longtemps. Nous n'avons pas détecté avec Sigma la moindre source au centre même de la Galaxie, ni sur les premières images de 1990, ni sur les centaines d'autres que le télescope enregistra pendant toutes les observations menées en direction des régions centrales de la Voie lactée. J'imagine votre surprise, et même votre irritation. Vous avez sans doute le sentiment que je vous ai mené en bateau en décrivant avec complaisance ces découvertes d'une source gamma proche du centre galactique et d'un rayonnement d'annihilation émanant des régions centrales de la Galaxie, en vous laissant croire que ces observations renforçaient l'hypothèse d'un trou noir ultramassif au cœur de la Voie lactée.

Il n'en est rien. Je vous ai décrit le plus fidèlement possible l'enchaînement des événements, en prenant le plus grand soin de vous exprimer les réserves de mes collègues américains. Ils n'ont jamais prétendu avoir découvert une source gamma au centre même de la Galaxie. Ils en auraient d'ailleurs été bien incapables, vu le piètre pouvoir séparateur de leurs détecteurs. Mais l'enthousiasme communicatif des astrophysiciens est tel qu'un faisceau de présomptions prend souvent des allures de preuves irréfutables. Souvenez-vous de l'affaire Geminga : je vous avais alors mis en garde contre les ruses de la nature, toujours prête à apporter les résultats propres à flatter votre intuition pour mieux vous enfoncer dans l'erreur. C'était donc un peu trop présomptueux d'exiger que le noyau central soit une source gamma.

Notez par ailleurs que cette absence de source gamma sur les images de Sigma, là même où se situe le pivot imaginaire de toutes les étoiles de la Voie lactée, ne constitue pas nécessairement une preuve irréfutable contre la présence d'un trou noir ultramassif au centre de la Galaxie, mais n'en prive pas moins cette hypothèse d'un solide argument. Je vous signale en effet que le même Sigma n'éprouva aucune peine à détecter d'authentiques noyaux actifs dans des galaxies extérieures. En témoignent les nombreuses images que nous avons enregistrées en direction de NGC 4151 [8] où nous distinguons sans peine une émission gamma stimulée par un trou noir ultramassif deux mille fois plus éloigné que le centre galactique.

Et que dire de notre détection du rayonnement gamma émis par 3C 273, un quasar du catalogue de Cambridge cent mille fois plus lointain que Sgr A* ! Si le cœur de la Galaxie renferme un trou noir ultramassif, il faut alors expliquer pourquoi cet astre assez actif pour briller dans le domaine radio, comme Sgr A* en porterait témoignage, deviendrait étrangement inapte à susciter le moindre rayonnement gamma. Mais ça, c'est le travail des astrophysiciens.

Le peu d'entrain de Sgr A* à se manifester dans le domaine gamma n'en rendait que plus énigmatique la source gamma *proche du centre galactique*, que l'on avait bien imprudemment mise au service exclusif de l'hypothèse du trou noir ultramassif. Notre intention n'était certainement pas de mettre en doute la réalité de cette source. N'avait-elle pas été repérée à trois reprises par *H.E.A.O. 1*, au cours d'une série d'observations au pouvoir séparateur peut-être limité, mais menées par une équipe renommée et crédible ?

Et puis nous avions été aussi informés en avant-première qu'un télescope américain concurrent – à ouverture codée, comme Sigma, mais moins précis et porté par ballon strato-sphérique, donc à temps d'observation limité – avait repéré cette fameuse source à moins d'un degré du centre galactique. Il incombait donc à Sigma de faire au plus vite toute la lumière sur cette source. Là encore, le suspense fut bref. La première pose en direction du cœur de la Voie lactée suffit en effet à four-nir une image du ciel tout à fait explicite, avec une source bril-lante – cent vingt millicrabes [9] – plantée à cinquante minutes d'angle du centre galactique.

---

8. Il s'agit de l'une des six galaxies décrites par Seyfert. Elle tire son numéro matricule du fameux catalogue NGC, le *New General Catalogue of Nebulae and Clusters*, littéralement : « Nouveau catalogue général de nébuleuses et d'amas », publié par le Danois Johan Dreyer en 1888, c'est-à-dire bien avant que les galaxies soient enfin reconnues comme des systèmes d'étoiles analogues à la Voie lactée.

9. Comme j'ai déjà eu l'occasion de vous le signaler, les astronomes gamma manquent cruellement de repères dans un ciel aussi neuf que celui qu'ils doivent défricher. Ils ont donc pris l'habitude d'estimer l'éclat des astres qu'ils découvrent

J'espère que vous avez apprécié la précision de la mesure ! Pour la première fois un appareil d'astronomie opérant dans le domaine gamma mesurait à une minute d'angle près la position jusque-là ignorée d'une source connue sous ce seul sobriquet de *proche du centre galactique*. Restait à désigner cette source d'un nom de code du type de ceux que les astronomes affectionnent tant, avec mention de ses coordonnées célestes.

Il ne fut d'ailleurs pas nécessaire d'en arriver là. Notre mesure fut d'emblée si précise, qu'un simple coup d'œil sur la liste de la douzaine d'astres dénichés par *Einstein* dans les régions centrales de la Galaxie suffit à nous convaincre que la position de notre source gamma coïncidait parfaitement avec celle d'un objet tout à fait banal du domaine X, catalogué 1E 1740.7-2942. Notez qu'il s'agit d'un nom de code aux accents qui vous sont déjà familiers depuis l'affaire Geminga, où il fut tant question de 1E 0630+178, une autre source *Einstein* remarquée elle aussi pour son activité dans le domaine gamma.

Il serait un peu malhonnête de ma part de ne pas vous préciser que, quelques années plus tôt, cette source était déjà sortie de l'anonymat pour avoir été détectée dans la bande des rayons X durs, ceux dont l'énergie est supérieure à une vingtaine de kiloélectronvolts. Cette détection dans une gamme jouxtant celle de notre télescope fut d'ailleurs bien utile pour confirmer l'unicité de la source *Einstein* et de la source Sigma. La cause était donc entendue : il fallait en rester à 1E 1740.7-2942.

Je crains cependant que la répétition de ce nom de code finisse par vous lasser, car, autant vous le dire toute suite, cette source n'avait pas fini de faire parler d'elle. Bertrand Cordier l'avait à peine présentée en public, en juin 1990 à La Haye, qu'elle défraya la chronique sous l'appellation de « grand annihilateur » puis de « microquasar » ! Aussi je vous propose de m'en tenir par la suite à des dénominations plus familières, comme « la source *Einstein* », ou comme « 1E », deux surnoms

---

par comparaison avec celui de la seule source stable du ciel : la nébuleuse du Crabe, un étalon d'autant plus commode que cette source rayonne à peu près la même quantité d'énergie dans chacune des premières bandes spectrales du domaine gamma. Comme toute unité qui se respecte, cet éclat étalon est subdivisé en sous-multiples, le millicrabe étant celui que les astronomes gamma ont privilégié.

que nous adoptâmes sans tarder, fatigués de traîner un nom de code vraiment trop rébarbatif.

Un trou noir très médiatique

Vous l'avez compris, cette première image gamma du cœur de la Voie lactée fut encore un moment très fort. Bien sûr, ce ne fut pas l'angoisse des minutes précédant le lancement de *Granat*. Ce ne fut pas non plus cette subtile jouissance de voir apparaître l'image gamma du Crabe sur l'écran noir d'un ordinateur de bureau. Ce fut une satisfaction moins brutale, mais plus profonde, quelque chose comme ce sentiment de plénitude qui vous envahit quand vous touchez enfin au but et que plus rien de grave ne peut vous atteindre...

Avec cette seule image, l'équipe Sigma avait en effet répondu à l'attente de tous ceux qui avaient témoigné leur confiance en cette folle entreprise. Pas fâché de démontrer qu'un des plus beaux fleurons de son programme scientifique sortait de bons résultats, le Cnes organisa en juin 1990 une conférence de presse que rehaussa la présence d'Hubert Curien, alors ministre de la Recherche et de la Technologie. Notez que quelques années plus tôt, à l'époque du « concile » des Arcs et des premières décisions d'où devait naître le programme Sigma, Hubert Curien présidait aux destinées du Cnes.

Une assistance très fournie de journalistes scientifiques se pressait dans la salle de l'espace, au sous-sol du siège parisien de notre agence spatiale nationale. Albert Ducrocq se tenait au premier rang. Bouffée soudaine de souvenirs : comment oublier cette fameuse nuit de juillet 1969, quand, l'oreille collée au transistor, je vivais, par la magie de son verbe à l'enthousiasme communicatif, l'excursion de Neil Armstrong et d'Edwin Aldrin sur les rivages de la mer de la Tranquillité ?

Alignés en rang d'oignons sur l'estrade à côté du ministre, Pierre Mandrou, Jacques Chêne et moi tentions de faire front aux questions qui fusaient en rafale. À celle d'un journaliste du *Monde* sur la nature de la source *Einstein*, dont une immense reproduction occupait le devant de la scène, je répondis sans la moindre hésitation :

– Un trou noir, bien sûr.

C'était peut-être un peu s'avancer, mais cette supposition était loin d'être gratuite. L'hypothèse faisait en effet son chemin au sein de l'équipe Sigma, en vertu d'un raisonnement que j'aurai plaisir à détailler quelques pages plus loin. Les réactions de la presse, à la suite du lancement de *Granat*, m'avaient déjà convaincu à quel point les trous noirs fascinent les médias. Mais je fus une fois de plus complètement bluffé par la véritable avalanche d'articles que déclencha cette présentation publique de la toute première image gamma d'un possible candidat trou noir.

Si vous êtes un familier de la presse française, je suis certain qu'il vous sera facile de deviner uniquement au vu du style de leur titre où furent publiés certains de ces articles. Par exemple, si je vous demande où parut le papier intitulé : « La découverte du télescope spatial toulousain », vous me répondez sans hésiter : *La Dépêche du Midi*. En voici un autre, avec un indice qui doit vous permettre d'en trouver facilement la paternité : « Au cœur de la Voie lactée grâce à une caméra médicale ». Il s'agit bien sûr du *Quotidien du médecin* ! Et si maintenant je vous dis : « Le trou noir de la Galaxie déménage », vous identifiez tout de suite le style *Libération*.

Cette première pose fut le début d'une exploration approfondie des régions centrales de la Galaxie, une tâche qui se déroula pendant des années, en dépit des vicissitudes qui affectèrent le véhicule spatial comme les équipes au sol. Si *Granat* résista sans dommage apparent à la série des violentes éruptions solaires qui se succédèrent au printemps de 1991, l'empire soviétique ne survécut pas au putsch d'août 1991, sans que d'ailleurs les opérations Sigma/*Granat* en soient le moins du monde affectées. À partir de 1993, nous eûmes par contre à faire face à une pénurie chronique en gaz nécessaire à la stabilisation du véhicule spatial.

Pour pointer le même champ de ciel pendant des heures et des heures, le satellite est en effet équipé de minuscules tuyères qui de temps à autre éjectent des petites bouffées de gaz – de l'azote, je crois. Ces petits coups de tuyère parviennent à stabiliser un des trois axes de la plate-forme spatiale en direction du Soleil. Un deuxième axe est asservi de la même manière en direction d'une étoile brillante choisie de telle façon que le troisième axe, celui-là même du télescope Sigma, soit dirigé vers le champ du ciel dont on désire faire l'image gamma.

Vous aurez l'occasion de vérifier comment une gestion rigoureuse de ce fluide aura quand même permis de repousser des années durant l'arrêt définitif des observations. Pose après pose, nous vîmes ainsi prendre forme une image de plus en plus fournie des régions centrales de la Galaxie. Mais même avant que cette interminable auscultation prît fin, Sigma avait atteint ce qui était bien égoïstement pour moi sa seule raison d'être : dresser la carte d'un continent céleste doublement inconnu, car en partie masqué par un épais rideau de poussière interstellaire et peuplé d'étoiles campant loin du visible, aux frontières du domaine gamma.

J'ai devant moi ces véritables radiographies en profondeur du cœur de la Voie lactée. C'est vraiment formidable d'avoir ainsi sous les yeux des images qui concentrent deux mille sept cents heures – plus de cents dix jours ! – passées à scruter le centre de ce tourbillon d'étoiles qui confère à notre Galaxie la structure spiralée que tous les astronomes lui reconnaissent. Sur l'image « basse énergie [10] », la quinzaine de sources détectées par Sigma forme un véritable essaim – un amas, comme disent les astronomes – dont le contour suit approximativement celui du bulbe galactique.

On désigne ainsi le renflement central de la Galaxie, une structure vaguement sphérique englobant le noyau, dont le rayon vaut environ trois mille années de lumière et qui s'étend sur une quinzaine de degrés dans les constellations du Sagittaire et du Serpentaire. Le bulbe galactique est surtout constitué d'étoiles ; sa masse est d'environ dix milliards de fois celle du Soleil. Il s'agit là d'une fraction non négligeable de toute la masse « visible » de la Galaxie. On ne sait pas encore si ce bulbe est une entité à part entière, ou une région de transition entre le noyau galactique et le halo sphérique de très vieilles étoiles qui nimbe la Galaxie.

Le bulbe galactique abrite en tout cas une population stellaire à nulle autre pareille, avec une prédominance de sujets

---

10. L'équipe Sigma produit des images dans trois grandes bandes d'énergie : la bande « basse énergie », de trente-cinq à soixante-quinze kiloélectronvolts, la bande « moyenne énergie », de soixante-quinze à cent cinquante kiloélectronvolts et la bande « haute énergie », de cent cinquante à trois cents kiloélectronvolts.

assez vieux : aucune étoile n'y est âgée de moins de cinq milliards d'années. Pas question bien sûr d'y voir des étoiles massives encore en activité, mais plutôt leurs cadavres, que notre télescope a parfois surpris en flagrant délit de vampirisme stellaire. Car telle est la nature des sources repérées par Sigma : des couples très serrés d'étoiles dont l'une est une étoile à neutrons ou mieux, un trou noir, suçant la substance de son étoile compagnon.

Étoiles accrétantes

Après une telle déclaration, je suis tenu de m'expliquer. Je vous ai certes déjà fait comprendre que les astres qui brillent dans le domaine gamma doivent être incroyablement condensés pour permettre aux forces de gravité d'équilibrer les forces radiatives. Je me suis toutefois bien gardé d'en dire plus sur les phénomènes qu'ils suscitent dans leur proche environnement. Maintenant que les étoiles se ramassent à la pelle dans les images de Sigma, je ne peux pas vous taire plus longtemps que leur éclat provient exclusivement d'un anneau de plasma dense qui les ceinture et que l'on nomme *disque d'accrétion*.

Même si *accrétion* ne figure pas dans votre dictionnaire, la signification de ce terme doit vous sembler assez familier, sans doute à cause de son préfixe en « a- », du latin *ad*, marquant « la direction vers », le « but ». On le retrouve aussi dans « agglomération », dont le sens premier dénote l'action de constituer une entité cohérente à partir d'éléments dispersés. Cette notion n'est d'ailleurs pas trop éloignée de celle d'accrétion, à condition d'y adjoindre l'idée d'attraction par un centre. C'est bien pour ça que les astronomes en ont fait l'expression même du processus de capture de matière par un astre, par opposition aux phénomènes d'éjection.

Imaginez donc qu'un astre compact – étoile à neutrons ou trou noir, pour l'instant ça n'a pas d'importance – accrète de la matière en abondance. Les scènes qui se déroulent alors ne sont pas sans rappeler celles auxquelles on assiste chaque matin en région parisienne, quand des automobiles par dizaines de milliers se frayent à grand-peine un passage vers la capitale. Si un beau matin vous êtes ainsi bloqué sur une quelconque autoroute de banlieue, songez que les particules de matière déboulant vers le centre attractif que constitue un astre compact sont, elles aussi, confrontées au même type d'embouteillage. Notez au passage qu'une telle comparaison s'impose d'autant plus que la périphérie de Paris et celle d'une étoile à neutrons ou d'un trou noir ont à peu près les mêmes dimensions : quelques dizaines de kilomètres !

Il y a quand même une petite différence : les autos sont conduites par des êtres doués de raison, même si parfois on peut en douter, tandis que les particules sont soumises aux seules lois du hasard. Alors que la plupart des automobilistes coincés dans les bouchons parviennent tant bien que mal à s'éviter, les particules s'entrechoquent et se frottent à qui mieux mieux. Résultat : ça chauffe ! Plus l'avalanche de matière s'approche de l'étoile effondrée, plus sa température augmente. C'est alors que les lois de la nature se décident à pimenter quelque peu le cours des événements.

La loi de Stefan d'abord. Elle s'applique parfaitement à ce milieu de plus en plus dense, et qui se comporte comme un banal corps noir. La quantité d'énergie qu'il rayonne à chaque seconde s'accroît donc comme la puissance quatrième de sa température – Stefan *dixit*. Conséquence immédiate : la pression de radiation qu'exerce un tel rayonnement endigue une fraction croissante de la matière qui se précipite sur l'astre compact. Plus l'étoile effondrée accrète de matière, plus la puissance rayonnée augmente ; mais plus la puissance rayonnée augmente, plus l'accrétion diminue.

Un équilibre s'établit donc avec pour effet de limiter le taux d'accrétion à un niveau qui ne dépend que de la masse de l'étoile effondrée. Dans le cas d'un astre compact dont la masse vaut par exemple trois fois celle du Soleil, ce taux limite s'établit à environ cent milliards de tonnes par seconde. Qu'advient-il alors de toutes les autres particules de matière prises dans le champ d'attraction de l'étoile accrétante ?

Quel qu'en soit le nombre, la masse qu'elles représentent ne peut pas être absorbée à un taux supérieur à cette fameuse limite. Ces particules n'ont donc pas d'autre issue que d'attendre à la périphérie de l'étoile effondrée. Avant d'en arriver là, et pour peu que la matière se présente avec une certaine dose de moment angulaire, les particules spiralent autour de l'astre accrétant, qu'elles nimbent d'un anneau d'autant plus dense et compact que l'on s'approche du centre attractif. Cet anneau est le plus souvent très aplati, au point de justifier l'appellation de *disque d'accrétion*.

Un tel disque, dont l'allure générale est celle d'un vieux quarante-cinq tours, avec un trou en plein milieu, est d'autant plus dense que l'on s'approche du bourrelet qui en souligne le bord interne. On estime que cette limite du disque d'accrétion, là justement où sa température est la plus élevée, se situe à environ trois rayons de Schwarzschild du centre de l'étoile effondrée. Toujours dans le cas de mon étoile effondrée, d'une masse égale à trois fois celle du Soleil, les zones les plus denses et les plus chaudes du disque s'approchent donc jusqu'à trente kilomètres du centre de l'astre accrétant. Un cercle de même rayon, centré sur la place du Châtelet à Paris, suivrait *grosso modo* le tracé de la Francilienne, cette voie rapide qui contourne l'est de la région parisienne en passant par Evry et Marne-la-Vallée.

Puisque le taux d'accrétion ne peut pas dépasser ce fameux seuil, il s'ensuit que la puissance rayonnée par le disque, autrement dit sa luminosité, ne peut pas s'accroître au-delà d'un certain niveau. Cet éclat maximum mérite amplement le titre de luminosité d'Eddington, qui, je vous le rappelle, s'établit à ce point où les forces radiatives équilibrent les forces de gravité. Dans le cas d'un disque d'accrétion, c'est bien sûr l'étoile effondrée qui est dépositaire des forces de gravité. En s'en tenant encore au cas de mon astre accrétant, notez que la luminosité d'Eddington – autrement dit, l'éclat maximum – du disque qui le ceinture vaut cent mille fois la luminosité totale du Soleil.

Comment vous décrire le spectacle qu'offre une étoile effondrée ceinturée d'un disque d'accrétion ? Imaginez une sorte de nappe de brouillard laminaire, d'un vif éclat bleuté, animée d'un implacable mouvement tourbillonnant autour d'un bourrelet central à l'aspect plus dense et grumeleux. Si ce bourrelet échappe en grande partie à votre regard, c'est pour la simple et bonne raison que sa température le force à briller loin du visible, du côté des domaines X et gamma. Ce disque est tellement minuscule, du moins à l'échelle des distances interstellaires, qu'il n'apparaît aux yeux des astronomes que comme un simple point lumineux. Rien ne le distingue des étoiles, si ce n'est ce penchant à répandre en abondance des flots de rayons X et des gamma.

Vous voyez, j'avais bien raison de vouloir bâtir à tout prix – c'est du moins une façon de parler – un télescope opérant à la frontière des domaines X et gamma. La Galaxie abonde en astres effondrés, cadavres refroidis des centaines de générations d'étoiles massives qui se sont succédé depuis l'aube des temps galactiques. Encore faut-il fournir en abondance cette matière fraîche indispensable au développement d'un disque d'accrétion, grâce auquel ils pourront briller pour le plus grand plaisir de l'équipe Sigma...

Vampirisme stellaire

Puisqu'il s'agit de fournir à un astre effondré les énormes quantités de matière requises pour rayonner dans les domaines X et gamma, le plus simple est d'aller prélever cette substance dans une étoile, là où la nature stocke la matière en abondance. Mais comment transmettre tout ou partie du matériau stellaire vers l'astre effondré ? Rien n'est plus simple, il suffit de le disposer assez près d'une étoile pour que le transfert puisse s'opérer.

Premièrement, rien n'empêche les étoiles de vivre deux par deux. C'est même plutôt la norme que l'exception : plus de la moitié des étoiles de la Galaxie – que les astronomes qualifient d'ailleurs d'étoiles doubles [11] – se retrouvent dans un système binaire, voire multiple, comme Alpha Centauri, la plus proche voisine du Soleil. Par système binaire, j'entends deux étoiles liées l'une à l'autre par les forces de gravité, comme la Terre et la Lune. Chaque partenaire semble tourner l'un autour de l'autre, mais il est plus juste de dire que tous deux tournent autour de leur centre de gravité commun.

Deuxièmement, il suffit de laisser du temps au temps. Pour peu que les conditions initiales s'y prêtent, le couple évolue en effet petit à petit vers cette situation de rêve où l'on voit un astre compact soutirer la matière de son étoile compagnon. Afin de ne manquer aucune étape de ce processus, je vous propose de suivre l'évolution d'un couple formé de deux étoiles, que je

---

11. Le terme – au demeurant impropre – d'étoile double tient au fait que les lunettes et autres télescopes parviennent à dédoubler nombre de systèmes binaires là où l'œil ne voit qu'une unique étoile.

désignerai par les lettres *A* et *B*. À l'origine, la masse de l'étoile *B* est comparable à celle du Soleil, tandis que A est trente fois plus massive. Bien que ce couple soit fort mal assorti, je vous assure qu'il n'en est pas moins tout à fait plausible.

Brûlant ses réserves d'hydrogène – pourtant considérables – au rythme effréné que lui impose le cycle du carbone, l'étoile *A* se retrouve en moins de dix millions d'années à l'état de supernova. S'il survit à l'explosion, le couple sera dès lors constitué de *A*, une étoile au destin désormais figé pour l'éternité – un astre compact dont la masse vaut trois fois celle du Soleil – et de *B*, une étoile de type solaire, encore aux premiers stades de sa longue existence. L'évolution de *B* sera bien sûr la même que celle de notre Soleil à nous. Vous savez donc déjà comment *B* se comportera pendant les cinq premiers milliards d'années de sa longue existence, et vous connaissez également son statut final : *B* finira naine blanche !

Avant d'en arriver là, *B* subira toute une série de métamorphoses. Le Soleil aussi, d'ailleurs. Comme chacun des habitants de la planète bleue, votre vie même dépend de l'astre du jour. C'est donc votre droit de savoir vers quel destin il entraîne l'humanité tout entière. Autant vous le dire tout de suite, ce n'est pas très réjouissant ! Avant l'agonie finale de leur étoile, les Terriens seront en effet les témoins – pour ne pas dire les victimes – d'une série d'événements, plus dramatiques les uns que les autres. Mais ce n'est pas pour tout de suite : pendant cinq milliards d'années encore, le cycle proton-proton sera toujours aussi efficace pour inciter les noyaux d'hydrogène à fusionner, garantissant ainsi une production régulière d'énergie.

C'est ensuite que les choses se compliquent. Au cœur du Soleil, là où les réactions nucléaires sont les plus efficaces, il y aura de moins en moins d'hydrogène, et de plus en plus d'hélium. Faute de matière première, le cycle proton-proton se ralentira. Le cœur, alors composé presque totalement d'hélium, se contractera avant de s'échauffer à nouveau. Dans le même temps, les réactions nucléaires migreront vers la périphérie du cœur. Elles y formeront une coquille active qui se propagera peu à peu vers l'extérieur, à la recherche de nouveaux gisements d'hydrogène.

L'augmentation de la température du cœur consécutif à sa contraction attisera les réactions nucléaires au sein de la coquille active, la pression qu'elle exerce s'amplifiera, l'enveloppe du Soleil se dilatera, son éclat augmentera, sa belle lumière blanche rougira. Le Soleil sera devenu une *géante rouge*. Je vous signale au passage qu'une géante rouge, comparable en tout point à ce que le Soleil sera dans plus de cinq milliards d'années, figure en bonne place parmi les étoiles les plus brillantes du ciel à l'œil nu. Il s'agit de Capella, alias Alpha Aurigæ, l'étoile la plus brillante de la constellation du Cocher, située à un peu plus de quarante années de lumière du Soleil.

Cette phase se poursuivra pendant un peu plus d'un milliard d'années. Nos lointains descendants verront alors le Soleil gonfler progressivement, pour atteindre cent fois son diamètre actuel. Vous imaginez sans peine les cataclysmes qui en résulteront, détruisant à jamais le fragile environnement de notre planète. J'espère de tout cœur que le gros de l'humanité aura alors émigré vers d'autres cieux ! Mais s'il en subsiste sur Terre un dernier contingent, j'imagine que ces ultimes Terriens s'extasieront devant le spectacle fabuleux de cet immense globe rougeâtre, qui s'étendra alors au-delà de l'orbite de Mercure, et dont le disque, vu de la Terre, se développera sur une cinquantaine de degrés, soit quatre fois la taille de la constellation d'Orion.

Pendant ce temps, à force de se contracter, la température du cœur d'hélium atteindra les cent millions de degrés. C'est précisément à cette température que s'amorce un nouveau cycle de réactions nucléaires : la fusion de l'hélium. Trois noyaux d'hélium 4 s'unissent pour former un carbone 12 ; ce dernier fusionnant parfois avec un quatrième noyau d'hélium, avec à la clé un oxygène 16. Ce cycle se déclenchera soudainement, ce sera le *flash de l'hélium*. Il durera quelques centaines d'années à peine, le temps que les réactions se stabilisent. À nouveau alimenté en énergie par la fusion de l'hélium, le cœur du Soleil se dilatera et son enveloppe se contractera.

Un certain répit sera accordé aux Terriens, s'il en reste encore ! Le Soleil sera moins gros, moins chaud, moins rouge. Une nouvelle phase paisible commencera, comme à l'époque du cycle proton-proton, mais elle sera beaucoup plus courte. Très vite à court de combustible, la fusion de l'hélium cessera au plus profond du cœur, avant de se poursuivre quelque temps encore à sa périphérie, au sein d'une nouvelle coquille active qui fera derechef gonfler l'enveloppe du Soleil. Insensible aux soubresauts de son cœur, le Soleil s'étirera à nouveau démesurément, jusqu'à englober l'orbite terrestre.

Ce sera donc la fin du monde ! La course de la Terre sera progressivement freinée au sein des couches externes du Soleil, même si ce milieu est alors fort peu dense en cette nouvelle phase de gigantisme du globe solaire. En quelques centaines d'années, notre planète descendra en spirale vers le centre du Soleil, où elle sera volatilisée. Il est toutefois possible que la Terre soit finalement épargnée : encore faut-il que le Soleil perde suffisamment de masse pendant la phase géante rouge. La diminution progressive des forces de gravité qui en résultera fera que la Terre s'éloignera peu à peu du Soleil. Dans ces conditions, il se peut que, même au maximum de son ultime expansion, le globe solaire ne soit pas en mesure d'atteindre l'orbite de la Terre.

Quoi qu'il en soit, à force de gonfler tant et plus, l'enveloppe du Soleil finira par être expulsée, avant de se répandre dans l'espace environnant pour y constituer une *nébuleuse planétaire*. Quant au cœur du Soleil, mis à nu lors de cet ultime épisode, et privé de toute nouvelle ressource nucléaire, il s'effondrera fatalement en une naine blanche...

Non contente de vous faire entrevoir ce que sera la fin du monde, cette chronique de la mort annoncée du Soleil vous démontre à quel point les étoiles peuvent enfler quand leur fin approche. Mises à part les moins massives, elles finissent d'ailleurs toutes par connaître un jour ou l'autre cette phase de gigantisme.

C'est le moment de revenir à mon système binaire composé d'une étoile effondrée A et d'une étoile B de type solaire. Quand B se décidera à gonfler, ses couches externes finiront par atteindre le centre de gravité du système, avant de s'engouffrer tout au fond du puits que la masse de A creuse dans le mol édredon de l'espace-temps. Vous connaissez déjà la suite : ce sera la formation autour de A d'un disque d'accrétion apte à briller de mille feux dans le domaine X, et pourquoi pas dans la bande des rayons gamma de basse énergie.

Tout s'explique ! Enfin presque, car il subsiste quand même une dernière interrogation. Vous avez sûrement noté que, tout au long des pages précédentes, j'ai bien pris soin de ne jamais préciser la nature de l'astre compact. Et de fait, le processus qui conduit à la formation d'un disque d'accrétion ne dépend pas vraiment de la nature de l'étoile effondrée. Alors, comment savoir si l'on est en présence d'un disque d'accrétion ceinturant une étoile à neutrons ou un trou noir ? Les images fournies par Sigma apportent-elles un indice pour en savoir plus sur la nature de l'astre compact ? Sans hésiter, je réponds bien sûr par l'affirmative. Mais ce n'est pas l'avis de tous mes confrères, dont certains se montrent nettement plus sceptiques. À vous de juger...

Comment dénicher un trou noir

Première pièce à verser au dossier : les images de Sigma. Prenez par exemple celles du bulbe galactique. Je vous ai déjà présenté l'image « basse énergie ». Inutile de vous répéter que les sources détectées par Sigma y forment un véritable essaim, fort d'une dizaine de spécimens. Mais je ne vous ai encore rien dit de l'image « moyenne énergie ». Or c'est pourtant le domaine spectral où Sigma se montre le plus efficace. Vous vous attendez donc à ce que l'amas de sources y soit encore plus fourni. En fait, il n'en est rien. Trois sources seulement parviennent à se dégager du bruit de fond. Sans aucune difficulté d'ailleurs, car ces trois-là sont encore plus lumineuses que dans l'image « basse énergie ».

Une conclusion s'impose sans peine : il y a deux classes distinctes d'astres aptes à briller au ciel de Sigma. Les uns se manifestent essentiellement par des photons que l'on peut qualifier de rayons X « durs », tandis que les autres rayonnent des photons résolument gamma. Sigma confirme d'ailleurs cette tendance, puisque ces trois astres qui se manifestent avec tant d'ardeur dans les images « moyenne énergie » des régions centrales de la Galaxie sont encore très lumineux dans les images « haute énergie ». Ce sont bien d'authentiques étoiles gamma.

À coup sûr, les disques d'accrétion ceinturant les étoiles effondrées sont d'excellents candidats pour susciter un abondant rayonnement dans le domaine X, et même dans les premières plages de celui des rayons gamma. Mais alors, ces disques si rares qui se manifestent dans les gammes « moyenne énergie » et « haute énergie » de Sigma, ne porteraient-ils pas témoignage de la présence d'un trou noir au centre du dispositif accrétant ?

C'est précisément cette hypothèse, si chère à Philippe Laurent, que je me propose de défendre devant vous. Et puisque vous ne craignez pas de plonger dans les milieux les plus hostiles, je vous invite à me suivre au sein du disque d'accrétion, là justement où sa température est la plus élevée, au voisinage immédiat de l'étoile effondrée.

Bien entendu, il y fait très chaud, un peu comme au cœur des étoiles. La densité y est toutefois plus faible. C'est heureux d'ailleurs, sinon les réactions nucléaires pourraient s'y emballer, et alors, pfft... plus de disque ! À une telle température, les noyaux atomiques sont dépouillés de tous leurs électrons. Évoluant librement au sein de ce plasma, les électrons constituent une sorte de gaz, avec ses propres normes, à commencer par sa *température électronique*, une grandeur bien pratique pour estimer l'agitation fébrile de tous ces électrons. Intimement mêlé au disque d'accrétion, le gaz d'électrons s'y gorge d'une énergie qu'il s'empresse de rayonner par une pratique des plus originales : la *diffusion Compton*.

Pour vous en dire plus sur ce processus, il me faut revenir sur la vie et l'œuvre d'Arthur Holly Compton. Si la Nasa décerna le nom de Compton à son grand observatoire à rayons gamma, c'est sans doute parce que ce physicien américain mena des recherches décisives sur les rayons cosmiques. Au début des années 1930 par exemple, il démontra sans ambiguïté que ce rayonnement alors inexpliqué était en fait composé de particules électrisées. Les premières années de sa carrière scientifique avaient pourtant été consacrées à l'étude des rayons X. Au mois de mai 1923, il avait fait connaître ses principales découvertes en la matière – qui lui valurent d'ailleurs le prix Nobel de physique 1927 –, en publiant un article dans *Physical Review* [12]. De quoi s'agissait-il ?

Jeune professeur à l'Université Washington de Saint Louis, Missouri, Compton avait monté une expérience pour étudier la *diffusion* d'un faisceau de rayons X par du graphite. Quand la lumière visible traverse un milieu matériel, une vitre en verre dépoli par exemple, il y a émission de lumière dans toutes les directions : on dit que la lumière est *diffusée* par le milieu. Notez

---

12. *Physical Review* est la publication scientifique la plus cotée dans le petit monde des physiciens.

que la diffusion de la lumière visible s'effectue sans changement de longueur d'onde. Mais qu'en est-il s'agissant des rayons X ?

En observant le rayonnement X diffusé par le graphite, Compton identifia la présence de rayons X dont la longueur d'onde était supérieure à celle du rayonnement incident. Augmentation de longueur d'onde signifie perte d'énergie pour les photons associés. Compton eut alors une intuition décisive : pour perdre ainsi de l'énergie, les photons doivent entrer en collision avec les électrons libres du milieu, à qui ils cèdent une fraction de leur force agissante. Il venait de découvrir l'effet qui, depuis, porte son nom.

On ne compte plus les sites célestes où l'*effet Compton* joue un rôle déterminant. Pas uniquement là, d'ailleurs. Il participe également à la détection des photons gamma cosmiques de basse énergie, en leur faisant perdre leur force agissante par diffusions successives avant d'être suffisamment amollis pour succomber aux charmes de l'effet photoélectrique. C'est ainsi, que malgré sa modeste épaisseur – un bon centimètre à peine – la plaque sensible de Sigma parvient quand même à absorber avec une efficacité non négligeable les photons gamma de cinq cents kiloélectronvolts, et même plus.

À proprement parler, ce n'est pas l'effet Compton *stricto sensu* qui agit au sein des disques d'accrétion, mais plutôt l'effet diamétralement opposé, celui qui conduit un électron à céder une partie de son énergie à un photon. Un quart de siècle après les travaux de Compton, deux de ses jeunes collègues à l'Université Washington, Eugene Feenburg et Henry Primakoff, furent en 1948 les premiers à attirer l'attention sur l'importance de ce processus, baptisé tout naturellement *effet Compton inverse*.

Par la vertu de cet effet inverse, les gaz d'électrons à haute température procurent donc aux disques d'accrétion où ils sont confinés le moyen d'émettre en abondance les photons grâce auxquels ils se manifestent sur les images de Sigma. Pour qualifier ce mécanisme émissif, les astrophysiciens, qui n'en sont pas à un néologisme près, ont concocté le substantif *comptonisation*, ainsi que l'adjectif *comptonisé*, pour qualifier un milieu où la comptonisation fait son office.

Pour entretenir la comptonisation, il suffit d'alimenter le

disque en photons d'assez basse énergie. Les moins vigoureux du domaine X, ceux que je qualifie donc de rayons X « mous », font parfaitement l'affaire. Mais attention, point trop n'en faut. Si le milieu absorbe trop de rayons X mous, les électrons s'épuisent à céder leur énergie à ces trop nombreux photons. Avec des électrons aussi affaiblis, difficile de produire des photons assez énergiques pour que Sigma les détecte !

Tout ça, c'est bien joli, mais qui peut être ainsi capable d'abreuver le disque en rayons X mous ? L'astre central, parbleu ! Placé au voisinage immédiat du bourrelet interne, la zone la plus chaude du disque, l'astre central encaisse donc de plein fouet un rayonnement riche en photons gamma. Tout se passe alors comme sur Terre : illuminée par le Soleil, dont la température de surface frise les six mille kelvins, et qui rayonne donc au beau milieu du visible, la croûte de notre planète atteint péniblement les trois cents kelvins. À une telle température, c'est en plein dans l'infrarouge que la Terre restitue l'énergie que le Soleil lui accorde [13].

De la même façon, le disque d'accrétion récupère sur son bourrelet interne les photons X rayonnés en retour par l'astre central qu'il illumine avec ardeur. Ces photons X, d'autant plus abondants qu'ils sont plus mous, sont tout juste bons à refroidir le gaz d'électrons, là où la comptonisation devrait être la plus efficace. L'astre compact, sans lequel il n'y aurait d'ailleurs pas de disque, étoufferait-il dans l'œuf toute velléité de comptonisation ? Oui, sans doute, sauf s'il s'agit d'un trou noir.

Le disque a beau l'illuminer, le trou noir garde tout pour lui et ne renvoie rien. Le processus de comptonisation peut se développer au sein du bourrelet interne d'un disque d'accrétion ceinturant un trou noir. Aucun risque de voir l'astre central y renvoyer le moindre photon mou. Reste que le bourrelet doit quand même disposer de quelques photons X pour alimenter les processus de comptonisation qu'il veut entretenir en son sein. Il s'en remet alors aux régions plus périphériques – donc plus froides – du disque d'accrétion, qui rayonnent ce qu'il faut de rayons X

---

13. Ce changement de domaine spectral est à l'origine de ce qu'il est convenu d'appeler *l'effet de serre* : transparente aux rayons du Soleil, l'atmosphère bloque une partie du rayonnement que la planète restitue dans l'infrarouge, et ce d'autant mieux que l'air est chargé en gaz carbonique particulièrement opaque aux rayons infrarouges.

mous. Toutes les conditions sont alors réunies pour que le bourrelet interne émette en abondance les photons qui tombent en plein dans les bandes d'énergie où Sigma se montre le plus efficace.

Une étoile à neutrons accrétante noie au contraire sous un déluge de photons X mous tout départ de comptonisation au sein du bourrelet interne de son disque. Privé de cette ressource, le disque se montre incapable d'émettre des photons assez vigoureux pour s'élever jusqu'au domaine couvert par Sigma, à l'exception de la fenêtre « basse énergie », et encore, dans certains cas favorables seulement. Dans leur grande majorité en effet, les étoiles à neutrons accrétantes, même les plus brillantes dans le domaine X, ne laissent aucune empreinte sur les images produites par Sigma.

La chasse aux trous noirs

Les observations de Sigma permettent de décider si un astre accrétant est une étoile à neutrons ou un trou noir : il suffit en effet d'une pose d'un jour ou deux : si la source ne perce pas, ou alors seulement dans l'image « basse énergie », il s'agit sans doute d'une étoile à neutrons. Mais si son éclat est aussi vif dans la bande « moyenne énergie » – voire dans la bande « haute énergie » – c'est l'indice d'un sérieux candidat trou noir. Assurément, l'œil codé de Sigma est bien celui d'un authentique chasseur de trou noir, dont la source *Einstein* fut sans conteste le premier et le plus beau trophée.

À force de faire allusion à cette source *Einstein*, vous allez finir par croire qu'il s'agit là du seul candidat trou noir jamais détecté par Sigma. Il n'en est rien : au bout de quelques années d'observation, le tableau de chasse du télescope était déjà fort d'une dizaine de spécimens. Chacun des monstres de ce *Galactic Park* [14] m'évoque tant et tant d'anecdotes que je crains à la longue de dilapider le capital d'attention qui vous reste si je me mets à vous en narrer la chronique.

---

14. Excusez cet anglicisme, mais je n'ai pas pu résister à ce pastiche de *Jurassic Park*, le titre du film qui voici quelques années retrouva la magie des séries B de mon enfance, avec ses monstres antédiluviens ressuscités par les studios d'Hollywood.

Une autre fois peut-être, je vous conterai la découverte de GRS 1758-258, la première source à être dotée du nom de code GRS, pour *Granat source*, un anglicisme malheureux qui se traduit tout simplement par « source *Granat* ». Cette petite sœur de 1E au sein du bulbe galactique fut elle aussi repérée lors des premières poses du printemps 1990. Le plus drôle, c'est que l'équipe *H.E.A.O. 1* l'avait déjà détectée dix ans plus tôt, mais par manque d'imagination, et faute d'un instrument assez précis, elle en avait attribué l'éclat gamma à une source X très brillante située à un demi-degré de là !

Et la Mouche qui voulait se faire aussi grosse que le Crabe ? Si vous le permettez, je vous en touche quand même un mot. En janvier 1991 donc, à la suite d'une pose de routine sur la Mouche, une petite constellation du ciel austral que la Voie lactée effleure, l'escouade de service en Crimée repéra une source très brillante dans un coin de l'image produite dès réception des données. Le programme d'observation de Sigma fut aussitôt bouleversé pour suivre l'évolution de GRS 1124-684 – alias Nova Muscæ 1991, c'est-à-dire l'étoile nouvelle de la constellation de la Mouche de l'année 1991 –, surnommée tout simplement *la Mouche* par l'équipe Sigma. Pendant quelques jours, la Mouche fut plus brillante que la nébuleuse du Crabe, avant de décliner peu à peu pour ne disparaître que huit mois plus tard.

L'équipe Sigma n'eut aucune peine à mesurer avec précision l'emplacement d'une source aussi brillante que la Mouche à son maximum d'éclat. Et quand les astronomes de l'Eso en détectèrent la contrepartie dans le visible, ils la trouvèrent en plein dans le cercle d'erreur d'une minute d'angle de rayon déjà publié par l'équipe Sigma. Dès les premières images également, il fut évident que la Mouche présentait tous les stigmates d'un trou noir accrétant. Un an plus tard, Andrea Goldwurm, au nom de l'équipe Sigma, concluait ainsi une lettre publié par *The Astrophysical Journal* : « [This] strongly suggests the X-ray nova in Musca to be a new black hole candidate », ce que l'on peut traduire par : « [Ceci] suggère fortement que la nova à rayons X dans la Mouche est un nouveau candidat trou noir. »

Il fallut attendre encore quelques mois, et les premières conclusions d'une série d'observations menées dans le visible pour reconnaître que la Mouche est un système binaire composé d'une étoile de faible masse – inférieure à celle du Soleil – et d'une étoile effondrée au moins trois fois plus massive que le Soleil. La masse de cet astre compact se situe donc au-delà de la limite de Landau-Oppenheimer. En vertu de ce diagnostic, le seul valable aux yeux des plus sceptiques, il s'agit bien d'un authentique trou noir !

Ce témoignage indépendant sur la nature trou noir de la Mouche apporta une éclatante confirmation aux premières prédictions de l'équipe Sigma. Une pierre dans le jardin de mes collègues qui prennent de haut le critère spectral « à la Sigma » pour reconnaître un trou noir accrétant. Car, pour s'en tenir aux métaphores horticoles, vous avez sans doute compris que les astrophysiciens qui régnaient alors sur la théorie des trous noirs, à l'image de ceux qui bénéficient d'une rente de situation, scientifique ou autre, n'avaient pas accepté de gaieté de cœur de voir ainsi des astronomes gamma marcher sur leurs plates-bandes.

Ne croyez pas que je veuille opposer critère de masse et critère spectral. Ce serait d'ailleurs tout à fait ridicule, s'agissant de deux diagnostics aussi complémentaires. Estimer la masse d'une étoile effondrée reste sans doute le moyen le plus sûr pour reconnaître la présence d'un trou noir au sein d'un système binaire, mais ce critère est plus que difficile à mettre en œuvre. Il exige en effet d'identifier l'astre « normal » du couple, une étoile en général de faible masse, brillant modestement dans le visible, là justement où l'absorption interstellaire se manifeste déjà avec force. En dépit de recherches approfondies menées avec les télescopes les plus performants de la planète, le compagnon de la source *Einstein*, caché à l'abri d'un rideau de poussières interstellaires, se refuse ainsi depuis des années à toute tentative d'identification.

Le critère spectral « à la Sigma » est totalement insensible à l'absorption : aussi poussiéreux soit-il, le nuage interstellaire le plus dense reste parfaitement transparent aux rayons gamma, même les moins énergiques. Sans compter qu'un bon usage de ce critère est la seule manière de vous assurer une chasse fructueuse aux trous noirs. Voyez, par exemple, le cas de la Mouche : pour vérifier sa nature trou noir en vertu du critère de masse, les astronomes ont passé des nuits entières à observer son compagnon au télescope. Vous imaginez sans peine qu'avant de se lancer dans une telle entreprise, ils ont dû s'entourer des meilleures garanties, avec en premier lieu celle que leur offrait l'équipe Sigma sur la base de son critère spectral.

En l'absence d'un appareil ajusté comme Sigma à la limite du domaine gamma, dans quel domaine spectral observer pour mettre ainsi le doigt sur un trou noir accrétant ? Dans le visible ? Vous n'y pensez pas ! À son paroxysme, l'éclat de la Mouche se stabilisa vers la quinzième magnitude. Pas de quoi attirer l'attention ! Les trous noirs accrétants passent beaucoup moins inaperçus dans le domaine X ; ils y sont même parfois très lumineux. Mais comment les différencier des autres sources X, très nombreuses, au demeurant ? Ça fait des lustres que les astronomes X sont à la recherche du moyen le plus sûr pour y parvenir, en vain. Il n'y a en fait qu'une seule solution, pousser jusqu'à la limite du domaine gamma...

Règlement de compte au cœur de la Voie lactée

Les chers collègues américains de l'observatoire *Compton* ne s'y sont d'ailleurs pas trompés. Jaloux des succès que l'équipe Sigma remportait avec ses images produites à la limite du domaine gamma, ils se sont acharnés à convertir l'expérience Batse [15] montée à bord de *Compton* en chambre à ouverture codée. Comme l'idée d'y adapter un masque « à la Sigma » ne leur était pas venue en temps utile avant le lancement, ils imaginèrent d'exploiter le fait que *Compton* évolue sur une orbite basse : la Terre masque donc régulièrement le champ de vue de Batse, ce qui a pour effet d'y moduler le rayonnement incident, un peu à la manière du masque de Sigma.

Petit à petit, l'équipe Batse parvint ainsi à produire par occultation terrestre des cartes du ciel à la limite du domaine gamma. Rien à voir avec la finesse des images produites par Sigma. Pensez donc, les sources les plus brillantes s'y étalent sur plusieurs degrés ! Les cartes Batse présentent toutefois l'avantage de couvrir un très vaste secteur de la voûte céleste, ce qui est fort précieux pour détecter ces sources qui s'allument à tout

---

15. Acronyme pour *Burst and Transient Source Experiment*, dont la traduction libre serait : « expérience pour détecter les sources de sursauts et les sources transitoires ». Il s'agit d'un réseau de huit gros détecteurs opérant comme Sigma à la limite du domaine gamma.

bout de champ ici et là dans le ciel gamma. À ses débuts, la méthode par occultation eut toutefois à pâtir de quelques couacs fracassants, ce qui me donne l'occasion d'une nouvelle anecdote.

En mars 1992, alors que Sigma observait une nouvelle fois le cœur de la Voie lactée, les Français en poste à Evpatoria notèrent avec surprise le brutal regain d'activité que manifestait le matricule 4U 1728-33 du catalogue *Uhuru*, une de ces sources éruptives du domaine X qui pullulent au sein du bulbe galactique. L'éruption se prolongea pendant trois jours durant lesquels 4U 1728-33 fut la source la plus brillante des régions centrales de la Galaxie, du moins en s'en tenant à la fenêtre « basse énergie » de Sigma.

Cette éruption au cœur de la Voie lactée ne passa pas inaperçue aux yeux de nos amis américains de *Compton*. Espérant pour une fois damer le pion à l'équipe Sigma, ils s'empressèrent d'annoncer, par le truchement de la circulaire UAI [16] numéro 5475 du 14 mars 1992, que Batse avait détecté une éruption de rayons gamma de basse énergie dans les régions centrales de la Galaxie. Jusque-là, rien à dire. La suite de la circulaire est, hélas, beaucoup plus contestable : trop confiants dans les vertus de l'occultation terrestre, l'équipe Batse attribua par erreur cet excès d'émission à notre bonne vieille source *Einstein*, située pourtant à plus de quatre degrés de 4U 1728-33 !

En dépit de leur fatal empressement, les Américains furent quand même coiffés sur le poteau par les Français. Dès la veille en effet, comme en témoigne la circulaire UAI numéro 5474 du 13 mars 1992, l'équipe Sigma avait par avance rétabli les faits, en prouvant que l'éruption gamma observée dans les régions centrales de la Galaxie était bel et bien le fait de 4U 1728-33. Cette victoire par KO des Franco-Russes de Sigma/*Granat* avait sans doute agacé durablement les Américains de Batse/*Compton* car, un an et demi plus tard, la compétition entre les deux groupes prit un tour nettement plus déplaisant quand une nouvelle source s'alluma sept degrés au nord du centre galactique.

L'histoire débuta le dimanche 26 septembre 1993 – faites bien attention aux dates, chaque jour compte –, quand les astro-

---

16. Au moyen de circulaires diffusées par les voies les plus rapides, l'UAI informe observatoires et établissements astronomiques du monde entier de tous les événements célestes que les astronomes signalent à son bureau central des télégrammes astronomiques.

nomes de Sigma prirent connaissance des données enregistrées la veille à bord de *Granat*. Aussitôt, alerte rouge : une nouvelle source très brillante se manifestait avec éclat dans la constellation du Serpentaire, vers le haut de ce champ englobant le bulbe galactique que le télescope scrutait depuis un mois. Pas de doute, c'était un nouveau candidat trou noir, par bien des points semblable à la Mouche.

Nous déroulâmes alors à Saclay et à Toulouse une procédure déjà bien rodée : échanges de points de vue avec les Russes, suivis par la rédaction d'un projet de circulaire à expédier d'urgence à l'UAI. Le mardi 28, le texte filait à la vitesse de la lumière par les mailles du réseau *Internet* vers Cambridge, Massachusetts, où se trouve le bureau central des télégrammes astronomiques de l'UAI. Sans attendre que cette circulaire fût disséminée par l'UAI, nous informâmes directement de nombreux observatoires de notre découverte, afin de garantir l'observation du nouveau candidat trou noir dans le plus grand nombre de domaines spectraux possible.

Bien nous en prit, car la publication de la circulaire fut étrangement retardée pendant une longue semaine, alors que les observations corrélées étaient déjà largement entamées. Pour se justifier, le bureau central des télégrammes astronomiques de l'UAI fit état d'une panne d'ordinateur *(sic)* pendant les trois premiers jours d'octobre. Mais je ne peux pas m'empêcher de vous faire part d'un fait troublant : la publication de notre découverte fut retardée juste le temps qu'il fallut à nos collègues américains pour analyser les données de Batse. Ils n'eurent donc aucune difficulté à fournir en même temps que nous leur propre compte rendu d'observation de ce nouveau candidat trou noir.

Leur rapport fut donc publié juste à la suite du nôtre, sur la même circulaire UAI numéro 5874, daté du 4 octobre. Le rapprochement des deux textes permit toutefois à tout un chacun de comparer directement les performances des deux instruments. Dès le 26 septembre, en un seul jour d'observation, les images Sigma produites à Evpatoria par un modeste micro-ordinateur portable avaient situé la source dans un cercle d'erreur de trois minutes d'angle de rayon, ouvrant la voie à une série d'observations toutes plus fructueuses les unes que les autres. Après des jours et des jours d'efforts, le traitement tarabiscoté des données de Batse logeait la source quelque part dans un losange de cinq degrés de long sur un degré de large, une donnée impropre à toute étude ultérieure.

La position sur le ciel de ce nouveau candidat trou noir avait été mesurée avec une telle précision sur les images Sigma que les télescopes à l'œuvre dans les autres domaines spectraux ne tardèrent pas à en détecter l'empreinte. Les astronomes saturèrent alors le réseau Internet, les uns pour relater une détection dans le domaine radio par le VLA [17], d'autres pour rendre compte d'une observation dans le visible par l'Eso, d'autre encore pour signaler une identification dans le domaine X par *Asca*, le nouveau télescope spatial japonais, ou par le télescope TTM à bord de *Mir*, la station spatiale russe.

Étant parvenus par les moyens que vous savez à publier leur résultat en même temps que le nôtre, les astronomes de *Compton* tentèrent d'imposer leur propre nom de code pour dénommer ce nouveau candidat trou noir. En plus de GRS 1716-249, le nom de code proposé par l'équipe Sigma, ce nouveau candidat trou noir s'appelle donc aussi GRO J1719-24, une désignation qui d'ailleurs colporte une erreur d'un bon degré sur la position exacte de la source. Quelle mesquinerie, n'est-ce pas ? C'est vraiment affligeant de voir ainsi mes collègues américains, tout comme le dernier butor du Middle West, céder à ce complexe de supériorité propre à ceux qui se croient les plus forts, disposés à laisser les autres jouer avec eux, à la seule condition de ne pas perdre...

---

17. Sigle pour *Very Large Array*, littéralement : « Très grand réseau ». Cet interféromètre unique au monde, dont la base s'étend sur des dizaines de kilomètres dans les plaines de San Augustin, non loin de Socorro, au Nouveau-Mexique, comprend vingt-sept radiotélescopes de vingt-cinq mètres de diamètre chacun. Il permet de mener dans le domaine radio des observations remarquablement sensibles avec un pouvoir séparateur d'une fraction de seconde d'angle.

CHAPITRE VIII

L'inaccessible étoile

Une éruption d'antimatière

Vous l'avez bien compris : quand des hommes qui se prétendent civilisés abordent un continent méconnu, que ce soit l'Amérique ou les cieux gamma, ils ne peuvent s'empêcher d'en faire un nouveau champ de bataille, à coups de mousquets, d'idéologies ou de circulaires UAI. Il y a quand même une différence, et de taille : s'ils ont réussi à saccager toutes les contrées terrestres où ils ont réussi à prendre pied, les humains ne sont pas encore en mesure de pouvoir en faire autant loin de leur planète d'origine.

Dans l'immédiat, la Lune semble la plus vulnérable. Les astres du système solaire le sont également, mais à plus longue échéance. Quant à mes chers trous noirs accrétants, à l'image de l'inaccessible étoile chère à Jacques Brel, ils resteront pour toujours le domaine réservé des enfants, des poètes et des astronomes, bref de tous ceux qui ont le cœur assez candide pour ne les aborder qu'au terme d'un périple imaginaire. Et puis le farouche environnement des trous noirs les protège à jamais de toute velléité de conquête et d'exploitation. Ce n'est pas demain la veille que l'humanité conquérante étanchera son insatiable soif d'énergie en s'abreuvant à l'horizon d'un trou noir, là même où la nature a bâti les centrales les plus efficaces de tout l'univers.

Prenez par exemple le cas de ma source fétiche, la source *Einstein*, 1E si vous préférez, autrement dit le premier des prétendants trou noir inscrit au tableau de chasse de Sigma. Je vous rappelle que le bourrelet interne de son disque d'accrétion, là où de vigoureux échanges entre matière et rayonnement attisent la production des rayons X durs et gamma détectés par Sigma, s'étend deux cents kilomètres environ au-delà d'une limite elle-même située à une trentaine de kilomètres du trou noir. Vous constatez comme moi que la superficie des zones les plus actives du disque d'accrétion est à peu près la même que celle du Bassin parisien.

Je signale également que tout au long des innombrables poses conduites en direction des régions centrales de la Voie lactée, Sigma détecta, bon an, mal an, environ deux photons par seconde sortis droit de la source *Einstein*. Sachez encore que l'énergie moyenne emportée par chacun d'eux fut cent kiloélectronvolts environ, soit seize millionièmes de milliardième de joule, autrement dit, pas grand-chose ! Mais si vous n'êtes pas trop fâché avec la règle de trois, et si je vous précise la surface efficace du télescope – de l'ordre d'un centième de mètre carré –, ainsi que la distance de la source – vingt-cinq mille années de lumière, soit près de trois millions de milliards de mètres –, vous trouverez sans peine que le bourrelet actif ceinturant 1E affiche une puissance de deux mille milliards de milliards de milliards de watts, soit un *deux* suivi de *trente zéros* !

Impossible bien sûr de se représenter une telle puissance. Je vous proposerais bien une solution : adopter comme puissance unité celle d'une centrale du parc électronucléaire français, soit mille mégawatts environ. Mais tout compte fait, deux mille milliards de milliards de centrales nucléaires, ce n'est guère plus parlant ! En désespoir de cause, je vous soumets donc une image plus radicale : sachant que le disque actif ceinturant la source *Einstein* s'étend sur un peu moins de deux cent mille kilomètres carrés, la puissance du bourrelet émissif dans le domaine gamma est telle que chaque millimètre carré de sa surface doit déchaîner une puissance dix mille fois supérieure à celle d'une centrale nucléaire !

C'est tout simplement fantastique, mais c'est aussi ce que la nature sait faire de mieux en matière de centrale d'énergie. Pensez donc : il s'agit d'un rendement au moins vingt fois supérieur à celui des processus à l'œuvre au cœur même du Soleil ! Un rêve pour tous les prospecteurs du CEA ou d'ailleurs, sommés de dénicher les ressources énergétiques propres à satisfaire les générations futures.

Un tel débit d'énergie impose une accrétion de matière à un taux qui doit vous sembler fabuleux : des dizaines et des dizaines de milliards de tonnes par seconde ! S'il fallait transporter tout ce chargement par camion sur les routes du Bassin parisien, vous imaginez sans peine quel embouteillage ce serait ! Mais à y regarder de plus près, ce taux n'est pas si considérable. À ce rythme en effet, il faudrait des millions d'années au trou noir pour soutirer à sa compagne une quantité de matière égale au centième de la masse du Soleil. Dans ces conditions, la source *Einstein* ne devrait pas se tarir de si tôt !

N'imaginez pas pour autant que ce formidable trou noir accrétant mène une existence paisible au firmament du ciel gamma. À l'automne 1990, le 13 octobre précisément, 1E entra en éruption. Pendant des heures et des heures, elle répandit alentour un flot de photons gamma beaucoup plus énergétiques que ceux que produit habituellement le bourrelet comptonisé de son disque d'accrétion.

Mieux encore : la plupart de ces photons furent émis dans une étroite bande d'énergie, cantonnée entre trois cents et six cents kiloélectronvolts. L'équipe Sigma comprit alors que cette brutale éruption était le résultat d'une annihilation massive de positons – l'antiparticule de l'électron – dans l'environnement immédiat du trou noir. Aucun autre processus n'est en effet capable de produire ainsi des photons gamma dont l'énergie est concentrée vers cinq cent onze kiloélectronvolts.

En fait, l'énergie moyenne des rayons gamma que Sigma capta durant l'éruption n'était pas égale à cette énergie précise, mais un peu plus bas dans le domaine gamma, vers quatre cent cinquante kiloélectronvolts. Pour expliquer un tel déficit, on peut postuler que l'annihilation massive de positons s'est déclenchée à petite distance du trou noir.

Alors, tout s'explique ! Pour émerger du puits que le trou noir creuse dans l'espace-temps, tout photon émis aussi près du centre attractif doit débourser une fraction non négligeable de son énergie. À cinq rayons de Schwarzschild du trou noir, cette taxe relativiste se monte au dixième du budget énergétique du photon, c'est-à-dire un peu plus de cinquante kiloélectronvolts pour un spécimen de cinq cent onze kiloélectronvolts. Toutes taxes déduites, l'énergie du photon s'établit donc à quatre cent cinquante kiloélectronvolts environ. Tiens, c'est justement l'énergie moyenne des photons que Sigma détecta pendant l'éruption ! Conclusion : le site d'annihilation des positons se situe probablement à environ cinq rayons de Schwarzschild du trou noir, soit soixante-quinze kilomètres si la masse du trou noir vaut cinq fois celle du Soleil.

Côté chiffre, l'éruption est sans commune mesure. Pendant la durée de l'éruption, Sigma détecta à peu près un photon d'annihilation toutes les cinquante secondes environ. Si vous n'êtes toujours pas trop fâché avec la règle de trois, et si je vous précise que la surface efficace du télescope n'est plus que de vingt centimètres carrés pour les photons de quatre cent cinquante kiloélectronvolts, vous en déduisez que, pour consigner noir sur blanc le nombre de positons qui se sont annihilés à chaque seconde au voisinage du trou noir, il faudrait écrire un *sept* suivi de *quarante-deux zéros* !

Par bonheur, la masse de chaque positon est vraiment infime. Je peux donc aussi bien vous préciser que l'éruption gamma observée par Sigma en cet automne 1990 exigea à chaque seconde l'annihilation de six milliards de tonnes de positons. Or au voisinage d'un trou noir accrétant, la densité du milieu est telle qu'un positon ne peut pas survivre très longtemps sans y rencontrer un électron solitaire avec lequel il s'annihile aussitôt. Durant toute l'éruption, le trou noir accrétant fut donc bien forcé de produire des milliards de tonnes de positons par seconde, même si on ne sait pas encore aujourd'hui comment il s'y est pris pour synthétiser de l'antimatière à un tel rythme.

Du grand annihilateur au microquasar

En décembre 1990, j'eus le grand privilège de dévoiler ces résultats face à un parterre d'astrophysiciens, réunis à Saclay pour examiner les possibilités futures de l'astronomie gamma. Certains d'entre eux tentèrent aussitôt d'établir un parallèle entre la découverte de Sigma et ce rayonnement d'annihilation détecté dix ans plus tôt par *H.E.A.O. 3*, et qui fut alors attribué par erreur à ce trou noir ultramassif censé marquer le centre dynamique de la Galaxie. Les séries d'observations menées par *Compton* ont depuis précisé que les photons d'annihilation captés par *H.E.A.O. 3* provenaient sans doute de tout le bulbe galactique, et n'étaient donc pas directement issus d'une éruption semblable à celle observée au plus profond de la source *Einstein*.

Relayant les médias nationaux, qui en rajoutèrent une nouvelle couche sur le thème toujours très porteur des trous noirs, la presse scientifique anglo-saxonne s'intéressa à son tour à l'éruption de la source *Einstein*. Des journalistes facétieux lui décernèrent alors le sobriquet – très explicite, convenez-en – de « grand annihilateur ». Outre la bouffée d'orgueil – bien compréhensible – qu'elles suscitèrent au sein de l'équipe franco-russe, les trompettes de la renommée eurent aussi pour effet de signaler la source *Einstein* à l'attention de tous les astronomes, même les moins familiers du domaine gamma. Il s'ensuivit une série de découvertes qui, dans les années suivantes, firent de 1E l'archétype d'une nouvelle famille du bestiaire galactique : celle des microquasars.

Avant d'en arriver là, il fallut quand même étendre l'observation de la source *Einstein* dans d'autres domaines spectraux. Dans le visible, c'était mission impossible : beaucoup trop de poussières interstellaires s'amassent sur la ligne de visée pour envisager la moindre détection. Restaient les domaines des rayons X et des ondes radio. Côté X, pas de problème. À bord même de *Granat*, les Russes avaient d'ailleurs installé leur propre équipement d'astronomie X, le télescope Art [1].

Avec son masque codé à la Sigma, Art produisait des images du ciel au centre même du champ visé par le télescope français, mais dans une gamme de rayons X d'énergie comprise entre trois et trente kiloélectronvolts, joignant donc à basse énergie la gamme spectrale de Sigma. Ayant eu tout loisir d'observer 1E en même temps que Sigma, Art confirma le haut degré d'opacité du milieu s'étendant jusqu'à la source *Einstein*. À en croire les données recueillies par le télescope russe, la matière interstellaire disséminée le long de la ligne de visée parvenait en effet à

---

1. Sigle pour *Astronomitcheskï Rentguenovskï Teleskop*, littéralement : « Télescope astronomique à rayons X ».

absorber une bonne partie du rayonnement X émis par la source.

La masse de la matière ainsi répartie le long de la ligne de visée n'est pourtant pas si colossale que cela, bien au contraire ! Imaginez une colonne cylindrique, d'un centimètre carré de section, c'est-à-dire encore plus menue que votre petit doigt, mais démesurément longue, puisqu'elle s'étend sur les vingt-cinq mille années de lumière qui séparent 1E du télescope Art. Sa masse – la « densité de colonne » – serait inférieure à un gramme, à peine de quoi contrarier les rayons X, et encore, les plus mous d'entre eux, mais pas de quoi gêner un photon gamma de bonne facture. Cette mesure confirma néanmoins que la source *Einstein* réside bien dans les parages du centre de la Galaxie, là où se pressent les nuages interstellaires les plus absorbants de la Voie lactée.

Opérant à plus basse énergie encore, les observations menées par *Rosat* confirmèrent les données du télescope russe. Mais grâce à son superbe jeu de miroirs à incidence rasante, le télescope allemand réussit également à localiser 1E avec une précision inégalée, puisqu'il lui affecta un cercle d'erreur dont le rayon atteignait à peine six secondes d'angle. De son côté, en scrutant l'image qui compile la centaine d'observations du cœur de la Voie lactée, l'équipe Sigma avait assigné à la source *Einstein* un cercle d'erreur de trente secondes d'angle de rayon. Et comme par un fait exprès, les deux cercles d'erreur, celui de *Rosat* et celui de Sigma, s'emboîtaient parfaitement !

Voilà donc une question définitivement réglée. La source X et la source gamma sont bien les deux facettes d'un seul et même astre. J'espère que vous avez apprécié au passage à quel point l'affaire fut rondement menée. Souvenez-vous de Geminga : il avait fallu près de vingt ans pour jeter une passerelle entre les X et les gamma, tandis qu'avec 1E, tout fut bouclé en quelques mois. Finalement, c'était quand même une bonne idée de vouloir produire ainsi des images aussi fines du ciel gamma !

Bien avant que ces mesures incroyablement précises fussent portées à la connaissance des astronomes par les canaux habituels des publications scientifiques, Bertrand Cordier avait déjà pris langue avec Félix Mirabel, un astronome qui venait de rejoindre le service d'astrophysique à Saclay, accompagné d'une solide réputation d'expert en explorations célestes en tout genre dans les domaines infrarouge et radio. Leur objectif commun était clair : observer la source *Einstein* avec les meilleurs radio-télescopes, afin de savoir à quoi ressemble un trou noir accrétant dans le domaine radio.

Fort du battage qui avait accompagné l'annonce publique de l'éruption d'antimatière au sein de la source *Einstein*, Mirabel et le groupe Sigma à Saclay n'eurent pas trop de difficultés à mettre sur pied une sérieuse campagne d'observations corrélées radio gamma. Le but était de mener à l'automne 1991 et au printemps 1992 une série de pointages en direction de 1E, simultanément avec le VLA dans le domaine radio et avec Sigma dans celui des gamma. Catastrophe : à la reprise des poses Sigma en février 1991, la source avait disparu !

Vous n'imaginez pas l'émoi qui s'empara de toute l'équipe Sigma ! Les moins confiants dans la solidité du télescope crurent alors à une mystérieuse défaillance de l'appareil. Mais non, Sigma détectait toujours GRS 1758-258, un autre trou noir accrétant également localisé au sein du bulbe galactique. Il fallut donc se résoudre à admettre que la source *Einstein* était éteinte. Un mois plus tard, ce fut à mon tour de monter la garde à la station d'Evpatoria. Entre une formidable éruption solaire, qui aveugla complètement Sigma d'un flot de particules ionisantes, et une panne de la grande antenne, qui empêcha des jours entiers toute communication avec *Granat*, je réussis quand même à retrouver d'une manière fugace la trace de 1E sur les images produites en station. La source n'était donc pas morte, mais quand même passablement assoupie.

Son réveil fut long et chaotique. Pendant que se déroulait le programme corrélé radio gamma, l'intensité de la source passa ainsi en quelques mois du simple au double. Et quand les observations simultanées prirent fin, cette lente évolution de la source gamma fut un argument de poids pour accréditer son identification avec une source radio tout à fait remarquable, repérée au beau milieu du cercle d'erreur délimité par Sigma.

Sur les images VLA, cette source radio apparaissait formée de deux jets fusant de part et d'autre d'un noyau compact. Tout au long de la campagne d'observations simultanées, l'éclat radio du noyau compact avait varié en concordance avec l'éclat gamma de la source suivie par Sigma. Plus d'hésitation. S'ajoutant à la coïncidence en position, les variations simultanées du noyau compact de la source VLA et de la source Sigma démontrèrent sans aucune ambiguïté possible qu'il s'agissait bien du même astre.

Et voilà comment le grand annihilateur se retrouva affublé d'un nouveau sobriquet : « microquasar ». Quasar, certes, car seuls d'authentiques quasars étaient jusqu'alors apparus de cette manière dans le domaine radio, avec un noyau central, brillant et variable, placé au centre d'un système de jets bipolaires. Quasar encore, car c'est un trou noir accrétant qui assure dans les deux cas la production d'énergie de tout le système.

Mais micro, sûrement, car les jets de 1E s'étendent à peine sur trois années de lumière, tandis que les quasars, qui se trouvent aux confins de l'univers, déploient leurs jets sur des distances cent mille fois plus importantes. Et micro surtout, car la masse du trou noir entretenant la source *Einstein* est des millions de fois moindre que celle des trous noirs ultramassifs tapis au sein des quasars. Il n'empêche, l'image VLA de la source Sigma fit le tour du monde, s'étalant en couverture de la revue *Nature*.

Plus vite que la lumière

Curieux retour des choses. Sigma avait été conçu pour dépister au centre dynamique de la Galaxie les preuves gamma confirmant la présence d'un quasar endormi, preuves que des astrophysiciens bien imprudents tenaient pour acquises. Et voilà que notre télescope s'illustrait en débusquant tout près de là une source qui est à elle seule un modèle réduit de quasar. C'est d'ailleurs ainsi que la science progresse : au départ, on se donne pour objectif la confirmation d'une hypothèse. Dans le cas présent, il s'agit d'une prédiction attestant qu'un trou noir ultramassif, tapi au centre dynamique de la Galaxie, suscite un intense rayonnement gamma. À l'arrivée, on se retrouve avec deux questions de plus à résoudre. Ce trou noir ultramassif existe-t-il vraiment ? Quelle est cette mystérieuse source découverte à moins d'un degré de là ?

Je ne connais pas la réponse à la première question, et je ne suis d'ailleurs pas le seul. À vrai dire, le débat continue entre partisans et adversaires du trou noir ultramassif au centre dynamique de la Galaxie. Quant à la deuxième question, j'ai tenté de vous en fournir les principaux éléments de réponse, à l'exception d'un seul : comment un trou noir accrétant peut-il s'y prendre pour arroser ainsi l'espace alentour de deux jets aussi puissants ?

C'est encore à cause de l'accrétion. Au départ, une étoile déverse plus ou moins massivement ses couches externes sur un astre compact. Vous savez qu'en vertu de l'équilibre qui s'instaure entre forces radiatives et forces de gravité, le taux d'accrétion ne peut pas dépasser un certain seuil. Si le déversement est beaucoup plus considérable que les capacités d'absorption de l'astre compact, le surplus doit bien être évacué d'une manière ou d'une autre.

Retour sur le disque d'accrétion. C'est un anneau de plasma constitué de particules électrisées qui tournent à toute vitesse autour de l'astre compact. Or toute particule électrisée en rotation autour d'un axe génère un champ magnétique parallèlement à l'axe en question. Un disque d'accrétion en rotation rapide induit donc un champ magnétique considérable orienté parallèlement à son axe de rotation. Ce champ magnétique intense canalise impitoyablement le long de l'axe du disque les particules rejetées par l'astre compact, alimentant ainsi les jets observés par le VLA.

Si l'on en croit ce scénario, un tel phénomène ne devrait pas se limiter à la seule source *Einstein*. Galvanisé par la découverte des jets de 1E, Mirabel intensifia donc les observations radio des sources Sigma, isolant ainsi deux autres microquasars. Il s'agit de GRS 1758-258, le double de 1E, et de GRS 1915+105, alias Nova Aquilæ 1992, une source nouvelle que Sigma repéra à la fin de septembre 1992 en scrutant la constellation de l'Aigle. Informé aussitôt de la position précise de cette source dans le ciel, Mirabel la surveilla sans relâche avec le VLA, jusqu'à ce jour de mars 1994 où elle manifesta un comportement extraordinaire, consécutif à l'expulsion brutale de deux bulles de plasma d'une masse égale au tiers de celle de la Lune !

On a pu alors suivre l'émission radio de la poche de matière propulsée dans la direction de la Terre, ainsi que celle expulsée en sens inverse. Compte tenu de la vitesse de propagation des deux éjecta, égale à neuf dixièmes de la célérité de la lumière, et de l'angle sous lequel les deux jets sont observés depuis la

Terre, la bulle de matière qui se rapproche donne l'illusion de se mouvoir plus vite que la lumière. Un tel comportement, qui illustre au mieux les principes de base de la relativité, mérite tout à fait ce qualificatif de *superluminique* dont on l'affuble.

C'est la première fois qu'on met ainsi en évidence des mouvements superluminiques au sein de la Galaxie. Les seules autres manifestations de ce type avaient été auparavant toutes observées dans des quasars infiniment plus lointains. Voilà qui justifie encore plus ce sobriquet de microquasar, qui semble si bien convenir aux sources gamma suscitées par des trous noirs accrétants. Par la vertu d'observations menées très loin du visible, en gamma avec Sigma, et en radio avec le VLA, on est donc passé en deux ans à peine de la première découverte d'un microquasar à l'émergence d'une famille d'objets.

Le quatrième de la famille est à porter au crédit des Américains de *Compton*. Il s'agit de GRO J1655-40, que Batse détecta en août 1994, offrant aux radioastronomes l'occasion de détecter une nouvelle série de manifestations superluminiques dans la Galaxie. Nos chers collègues américains s'empressèrent de faire mousser l'affaire, avec tout le talent que nous leur connaissons en la matière, mais c'était trop tard, ils restaient bon deuxième.

Bien qu'ayant eux aussi observé GRS 1915+105 en même temps que Sigma, les gens de Batse n'avaient pas su mesurer la position de la source avec une précision suffisante pour en effectuer le suivi radio. Ils avaient alors laissé le champ libre à Mirabel qui avait su tirer profit des excellentes données de Sigma pour découvrir le premier ces fameux mouvements superluminiques dans la Voie lactée, et s'adjuger ainsi une nouvelle couverture de la revue *Nature*.

Combinant à portée de télescope deux des phénomènes parmi les plus emblématiques de la relativité, à savoir les trous noirs et les mouvements superluminiques, les microquasars vous apparaissent sans doute comme une somptueuse curiosité de la nature, sans plus. Mais vous auriez peut-être tort de ne voir en eux qu'une attraction nouvelle du parc galactique, car leur découverte est sans conteste d'une plus vaste portée.

Avec ces astres relativistes d'un nouveau type, les astrophysiciens disposent maintenant d'une série de laboratoires galactiques beaucoup plus accessibles que les quasars perdus aux confins de l'univers pour étudier les lois de la relativité en pleine action. À n'en pas douter, les microquasars seront des cibles de choix pour les appareils gamma du futur.

En tournesol pour retarder l'échéance

Pourquoi diable évoquer déjà de nouveaux télescopes gamma, alors que Sigma collectionne les découvertes ? Par peur de perdre une place chèrement acquise dans le peloton de tête, les astronomes gamma, comme tous les autres concurrents de l'impitoyable course à l'espace, se livrent à une perpétuelle fuite en avant. Avant même qu'un nouvel équipement scientifique soit en orbite, certains se préoccupent déjà de mettre en chantier son successeur. Avec des générations d'instruments se succédant à un tel rythme, l'insolante longévité d'un Sigma prend peu à peu des allures de provocation. Au milieu de 1994, alors que le débat sur les microquasars faisait rage, le télescope, plus actif que jamais, était en passe d'achever, dans un état de fraîcheur remarquable, sa cinquième année de fonctionnement en orbite. Pas mal pour un appareil à qui les ayatollahs de la qualité spatiale avaient promis une durée de vie de dix-huit mois à peine !

Mais la longévité d'un équipement spatial, le mieux conçu soit-il, tient aussi à la robustesse de la plate-forme orbitale et à l'endurance des équipes sol. Je vous ai déjà chanté les mérites de *Granat*, résistant aux violentes éruptions solaires de mars 1991 qui mirent à mal des satellites autrement plus huppés. J'ai déjà loué le stoïcisme des opérateurs russes face à l'éclatement de l'empire soviétique. Toutes les conditions semblaient donc réunies pour que la mission *Granat* jouisse d'une exceptionnelle longévité ; c'était sans compter sur cette pénurie chronique du fluide nécessaire aux mouvements du satellite.

Pour que Sigma vise un nouveau point de la voûte céleste, et surtout pour qu'il se maintienne le plus rigoureusement possible pointé dans cette même direction, on avait donc monté aux quatre coins du véhicule spatial une série de petites tuyères connectées à des gros bidons sphériques gonflés d'un gaz inerte. Juste avant le lancement, prévoyant que la mission irait peut-être au-delà des dix-huit mois qui lui avaient été assignés, les ingénieurs de Lavotchkine avaient injecté dans les réservoirs assez de fluide pour assurer au moins trois ans d'opérations en orbite.

Au début des observations, nous étions convaincus qu'il fallait tirer le portrait au plus vite de tous les astres susceptibles de rayonner des gamma, avant que ne survienne cette panne fatale que nous promettaient pour bientôt les spécialistes en qualité spatiale. Nous prîmes alors la mauvaise habitude de battre la voûte céleste un peu comme un chien fou, braquant Sigma tantôt ici, tantôt là, sans prendre garde le moins du monde à la consommation du gaz indispensable à la manœuvre du vaisseau spatial. Le temps passant, notre télescope ayant démontré sa robustesse, nous commençâmes à nous soucier des réserves de ce précieux fluide. Nous décidâmes alors de rationaliser notre programme d'observation en choisissant de pointer des jours et des semaines durant la même région du ciel. Nous pûmes de cette façon tenir sans souci majeur jusqu'à l'été 1994, triplant ainsi le temps d'observation initialement prévu.

Pressentant que *Granat* se trouverait bientôt sans ressources, les autorités russes proposèrent alors de prolonger la mission en limitant les pointages à une ou deux campagnes par an et en maintenant dans l'intervalle le satellite en mode « tournesol ». Comme son nom l'indique, il s'agit d'un mode opératoire de « survie », où le véhicule spatial est mis en rotation rapide autour de son axe solaire, autrement dit l'axe perpendiculaire aux panneaux solaires. Le satellite se trouve alors asservi dans la direction du Soleil sous l'effet de la pression de radiation que le rayonnement solaire exerce sur les panneaux. Soumis ainsi à un ensoleillement plus que généreux, les nappes de générateurs photoélectriques sont en mesure de garantir au véhicule spatial les meilleures ressources énergétiques : aucun risque de perdre le contact avec le satellite !

Il suffit d'insuffler une très faible quantité de gaz dans les tuyères situées aux extrémités des deux panneaux solaires pour mettre *Granat* en mode tournesol ; la longévité du satellite, qui ne dépend donc plus des ressources en gaz, n'est plus subordonnée qu'à d'éventuelles pannes électriques. Il y a toutefois un hic, et il est de taille : Sigma étant monté perpendiculairement à l'axe solaire de *Granat*, l'axe de visée du télescope, entraîné par la rotation du satellite, trace sur la sphère céleste un grand cercle qu'il parcourt à raison d'un demi-degré par seconde. Pas question pour Sigma de produire des images en mode tournesol !

Mais il en faut beaucoup plus pour décourager des chercheurs scientifiques singulièrement motivés. L'équipe Sigma trouva donc très vite le moyen de recueillir des informations scientifiques pertinentes dans ce mode tournesol où la vertu première du télescope – faire des images – n'est plus de mise. La solution : tout investir sur les données dites « variabilité lente » qui fournissent le taux de comptage du télescope, mesuré toutes les quatre secondes dans quatre bandes d'énergie. Introduites au départ pour suivre l'évolution du bruit de fond de l'appareil, les données variabilité lente ont été souvent utilisées pour étudier les sources périodiques. Or dans le mode tournesol, le balayage répété des sources actives du ciel se traduit précisément par une fluctuation périodique du taux de comptage.

Certains de pouvoir ainsi maintenir notre capacité à repérer et étudier les sources gamma, nous acceptâmes la proposition russe d'entreprendre, dès le mois d'octobre 1994, les premières prises de données en mode tournesol. Bien nous en prit : au bout de six mois d'un tel manège, nous avions déjà mené un premier balayage complet de la voûte céleste, avec à la clé une base de données copieusement fournie. S'ouvraient alors de nouveaux domaines de recherche, avec au premier rang une étude de l'émission à grande échelle de la Voie lactée, un thème encore jamais abordé dans la gamme spectrale de Sigma. C'est une jeune stagiaire, Véronique Maitia, qui, au printemps 1995, entreprit à Saclay la première analyse des données collectées lors de ce premier balayage.

Après avoir soustrait la contribution des sources brillantes actives d'octobre 1994 à mai 1995, Véronique parvint à isoler un rayonnement gamma qui se manifestait par très léger excès de taux de comptage chaque fois que le champ du télescope interceptait la Voie lactée. Mieux encore : elle réussit à établir une bonne corrélation entre la quantité de ce rayonnement gamma d'origine galactique émis dans une direction donnée de la Voie lactée et la masse de gaz interstellaire contenu dans une colonne qui s'étend dans la même direction, depuis l'observateur jusqu'aux confins du disque galactique. Un tel résultat suggère que les régions les plus denses de la Galaxie soient aussi les plus aptes à rayonner des gamma, ces derniers provenant sans doute des interactions qui se produisent entre les électrons du rayonnement cosmique et les atomes répandus au sein du milieu interstellaire.

Avec *Granat* en mode tournesol, les réserves de gaz s'amenuisèrent si lentement que l'équipe Sigma eut la joie de célébrer le cinquième, puis le sixième anniversaire d'un télescope toujours actif. Nous nous payâmes même le luxe de mener de temps à autre quelques séries d'observations pointées en direction du cœur de la Voie lactée, avec un certain succès d'ailleurs, comme en mars 1996, quand nous découvrîmes au sein du bulbe galactique un trou noir accrétant à émission transitoire, GRS 1739-278, dont le comportement s'avéra similaire à celui de la Mouche. En moins brillant toutefois, puisque cette nouvelle source se trouvait quatre fois plus éloignée de nous que la belle nova qui éclaboussa le ciel gamma de janvier 1991.

C'était d'ailleurs la deuxième source de ce type que nous localisions dans le renflement central de la Galaxie, puisque les images recueillies en septembre 1994, juste avant le passage en mode tournesol, nous avaient déjà livré GRS 1737-71, une source transitoire dont la lumière gamma portait l'empreinte des trous noirs accrétants. Curieux, quand même, que le bulbe galactique en renferme tant ! Pour quelles raisons les trous noirs en couple se presseraient-ils ainsi au cœur même de la Voie lactée ?

Plongeant régulièrement au sein du bulbe galactique, les amas globulaires, ces gros grumeaux d'étoiles, riches de centaines de milliers d'individus, relâcheraient-ils au plus profond de la Galaxie les spécimens les plus compacts qu'ils ne parviennent pas à garder captifs ? C'est là une thèse bien audacieuse, que Marielle Vargas n'hésita pourtant pas à soutenir pour obtenir, avec succès, le titre de docteur. C'était le quinzième diplôme ainsi décerné en France pour des travaux portant sur le programme Sigma. Preuve que les étudiants ont toute leur place au sein de nos laboratoires et que les centres de recherches, même les plus huppés, ne rechignent pas à la besogne quand il s'agit de faire école...

Le malheur des uns...

À la fin de mars 1996, au terme de cette série d'observations qui nous avait permis d'épingler un nouveau trou noir, les ingénieurs de Lavotchkine avaient estimé que les réservoirs de *Granat* renfermaient encore assez de gaz pour assurer deux ou trois autres opérations du même type. En dépit de ce pronostic favorable, nous avions alors toutes les raisons de croire que cette fructueuse campagne était la dernière du genre. Les opérateurs en poste à Evpatoria se mobilisaient en vue des grandes manœuvres interplanétaires qu'ils entendaient mener avec la sonde *Mars 96* en partance pour la planète Mars. Et comme la station contrôlait également le plus distant des satellites *Interball* [2], on ne voyait pas comment Evpatoria pourrait conduire de nouvelles opérations *Granat*.

L'absurde destin en décida autrement : le 17 novembre 1996, victime d'un inexplicable défaut de poussée, le quatrième étage du lanceur fut dans l'incapacité de propulser la sonde *Mars 96* sur son orbite interplanétaire. Quatre ou cinq heures après le lancement, le vaisseau spatial s'abîmait dans les flots, quelque part dans l'océan Pacifique sud, entraînant dans sa perte plus d'une tonne d'équipements scientifiques. Avec tant d'opérateurs réduits à un inquiétant chômage technique, les autorités spatiales russes nous invitèrent à entreprendre dans les plus brefs délais une nouvelle série de pointages avec notre cher vieux Sigma.

Fallait-il accepter ? Cette nouvelle campagne ne serait-elle pas ce fameux combat de trop, que tant de vieux boxeurs n'ont pas le courage de refuser, et qui se retrouvent à moitié morts sur le ring, avec la vue brouillée et le cerveau en désordre ? Mais la tentation était trop forte. À l'idée d'ausculter une fois de plus le cœur de la Voie lactée sur l'écran noir de mon ordinateur, j'étais prêt à soulever les montagnes ! Et de fait, il fallut faire montre d'un très haut degré de persuasion pour s'ouvrir à nouveau les portes du ciel gamma avec Sigma, l'insolente longévité de notre télescope posant des problèmes croissants de trésorerie aux décideurs qui se succédaient à la tête des sciences spatiales françaises.

Sans argent, pas question de reprendre le chemin d'Evpatoria. Depuis que les Russes avaient choisi de monnayer l'accès

---

2. Cette mission consacrée à l'astrophysique dite de proximité – une discipline plus connue sous le nom de géophysique externe – a été réalisée grâce aux efforts conjugués de la Russie et de nombreux autres pays, dont la France.

à leur empire spatial, le coût des opérations *Granat* n'avait fait que croître et embellir. On en était alors à un demi-million de francs pour quatre malheureuses semaines ; tout juste le temps d'une courte visite des quartiers chauds de la Galaxie ! La somme peut vous paraître démesurée pour un simple droit de regard à l'horizon de quelques trous noirs, elle s'avère pourtant des plus modestes en regard des coûts d'exploitation propres aux télescopes spatiaux de la Nasa ou de l'Esa, et parfaitement dérisoire comparée aux frais de séjour d'un spationaute français en voyage d'agrément à bord de la station *Mir*.

Mais en cette fin de 1996, véritable *annus horribilis* pour les sciences spatiales françaises, il était singulièrement malvenu de solliciter des cadres du Cnes un nouvel effort financier en faveur de Sigma. Cette année-là en effet, beaucoup trop d'équipements spatiaux français connurent un sort contraire. Quelques mois avant que la sonde russe *Mars 96*, porteuse de huit expériences fournies par des laboratoires français, sombrât dans les eaux noires du Pacifique sud, la fusée européenne *Ariane 5*, convoyant lors de son vol inaugural les quatre satellites de la mission *Cluster*[3] et les espoirs de tant de nos scientifiques, s'était volatilisée dans le ciel de Kourou. Et puis, pour ne pas être en reste, le nouveau lanceur américain *Pegasus* ne parvenait pas à mettre sur orbite le petit satellite *Hete*[4] avec lequel les astronomes gamma américains, avec l'appoint de quelques collègues toulousains du CESR, comptaient enfin découvrir l'énigmatique origine des sursauts gamma.

Avec la louable intention d'accorder une deuxième chance à tous ces chercheurs injustement privés de données, le Cnes nous fit comprendre que l'équipe scientifique Sigma, déjà bien gavée de résultats, ne devait plus trop compter sur le soutien financier de l'agence française de l'espace pour mener une nouvelle série d'observations en mars 1997. Les Français ne furent donc pas associés à cette campagne qui fut conduite en définitive au seul profit de nos collègues russes de l'Iki. Ils en furent

---

3. Basé sur la mise en œuvre simultanée de quatre satellites, la mission *Cluster* devait permettre d'élucider une partie des processus reliant l'activité solaire à l'environnement terrestre. Trois expériences françaises étaient embarquées sur chacun des satellites.

4. Acronyme pour *High Energy Transient Experiment*, dont la traduction libre serait : « expérience pour détecter les sources transitoires émettrices de photons à haute énergie ».

d'ailleurs aussitôt récompensés par la découverte d'un nouveau trou noir niché au cœur de la Voie lactée, ne se privant pas d'orchestrer sur le réseau *Internet* un battage à la hauteur de l'événement.

Vous comprenez sans peine à quel point je fus ulcéré d'assister ainsi en spectateur aux plus récentes percées scientifiques d'un appareil réalisé avec le concours sans faille de l'agence française de l'espace, celle-là même qui mégotait aujourd'hui un soutien bien modeste en regard des efforts déjà consentis. Voulant éviter autant que moi une fin aussi mesquine à l'aventure Sigma, Pierre Mandrou n'eut pas trop de peine à me convaincre d'attirer l'attention des plus hauts dignitaires du Cnes. Aussitôt dit, aussitôt fait, avec une courte supplique transmise à Michel Courtois, directeur général adjoint du Cnes, un dirigeant qui n'était pas sans savoir à quel point Sigma incarnait le savoir-faire de son cher Centre spatial de Toulouse à produire des équipements scientifiques de premier plan.

Nous avions certainement frappé à la bonne porte : le mois de juin suivant, alors que je me trouvais au salon de l'aéronautique et de l'espace du Bourget pour convaincre les visiteurs se pressant au pavillon du Cnes que les astronomes ne pouvaient plus se passer des observations conduites depuis l'espace, on m'annonça qu'un petit budget avait été dégagé pour négocier avec les autorités spatiales russes une nouvelle série de pointages à mener aux premiers jours d'automne. Une seule condition, que cette campagne soit vraiment la dernière...

La dernière séance

Automne 1997. Le matin du 3 octobre, sur la plaine côtière des steppes de Crimée...

Le vieil autobus, dit de la séance, bringuebale entre les champs et les anciens vignobles du kolkhoze *Beregovoï*. Bien calé sur la première banquette avec Jean Riquoir, mon vieux complice de tant de campagnes, je fais pour la dernière fois ce trajet qui conduit à la station numéro 3...

En apparence, tout a changé depuis décembre 1989 et mon premier séjour à Evpatoria. L'Union soviétique n'est plus qu'un lointain souvenir. Les habitants de la Crimée, cette ancienne république tatare qu'un caprice de Nikita Sergueïevitch Khrouchtchev rattacha à l'Ukraine soviétique, s'interrogent sur le sort que leur réserve ce nouvel État ukrainien dont ils ignorent la langue officielle. Une société de consommation, douce à certains, mais sauvage au plus grand nombre, a remplacé la social-médiocrité pour tous. À la télévision, les jeux les plus racoleurs ont supplanté *Le Lac des cygnes* aux heures de grande écoute, tandis que sur les étalages des kiosques Angélique a succédé à Esmeralda et Tarzan à Gavroche...

Mais en réalité, rien n'a changé. Ce sont toujours les mêmes regards que l'on croise dans l'autobus, car, au bout du compte, la vie est toujours aussi rugueuse. Les étalages des magasins ont beau se garnir des produits les plus séduisants, les salaires, quand ils sont versés, sont bien trop modiques pour succomber à la tentation. Et puis il faut maintenant s'acclimater à ce libéralisme, dans lequel beaucoup ne voient que chômage et insécurité. Les Russes, eux, n'ont pas changé. Plus stoïques que jamais, ils affrontent ces nouvelles brûlures de l'histoire avec ce mélange de fatalisme et de force d'âme qui les préservera une fois encore de l'anéantissement qu'on leur promet de tous côtés.

N'ayez crainte, je ne vais pas vous infliger plus longtemps ce sombre reportage sur la situation tragique des anciens fleurons de l'empire soviétique, surtout qu'Arte vous en abreuve au rythme d'un par semaine... Passons plutôt au grand film de la dernière séance, un *remake* de ce jour où Sigma transmit la première image gamma du Crabe, car c'est précisément une série de portraits de notre nébuleuse fétiche que le télescope doit entamer ce matin même.

Ce n'est certes plus la même émotion quand il s'agit de prendre quelques vues du ciel gamma, maintenant que plusieurs centaines de milliers d'entre elles garnissent la base de données Sigma. Et pourtant, tout au long de cette ultime équipée, j'avais encore cette enivrante montée d'adrénaline chaque fois que l'archaïque ordinateur portable, en service à Evpatoria depuis de si longues années, s'apprêtait à afficher l'image d'un nouveau champ du ciel sur son écran terni. Imaginez par exemple qu'en scrutant attentivement l'écran, je constate qu'une petite tache de lumière gamma apparaît justement là où on ne l'attendait pas, dévoilant ainsi la présence d'une source encore insoupçonnée...

C'est difficile à croire, mais les images fournies dès la première pose de la campagne en cours portaient justement la trace d'une source que l'on n'attendait pas aussi fringante dans la bande gamma. Il s'agit de XTE J1755-324, une nouvelle source de rayons X, repérée deux mois auparavant avec *Rossi X.T.E.* [5]. Le fait que cette source fît ainsi montre d'un tel éclat dans le domaine des rayons gamma suggère fortement que XTE J1755-324 soit un nouveau témoin de l'activité d'un trou noir accrétant. Et un trou noir de plus au tableau de chasse de Sigma !

Ayant ainsi d'entrée de jeu donné raison à ceux qui, au Cnes ou ailleurs, avaient rendu possible cette nouvelle exploration du ciel gamma, nous déroulâmes le plus sereinement du monde la suite des opérations, jusqu'à ce jour d'octobre où il nous incomba de lancer la dernière séance. À dire vrai, voilà des années que je redoutais ce jour. Je m'étais tellement identifié à Sigma que la fin annoncée du télescope m'avait toujours empli d'effroi, comme s'il s'agissait d'un très proche parent fait de chair et de sang et non d'un banal assemblage de verre et de métal. Voilà qui explique peut-être mon acharnement à repousser coûte que coûte l'ombre de la dernière séance !

Le moment venu, tout fut beaucoup plus simple. Surtout que pour célébrer toutes ces années de travail en commun, nous avions convié nos collègues russes de la station à se retrouver autour d'une table somptueusement garnie de nourriture et de boissons. Rien de mieux qu'une fête à la russe pour estomper les aspects plus ou moins tragiques de l'existence ! Une fête russe, c'est bien autre chose que la simple montée des degrés alcooliques, c'est une ardente convivialité qui vous enveloppe et qui vous laisse peut-être nostalgique, mais surtout pas désespéré...

Et puis, avec les Russes, vous n'avez pas honte d'éprouver envers une mission spatiale des sentiments parfois plus proches de l'amour passion ou du culte filial que de la seule satisfaction scientifique. Il y eut ainsi ce toast porté à Jacques Chêne, démontrant que, en Russie comme en France, on avait gardé la mémoire de celui sans qui Sigma n'aurait été que chimère. Dans un registre moins grave, mais aussi touchant, il y eut ce poème

---

5. Sigle pour *X-ray Timing Explorer*, dont la traduction libre serait : « satellite exploratoire pour l'étude temporelle des sources de rayons X ». Adjoint au nom de Bruno Rossi, pionnier du rayonnement cosmique, ce sigle désigne un satellite américain emportant une batterie d'instruments opérant dans la bande des rayons X.

au satellite *Granat*, écrit pour la circonstance, et déclamé avec emphase par Revmira Priadtchenko, une des figures marquantes de la station.

Je vous en livre les premières strophes, dans une traduction qui, je l'espère, en respecte la naïve tendresse :

> *Comme notre planète féconde,*
> *Sublime demeure donnée par Dieu,*
> *Granat, une des merveilles du monde,*
> *En ton honneur, ce chant glorieux.*
> *De la malchance te jouant,*
> *Et des épais nuages gris,*
> *Des jours et des années durant,*
> *Tu nous offrais pain et abri...*

Franchement, pour les avoir fréquentés plus souvent que souhaité, je vois mal un ingénieur de l'Esa ou de la Nasa exprimer publiquement une dévotion aussi ardente à l'égard d'un programme spatial scientifique !

Juste avant ces émouvantes libations, nous avions lancé la séance d'observation numéro 962, durant laquelle le télescope pointa le Crabe pendant plus d'une trentaine d'heures. Le surlendemain, aussitôt après avoir enregistré les données glanées par Sigma, l'équipe en station procéda au démantèlement de cet assemblage hétéroclite si rustique, mais si efficace, que les Français utilisaient depuis près de huit ans pour recueillir les informations transmises au sol et pour pratiquer une première série d'analyses scientifiques avec les résultats que l'on sait.

C'était la dernière séance, et le rideau sur l'écran est tombé...

Même si le télescope fonctionne encore à merveille, trop de raisons, bonnes ou moins bonnes, se conjuguent désormais pour justifier la fin du programme Sigma. Il y a d'abord l'épuisement quasi définitif des réserves du gaz nécessaire aux manœuvres de la plate-forme spatiale, même si les toutes dernières opérations furent menées avec un souci d'économie tel que quelques molécules de ce précieux fluide pourraient être encore insufflées dans les tuyères du satellite.

Il y a aussi l'épuisement des ressources budgétaires, même si vous êtes comme moi convaincu que le coût d'une campagne scientifique comme celle qui vient de s'achever est bien peu de chose quand on le compare à celui de certaines opérations spatiales beaucoup moins fructueuses.

Il y a enfin l'épuisement des équipes scientifiques, voguant désormais vers de nouveaux horizons. Comme ce fut le cas de *Cos B* quinze ans plus tôt, Sigma est donc amené à cesser ses activités en parfait état de marche. Nous autres, astronomes gamma, concevons vraiment des télescopes spatiaux beaucoup trop robustes...

Il y a une vie après Sigma

D'aventure en aventure, à force d'entrebâiller le voile de mystère qui camouflait tant d'étoiles toutes plus inaccessibles les unes que les autres, Sigma laisse sans réponse les mille et une nouvelles questions que se posent les astrophysiciens au vu des images si précises fournies par le télescope français. Le moment est donc venu de passer la main, et de se préoccuper de l'astronomie gamma du XXIe siècle. Rien que de très naturel, au demeurant. Une génération chasse l'autre, et Sigma glisse tout doucement du stade de grande première scientifique à celui de référence incontournable pour les instruments gamma du futur.

Les années à venir ne seront certes pas de trop pour digérer l'énorme récolte de données moissonnées par Sigma et *Compton*, surtout si les promoteurs de l'observatoire américain à rayons gamma se montrent persuasifs au point de forcer la Nasa à prolonger l'observation du ciel gamma au-delà du deuxième millénaire. Il y a aussi fort à parier que les astronomes seront encore assez audacieux pour observer les astres gamma dans tous les autres domaines spectraux. Puissent-ils en être récompensés par des résultats aussi décisifs que furent la découverte des jets de la source *Einstein* dans le domaine radio ou celle de la périodicité de Geminga dans la bande des rayons X mous !

Par peur de se retrouver à nouveau en état de manque, comme à la fin des années 1980, les astronomes gamma n'ont pas attendu la fin des missions en cours pour construire les télescopes de demain. Science spatiale par nécessité, l'astronomie gamma doit d'ailleurs se plier aux règles qui régissent tous les projets scientifiques à gros budget, ce qui exclut toute forme d'improvisation. Sigma ayant montré la voie, et de la plus belle manière qui soit, l'usage des masques à ouverture codée est désormais la norme. On les verra fleurir à bord d'*Integral*[6], la grande mission d'astronomie gamma européenne que, l'Esa se propose de mettre en œuvre à partir de 2001.

Et après ? On peut sans grand risque prédire que, décennie après décennie, les télescopes gamma ne pourront que croître et embellir. Mais y aura-t-il encore des vaisseaux spatiaux assez vastes pour les embarquer dans l'espace ? On peut en douter. C'est pourquoi les astronomes gamma envisagent très sérieusement de s'établir un jour sur la Lune, tout comme nombre de leurs collègues des autres domaines spectraux. Ce sera peut-être le cas à partir de 2050. La base lunaire abritera certainement des dispositifs expérimentaux dont on ose à peine rêver aujourd'hui, comme ces lentilles gamma, assemblages de cristaux disposés de manière à concentrer le rayonnement gamma, une étape décisive vers la réalisation de véritables télescopes.

Que seront alors les enjeux de l'astronomie gamma ? Un axe de recherche parmi tant d'autres, mais dont je me plais à croire qu'il sera décisif : l'exploration du cosmos par le moyen des photons monoénergétiques à cinq cent onze kiloélectronvolts, ceux qui signent l'annihilation des positons, l'antiparticule de l'électron, d'une même masse infime mais porteur d'une charge électrique de signe opposé. En se fondant sur les résultats enregistrés en cette fin de XXe siècle, on peut prédire sans grand risque que le rayonnement d'annihilation jouera dans les décennies à venir un rôle aussi crucial que celui tenu depuis le début des années 1950 par le rayonnement radio à vingt et un centimètres de longueur d'onde.

Grâce à ce dernier, des générations de radioastronomes ont entrepris l'inventaire des milieux froids et dilués de l'univers. Avec le rayonnement d'annihilation, qui présente un irréfutable caractère universel, les astronomes gamma du futur recenseront les sites les plus denses et les plus actifs du cosmos. On l'a détecté depuis quelque temps déjà dans les éruptions solaires et dans le bulbe galactique, Sigma l'a repéré au voisinage de certains trous noirs accrétants, et *Integral* le détectera sans aucun

---

6. Acronyme de *International Gamma Ray Astrophysics Laboratory*.

doute au sein d'autres sources de la Voie lactée ainsi que dans les noyaux actifs de galaxie.

Mais il restera encore tant de secteurs à explorer qu'un jour ou l'autre il faudra bien se décider à mettre au point un véritable télescope propre à traquer le rayonnement d'annihilation partout dans l'univers. Il y aura alors du grain à moudre pour des cohortes d'astrophysiciens... Et comme je ne serai plus là pour vivre ces moments exaltants, il ne me reste plus qu'à savourer jusqu'à la dernière miette les joies profondes que Sigma m'a procurées pendant tant d'années.

Et puis, grâce à vous, en vous accompagnant tout au long de ce voyage initiatique vers les inaccessibles étoiles du ciel gamma, j'ai peu à peu compris que défricher le ciel, ce n'est pas un métier, encore moins un sacerdoce, mais, à coup sûr, la plus fantastique des aventures. Et si je suis parvenu à vous faire partager un tant soit peu ma passion pour l'astronomie de l'extrême, j'aurai remboursé une toute petite partie de la dette que j'ai contractée envers une société encore assez désintéressée pour s'offrir cette étonnante manière de conquérir l'inutile.

Table

Ouvrage proposé par Michel Cassé
et publié sous la responsabilité éditoriale de Gérard Jorland.

Imprimé par Lightning Source France
1 avenue Gutenberg
78310 Maurepas

N° d'édition : 7381-0615-Y